U0206475

RESEARCH ON CROSS-REGIONAL GOVERNANCE OF MARINE ENVIRONMENT

海洋环境跨区域治理研究

（修订版）

全永波　叶芳　著

中国社会科学出版社

图书在版编目（CIP）数据

海洋环境跨区域治理研究／全永波，叶芳著．—修订本．—北京：中国社会科学出版社，2020. 12

ISBN 978 - 7 - 5203 - 7461 - 3

Ⅰ.①海… Ⅱ.①全… ②叶… Ⅲ.①海洋环境—环境管理—研究 Ⅳ.①X834

中国版本图书馆 CIP 数据核字(2020)第 216664 号

出 版 人 赵剑英
责任编辑 喻 苗
责任校对 胡新芳
责任印制 王 超

出 版 中国社会科学出版社
社 址 北京鼓楼西大街甲 158 号
邮 编 100720
网 址 http://www.csspw.cn
发 行 部 010 - 84083685
门 市 部 010 - 84029450
经 销 新华书店及其他书店

印 刷 北京明恒达印务有限公司
装 订 廊坊市广阳区广增装订厂
版 次 2020 年 12 月第 1 版
印 次 2020 年 12 月第 1 次印刷

开 本 710 × 1000 1/16
印 张 26.5
字 数 333 千字
定 价 96.00 元

修订说明

《海洋环境跨区域治理研究》自2019年4月由中国社会科学出版社出版以来，受到学术界和实务工作部门的高度关注，《中国社会科学报》《中国海洋报》《太平洋学报》《海洋开发与管理》等报刊纷纷发表书评文章，给与本书以较高评价。一年多来，海洋生态环境治理的国内外环境和政策发生了重大变化：2019年4月，在中国人民解放军海军成立70周年之际，习近平主席提出海洋命运共同体理念，引领中国高度重视海洋生态文明建设，持续加强海洋环境污染防治，保护海洋生物多样性，实现海洋资源有序开发利用；2020年3月，中共中央办公厅、国务院办公厅印发《关于构建现代环境治理体系的指导意见》，提出我国构建现代环境治理体系的基本要求；2019年以来中国参与的国家管辖海域外生物多样性（BBNJ）养护与可持续利用协定谈判迅速推进，多层次的全球海洋治理行动有序展开，海洋生态环境治理的国际合作不断深化。另外，2020年春季至今，境外的新冠肺炎疫情多点暴发蔓延加剧，并严重影响全球政治、经济和外交，悄然改变国际秩序和现有格局。2020年疫情打断了本已排定的生物多样性、全球海洋谈判等全球生态环境治理既定议程节奏，多个重大国际会议和活动因疫情而中断或中止，全球性的合作包括海洋环境治理的合作受到重大冲击。在疫情发展的新阶段，各国基于政治稳定考虑，急于发展经济并推出系列刺激计划，部分计划忽视绿色发展理念，全球疫情防控中产生大量医疗废水废物排放到河流和海洋，将对全球环境治理产生重大影响。与此同时，人类对地球、海洋和环境保护的讨论和研究从来没有停歇，疫情使得物种保护、生态安全、海洋权益等议题升温，环境、气候、卫生、安全、贸易等领域交叉关联更加紧密，启发全球寻找多领域协同应对多重危机的新思路。

自改革开放以来，我国在海洋环境治理领域形成了以《海洋环境保护法》为代表的法律体系和制度框架，但《海洋基本法》《海岸带管理法》等重要的法律尚未制定，我国从2018年开始改革了环境执法体制，有利于陆域和海域执法的统筹性，但支撑这一体制的《海洋环境保护法》《海商法》的修改等仍在进行。从国际上看，国家参与跨区域和全球海洋生态环境治理的执法协作机制仍在谈判进程中，存在不确定性。全球区域海洋环境评价标准存在一定的差异，对跨区域海洋环境影响兼顾不足。我国参与的国家管辖范围外海域的生物多样性协定（BBNJ）谈判中提出“缔约国应通过促进在建立包括海洋保护区在内的区域管理工具方面的一致性和互补性”（2019主席文件第十五条），这种不确定性给海洋生态环境治理合作提出新的挑战。

为了反映这些新发展，我们决定对本书进行相应修改。本次修订除了对文字、资料、部分数据进行检查、修改以外，在保持原有著作的结构、体例基础上，主要修订了以下内容：（1）增加新的文献综述和文献参考；（2）在多个章节增加全球和区域海洋治理的相关内容；（3）增加一章内容“海洋保护区跨界治理的模式与分析”；（4）补充了部分案例、图表。

此次修订工作由全永波教授、叶芳博士主持完成。尽管是一次修订工作，但因时间紧、资料有限，故难免仍有不少疏漏之处，敬请读者批评指正。

作者

2020 年 9 月 1 日

序

推进国家治理体系和治理能力现代化是当代中国可持续发展的重要任务。生态环境治理乃国家治理的应有之意，其与国家治理体系的各个部分之间相互配合、紧密联系，共同推动生态文明与美丽中国建设。党的十八大以来，国家明确了“生态文明建设”在“五位一体”中国特色社会主义总体布局中的重要地位，这是促进我国全面可持续发展的重要保障。党的十九大报告进一步指出，建设生态文明是中华民族永续发展的千年大计，功在当代，利在千秋。

当今，全世界人口日益增长，陆地资源越来越稀缺，我们不得不将眼光更多地投入到海洋资源的开发利用中。海洋以其丰富空间、能源、生物等资源满足着人类对未来社会发展的需求，其重要的战略地位得到广泛的认可。然而，在不断开发利用海洋各类资源的同时，海洋生态环境恶化也日趋严重。自改革开放以来，我国沿海地区经济持续发展，但是相关的海洋经济模式相对单一，导致沿海地区对海洋资源的过度索取，给我国的海洋环境造成了相当大的损害。海洋环境污染、恶化往往是持续变化、跨区域的过程，相关治理主体缺乏有效的机制去应对跨区域海洋环境治理。海洋是一个连通的整体，海洋环境污染具有转移性和跨界性特征。从国家之间的海洋环境治理来看，一个国家的海洋环境污染很有可能殃及周边国家，例如，2011 年的日本福岛核电站发生事故，放射性物质通过海洋洋流影响到周边的国家和地区；2010 的墨西哥湾漏油事件，泄漏的原油随着空气和洋流的作用，散发到周边的国家，加剧大气污染和周边国家海岸线腐蚀，导致鱼类、鸟类等生物大量死亡。这些区域性的海洋环境污染只依靠单个国家采取行动，不足以应对将来的环境危机，只有地区内相关国家主动合作才能探索出有效的治理路径。现行的海洋环境跨区域治理中，无论是“跨行政区域”还是“跨国界”海洋环境治理都存在一定的理论和制度缺陷，如何有效解决海洋环境跨区域治理过程中的问题成了该领域研究者的重要任务。

浙江海洋大学全永波教授团队主持的研究项目“海洋环境跨区域治理研究”，正是对海洋环境跨区域治理中出现的问题和相关机制、制度的构建进行集中讨论。近年来，全永波教授研究团队依托东海海域，对海洋环境治理领域进行了持续的关注，积累了一系列研究数据和资料，为本书的出版奠定了基础。本书的主要内容很明确，作者首先对海洋环境跨区域治理相关理论进行规范化研究，归纳出相关框架和理论支撑。其次，分别对各国跨行政、跨国界海洋环境治理的现状、相关主体的利益、影响跨区域治理的因素、选取的典型案例进行分析。最后，在研究的基础上系统性地提出了“海洋环境跨区域治理制度构建”的设想。

本书较之以前的海洋环境治理研究，有颇多不同之处。第一，本书对海洋环境跨区域治理理论与实践研究更为深入。该领域现有的研究更偏向于以陆地为中心，很少有学者对海洋的公共治理问题和污染治理问题进行全面的理论阐释。已有研究中更多关注海洋的权益价值，作为环境生存权的制度设计被忽视。第二，作者及其研究团队长期对东海区海洋环境治理进行调研，丰富了国内沿海省份海洋环境的跨区域治理的研究，对国内海洋环境跨区域治理机制进行了深入的分析。以东海区海洋环境区域治理为例，对海洋环境跨区域治理的影响因素进行有效探索。第三，本书提出了清晰的海洋环境跨区域治理具体实施路径和过程机制，并提出海洋环境跨区域治理的制度框架。海洋环境跨区域治理的研究本就不多，本书能够在相关研究的基础上提出明确的实施路径和框架更显得难能可贵。

本书作者全永波教授和叶芳博士长期从事海洋环境治理研究，具有扎实的社会科学理论基础，已经取得了诸多高水平的学术成果。他们以新时期海洋环境治理为切入点，致力于探索海洋环境跨区域治理的可行路径和制度化研究，弥补了以往海洋环境治理研究的不足，许多真知灼见给人启发。作为一名公共治理和政策研究的学者，我很高兴看到从事社会科学的研究人员不断从治理的视角关心中国的海洋生态环境问题，进行深入、细致的研究，形成高质量的研究成果。为着这样的原因，我写下上述文字，为关心中国海洋环境治理事业的同行们提供一些阅读本书后的感想，权作为序。

郁建兴

浙江工商大学校长

教育部长江学者

目　　录

第一章

导　　论

第一节　问题的提出

推进国家治理体系和治理能力现代化是当代中国发展的重要任务。国家治理体系由经济治理、政治治理、文化治理、社会治理和生态治理五个方面组成。可见，生态治理乃国家治理的应有之意，其与国家治理体系的各个部分之间相互配合、紧密联系，形成一个完整的系统结构，共同推动生态文明与美丽中国建设。[①] 环境保护是生态文明建设的核心内容，因此生态治理的重点是环境污染的治理。习近平总书记在 2013 年以来的多次调研中指出，落实生态环境保护措施，以良好生态环境作为人民生活质量的增长点，从而展现中国良好形象。《国民经济和社会发展第十三个五年规划纲要》中也提出将“坚持绿色发展，着力改善生态环境”作为主要发展理念。党的十八届五中全会进一步提出了“总体改善生态环境质量，定型成熟化各方面制度，稳健跟进国家治理体系和治理能力现代化”的目标。党的十九大报告提出要“加快生态文明体制改革，建设美丽中国”，构建政府为主导、企业为主体、社会组织和公众共

---

① 王树义：《环境治理是国家治理的重要内容》，《法制与社会发展》2014 年第 5 期，第 51 页。

同参与的环境治理体系，积极参与全球环境治理。十九大以来的历次全会均多次提出生态文明建设的重要性，中国共产党和中国中央政府已经从深层次上重视转型时期经济社会发展与环境治理的关系，我国在生态文明体系建设和能力建设上进一步走向深入。

环境治理既是国家内部治理体系建设的重要组成部分，也是跨国家治理甚至是全球治理体系构建的重要内容。伴随着21世纪海上丝绸之路建设的推进，我国迎来了蓝色经济全面开发、开放的新机遇，同时也对当前的海洋环境治理提出了新挑战。作为我国“贯彻新发展理念，建设现代化经济体系”的主要内容，党的十九大报告提出“坚持陆海统筹，加快建设海洋强国”，海洋强国的基本条件之一就是海洋经济要高度发达，在经济总量中的比重和对经济增长的贡献率较高，海洋开发、保护能力要强。海洋作为经济发展的重要领域，海洋经济必须形成在实施区域协调发展战略过程中通过“陆海统筹”的基本思路，吻合十九大提出的“推动经济发展质量变革、效率变革、动力变革”。作为海洋经济的质量、效率和动力变革的要求，需要在包括海洋生态环境等多领域的进行协同治理。治理意味着合作与协同，海洋环境存在着跨行政区、跨国界、跨功能区的自然特性，跨区域海洋环境治理是海洋生态文明建设的重要环节。多年来，我国在海洋环境治理的国家立法和地方实践上稳步推进，尤其以《海域使用管理法》《海岛保护法》《海洋环境保护法》等在制度层面确立了海洋环境影响评价制度、海洋功能区制度、海洋海岛生态保护制度等，并在海洋治理上明确了区域合作和国际合作的具体规定。以海洋生态保护为例，我国自2005年建立第一个国家级海洋特别保护区以来，目前已初步形成了包含海洋公园、海洋特殊地理条件保护区、海洋资源保护区和海洋生态保护区等多种类型的海洋特别保护区网络体系。[①] 国家在海洋治理尤其在海洋环境治理领域的体系建设和能力建设逐渐提高，跨区域的海洋环境治理体系已经走向实践，跨国家区域、行政区域、功能区域的海洋环境治理在制度化的进程上逐渐推进。

但是，海洋经济迅速发展致使海洋开发活动日益深入，这给海洋环境带来的冲击是巨大的，也对近海海域的海洋环境提出了更为严峻的考验。分析当前的海洋环境问题，可以发现跨国家海域治理合作、国家和地方在实行海洋环境治理上政策主导设计仍存在不少问题和局限性，更多体现为环境治理参与主体的不合作，跨区域海洋环境污染制度设计不足等。第一，海域污染问题依然突出。任何一个国家社会、经济的持续发展，都离不开两个基本支撑：一是良好的环境质量，二是丰富的自然资源。[②] 目前，我国在这两个基本支撑上都存在着明显的不足。对海洋来说，首先是海洋环境污染排放物的显著增加。以陆源工业排放、赤潮、海洋溢油污染、海洋工程等经济发展的伴生物，使我国每年因环境污染所造成的损失已经占到 GDP 的 3%。[③] 其次是海洋自然资源匮乏，资源枯竭日益显现。如近海渔业资源近乎枯竭，渔业资源朝着低龄化、小型化、低质化方向发展[④]。第二，海洋环境的“治理”欠缺，过分依赖政府的单向度的管理。管理意识和能力有限，对海域污染管理等同于陆地管理模式，污染治理处于“制度失范”的困境，长期存在体制性障碍，现行的生态管理体制有效性和权威性不够[⑤]，管理部门化、监

① 全永波：《海洋法》，海洋出版社 2016 年版，第 209 页。

② 王树义：《环境治理是国家治理的重要内容》，《法制与社会发展》2014 年第 5 期，第 51 页。

③ 同上。

④ 李海清：《特别法与渤海环境管理》，博士学位论文，中国海洋大学，2006 年，第 23 页。

⑤ 刘建伟：《国家生态环境治理现代化的概念、必要性与对策研究》，《中共福建省委党校学报》2014 年第 9 期，第 60 页。

管碎片化现象突出，致使重复建设、职能交叉、权责脱节情况严重。比如，海洋污染防治职能虽经 2018 年机构改革进行了整合，但综合调控管理职能分散在发改委、财政、自然资源等部门，合作“治理”的制度建构尚不完善，缺乏体系性的生态环境监督管理制度、责任追查制度和责任赔偿制度，这使得我国在跨区域海洋环境中常因行政管理机构权责不明、相互推诿而治理缺失。第三，海洋环境“跨区域”治理的体制构建不完善。跨国的海洋环境治理体系由于海洋国家间“集体行动”的欠缺造成治理的困难，跨行政区和功能区的治理基于部门和地区利益本位思想的影响，自己能获益的事情大家蜂拥而上，损害自己利益或者出力不讨好的事情大家消极对抗甚至互相扯皮、推诿。[①] 因此，海洋环境治理因跨区域、多主体参与的特性，在当前国家和地方治理实践中仍面临着严重的制度瓶颈，制度困境、体制机制供给的贫乏始终是制约海洋环境治理的根本原因。如何既能实现海洋经济快速发展，又能有效地保护海洋环境显然是海洋环境治理中亟待解决的课题。[②]

因此，本研究的一项核心议题是：在把环境治理作为国家治理体系和治理能力现代化的重要政策议程基础上，如何重点关注海洋环境以“治理”为切入点，形成跨区域海洋的研究视角，选取我国近海个别区域海洋环境治理进行验证，评估当前海洋环境管理中的制度、机制不足，形成海洋环境跨区域治理的制度化设计。本研究同时在以下两个方面取得可能的创新：

第一，研究视角进一步拓展。本研究领域为海洋环境的跨区域治理领域，国内研究仅停留在海洋环境管理——治理的转型过程中，以及陆地污染的跨区域治理，针对海洋的治理研究，尤其是海

① 刘建伟：《国家生态环境治理现代化的概念、必要性与对策研究》，《中共福建省委党校学报》2014 年第 9 期，第 60 页。

② 王琪、何广顺：《海洋环境治理的政策选择》，《海洋通报》2004 年第 3 期，第 73—80 页。

洋环境治理的系统研究才刚刚起步。本研究从海洋环境治理的规范化起步，全面系统梳理海洋环境跨区域治理的制度现状、主体要素、利益元素等，形成对海洋环境治理模式的新选择。

第二，通过整合形成新的理论解释。其一，一定程度上弥合传统政治学较少讨论概念化、评估维度的归纳、指标体系的讨论。本研究以现状分析和治理效果评价为起点，在以概念化界定为基础形成规范认知，审视和探索海洋环境治理的新的分析框架。在验证、修正分析框架的同时，形成新的关于海洋跨区域治理的解释性理论。其二，在挖掘、分析和验证影响因素的研究中，从横向和纵向双重纬度去把握。纵向维度上重在研究国内政府间垂直的府际关系，在横向维度上关注政府间的区域合作性利益博弈关系、政府和社会公众的合作关系等。其三，用区域治理、利益层次和府际关系理论分析和解释海洋环境跨区域治理的制度现状、制度阻力和动力，形成基于制度供给和制度利益平衡的治理机制和制度设计。

第二节　国内外研究现状

随着全球化进程加快和信息化的发展，在复杂的社会生态所引发的行政区划内大量社会公共问题日益“外溢化”和“区域化”[①]，越来越多的研究者倾向于区域治理的理论、区域公共事务治理问题的研究。[②] 随着全球对海洋开发兴趣的上升，有关海洋治理及海洋环境治理的内涵、跨区域治理的理论与实践、跨区域海洋环境治理的逻辑基础和制度设计等相关议题的讨论在学界也日益热烈，并取

① 金太军：《从行政区行政到区域公共管理——政府治理形态嬗变的博弈分析》，《中国社会科学》2007 年第 6 期，第 53—65 页。

② 陈瑞莲、杨爱平：《从区域公共管理到区域治理研究：历史的转型》，《南开学报》（哲学社会科学版）2012 年第 2 期，第 48—57 页。

得了一些重要的研究进展和成果。

一 海洋环境治理的理论内涵与模式

自20世纪80年代以来，环境的研究和治理的实践进入到了一个新的阶段，联合国所辖的环境和发展委员会于1987年发布了《我们共同的未来》，首次创造性地提出并且界定“可持续发展”，这一理念成为了各国环境污染治理的一致行动的基础。20世纪90年代初，联合国环境发展会议通过《里约宣言》和《21世纪议程》，号召全球国家、地区拟定适合本国、地区国情的“可持续发展政策”[①]。此后，国外学者对环境污染治理提出了多种模式，其中合作式的治理成为共识，如K. Eckerberg提出的政府与非政府组织合作治理模式[②]，T. Forsyth提出的环境治理政策公众参与模式等[③]。具体到海洋环境治理领域，更应强化多元利益主体的参与，同时还应通过国家政策向相关环境主体施加强制性压力，迫使其主动承担海洋环境治理义务。[④] 具体到海洋环境治理理论基础方面，当前的研究主要集中于如下几个方面。

（一）治理理论的研究

近年来，“治理”这个概念在学术界、公共政策界乃至实务部门的讨论中频繁出现，但其含意纷杂不一。治理理论的主要创始人之一罗西瑙（J. N Rosenau）在其代表作《没有政府统治的治理》（1995）和《21世纪的治理》（1995）等文章中，将“治理”定义

---

① 高明、郭施宏：《环境治理模式研究综述》，《北京工业大学学报》（社会科学版）2015年第6期，第50—56页。

② K. Eckerberg, M. K, JoasOASM. Multi-level environmental governance: a concept understress [J]. *Local Environment*, 2004, 9 (5): 12-18.

③ T. Forsyth T. Cooperative environmental governance and waste-to-energy technologies in Asia [J]. *International Journal of Technology Management & Sustainable Development*, 2006, 5 (3): 25-28.

④ ARETSEN M. Environmental governance in a multi-level institutionali setting [J]. *Energy & Environment*, 2008, 19 (6): 42-47.

为一系列活动领域里的管理机制，它们虽未得到正式授权，却能有效发挥作用。俞可平在《治理和善治引论》（1999）、《全球治理引论》（2002）等文章中也提到，“治理一词的基本含义是指官方的或民间的公共管理组织在一个既定的范围内运用公共权威维持秩序，满足公众的需要。治理的目的是在各种不同的制度关系中运用权力去引导、控制和规范公民的各种活动，以最大限度地增进公共利益。所以，治理是一种公共管理活动和公共管理过程，它包括必要的公共权威、管理规则、治理机制和治理方式”。佟德志提出，全球范围内治理的兴起在理论和实践上存在着民主困境，但是，治理的成功需要民主价值作为支撑①。进一步的研究中，尚虎平指出，当前中国治理研究主要聚焦于“善治”“多元治理”“全球治理”“国家治理”四个方面，前三类研究主要传播了西方话语体系，而后者却无限扩大了国家治理的外延，模糊了其内涵，未来就需要将治理研究与中国大国历史，当前国情结合起来，同时构建出科学，可操作化的治理理论体系，并以之抢占世界治理研究话语权②。

海洋环境管理由管理到治理的转变，必然要求建立与之相适应的治理模式。按照治理理论的主张。党的十九届四中全会提出，推进国家治理体系和治理能力现代化，治理研究开始重点关注治理体系与治理能力现代化。申建林提出“国家治理现代化既要关注治理之制，也要关注治理之道。能力建设是全面实现国家治理现代化的关键因素。”③顾昕认为走向互动式治理是国家治理体系创新的新方向。李思然认为，国家治理体系和治理能力现代化体现为将管制型

---

① 佟德志：《治理吸纳民主——当代世界民主治理的困境、逻辑与趋势》，《政治学研究》2019 年第 2 期，第 39—48 页。

② 尚虎平：《“治理”的中国诉求及当前国内治理研究的困境》，《学术月刊》2019 年第 5 期，第 72—87 页。

③ 申建林、秦舒展：《实现国家治理能力现代化的四维路径》，《中州学刊》2018 年第 4 期，第 12—18 页。

国家治理中排除的伦理精神和道德规范与制度再度整合，进行制度伦理的建构[①]。

随着信息技术的发展，学者提出运用新技术来解决治理能力现代化的难题。常保国认为，“人工智能 + 国家治理”理念是新时代国家治理体系和治理能力现代化的产物[②]。大数据环境带来的客观挑战，当前必须通过传播大数据理念，完善相关机制，转变治理模式，强化技术研发和培育专业人才等手段，推进大数据时代国家治理能力进一步提升，区块链为国家治理体系与治理能力现代化提供技术支撑。

（二）环境治理理论及相关问题研究

于满通过对奥斯特罗姆的公共治理理论的分析，分别将多中心理论、自主治理理论、社会资本理论与现今公共环境治理问题相结合，构建多中心管理主体模式，并引入我国黄河水污染治理作为例证，得出解决公共环境问题的方法、途径[③]；汪泽波、王鸿雁在多中心治理理论视角下，以京津冀环境治理问题入手分析区域环境协同治理的必要性，尝试着提出基于政府、企业、民众、非政府环保组织“四中心”区域环境协同治理模式[④]；刘小泉、朱德米对国外合作型环境治理研究进行了述评，指出了合作型环境治理的缘起、内涵、类型、成功的影响因素及其评估，并提出了需要进一步研究的问题及对我国的启示[⑤]；张锋提出我国环境治理的理论主要借鉴

---

① 李思然：《国家治理视域的制度伦理建构》，《理论探讨》2019 年第 4 期，第 177—180 页。

② 常保国、戚姝：《“人工智能 + 国家治理”：智能治理模式的内涵建构，生发环境与基本布局》，《行政论坛》2020 年第 2 期，第 19—26 页。

③ 于满：《由奥斯特罗姆的公共治理理论析公共环境治理》，《中国人口 · 资源与环境》2014 年第 3 期，第 419—422 页。

④ 汪泽波、王鸿雁：《多中心治理理论视角下京津冀区域环境协同治理探析》，《生态经济》2016 第 32 期，第 157—163 页。

⑤ 刘小泉、朱德米：《合作型环境治理：国外环境治理理论的新发展》，《国外理论动态》2016 年第 11 期，第 67—77 页。

国家干预主义理论、市场自由主义理论和社会中心主义理论，基于对三种理论的梳理分析，从历史的维度论述了三种理论在环境治理领域的背景缘由、政策工具和适用范围[①]。王曦在结合经济学、法学、政治学等多学科理论与我国国情的基础上，提出了中国环境治理概念模型，为探索环境治理研究的新范式提供了一个有用的理论工具[②]；于文轩阐述随着生态环境协同治理超越解释论的牵绊，其对环境法基本价值理念的遵循、对可持续发展观念的践行以及对整体政府理论的运用，构成了一个自洽的理论框架[③]；Patricia Kanashiro 提出企业越来越多地采用环境补偿和环境委员会等形式的环境治理机制，且研究显示这种环境治理机制有助于降低高污染行业的有毒排放[④]；Outi Luova 以丰富的新制度主义理论为基础，提出制度配置的概念可以为当地复杂的治理框架的分析带来结构，并有助于确定形成不同环境政策方法的因素[⑤]。

（三）海洋环境治理的多重研究视角

迫于海洋环境治理的巨大压力，世界各国纷纷对海洋环境治理进行了较多的科学研究并且采取了应对措施。不少海洋国家在 20 世纪 80 年代末 90 年代初建立全方位有效的监测体系，针对明确的目标，进行全方位海洋综合监测。如韩国在海洋环境管理法律修改时，除了修改和完善《海洋环境防治法》中实施的海域使用协议制

---

① 张锋，《环境治理：理论变迁、制度比较与发展趋势》，《中共中央党校学报》2018 年 6 期，第 101—108 页。

② 王曦：《中国环境治理概念模型：一个新范式工具》，《环境保护》2020 第 2 期，第 12—18 页。

③ 于文轩：《生态环境协同治理的理论溯源与制度回应——以自然保护地法制为例》，《中国地质大学学报（社会科学版）》2020 年第 2 期，第 10—19 页。

④ Patricia Kanashiro. Can environmental governance lower toxic emissions? A panel study of U. S. high-polluting industries［J］. *Business Strategy and the Environment*, 2020, 29（4）.

⑤ Outi Luova. Local environmental governance and policy implementation: Variegated environmental education in three districts in Tianjin, China［J］. *Urban Studies*, 2020, 57（3）.

度以外，还对海洋环境影响评价制度进行了新的规定。① 在理论研究方面，西方各国的专家学者已经开展了大量的研究工作，并着手开展一定的海洋环境污染管理的实践。在海洋环境治理领域，Laurence D. Mee 强调具有公共意识的合作和援助中的重要性②。Cristina Carolo 通过研究墨西哥海湾联盟，尤其是维护执法评估工作组以及生态系统的集成、不同层次的政府及非政府组织之间的合作伙伴关系，提出海洋区域之间的管理应把重点放在不同层次上的合作，注重合作者之间的利益和信息交换。③ E. J. Hind 在以实证研究为基础的海洋保护区管理模式以及国家集中化的海洋保护区管理模式的基础上，强调本土成员和参与海洋保护区治理中的国家部门的合作。④ Kildow 等认为目前海洋生态系统和行业面临的困难和问题还有很多，还需要根据不同地区的海洋和海岸带生态恢复特点，采取因地制宜的措施。⑤ 近年来，国内对海洋环境治理的研究逐渐兴起，提出海洋环境治理存在制度选择的偏向性、制度耦合的欠缺性、制度实施的条件不足性。⑥ 有学者从外部性理论角度研究，提出海洋环境治理属于全球海洋治理的一部分，提出海洋环境治理是应对当前海洋环境问题日益加剧而采取的重要制度选择，是全球治

① 林宗浩：《韩国的海洋环境影响评价制度及启示》，《河北法学》2011 年第 2 期，第 173—179 页。

② Laurence D. Mee. Examination of policies and MEAs commitment by SIDS for sustainable management of the Caribbean Sea [J]. *Marine Policy*, 2008 (32): 274 – 282.

③ Cristina Carollo. Ecosystem-based management institutional design: Balance between federal, state, and local governments within the Gulf of Mexico Alliance [J]. *Marine Policy*, 2010 (5): 22 – 38.

④ E. J. Hind. From community-based to centralized national management—A wrong turning for the governance ofthe marine protected area in Apo Island, Philippines [J]. *Marine Policy*, 2010 (23): 54 – 62.

⑤ Kildow J T, Mcllgorm A. The importance of estimating the contribution of the oceans to national economies [J]. *Marine Policy*, 2010 (34): 367 – 374.

⑥ 沈满洪：《海洋环境保护的公共治理创新》，《中国地质大学学报》（社会科学版）2018 年第 2 期，第 84—91 页。

理理论在海洋领域的重要应用，对解决全球化进程中海洋环境保护问题，促进海洋开发向绿色转型具有重要意义。[1] 对于海洋环境治理的基本内涵和模式，多数学者认同从治理理论的一般视角，强调政府与公众的合作和社会参与主体的多元化。

（四）跨区域治理的实践与制度创设

当前国外对区域公共治理的研究主要包含在以下方面：一是区域治理的理论与框架研究。从“多中心”和“多层次”的角度揭示了区域集群的主要管理网络；探讨“区域公共问题”的范畴和常见的属性、不同的治理特征；主张多方面治理合作，实行多元化治理以及合作行政方式。二是地方治理和政府间关系研究。在区域一体化以及全球化的背景下，有关政府间的关系研究更加注重区域横向政府关系的协调与合作问题。奈斯、莱特、多麦尔、米利纳等学者就是这方面研究的典型。认为政府间各方面的竞争归根结底是制度层面上的竞争，其中波特“集群理论”认为，在区域发展中，政府应该关注区域政府和非政府公共组织甚至私人部门的“合作”。[2] 三是区域公共产品供给的相关研究。区域公共产品和服务供给机制的差异由区域公共问题的多样性以及多样性及其特点决定。[3] 所以，这一问题已经成为该领域研究的热点。四是跨国或者跨区域流域治理研究。提倡跨地域、跨边界合作体系由政府、企业、社会组织的共同参与，根据河流和湖泊流域的不同特点，制定和实施相应的管理政策以及发展战略，实现科学、有效的综合治理，如美国以及加拿大对于伊利湖的合作治理，巴西亚马孙河流域的综合治理，等等。

---

① 龚洪波：《海洋环境治理研究综述》，《浙江社会科学》2018 年第 1 期，第 102—111 页。

② 波特于 1990 年在《国家竞争优势》一书中正式提出“产业集群”概念，集群理论的基本精髓是与公共治理的各主体合作形成合力，从而提升区域竞争力，其目标是一致的。

③ 全永波：《区域公共治理的法律规制比较研究》，《经济社会体制比较》2011 年第 5 期，第 157—163 页。

我国学术界从20世纪80年代开始进行区域行政和治理理论研究，并且率先对新加坡、中国香港、中国广东的行政模式进行比对借鉴。同时，以公共治理方面的研究为基础，尤其在探讨省、市、县之间政府层级的管理问题的研究也逐步展开。[①] 20世纪末以来，对公共治理问题的研究越来越成熟，从治理理论开始引入我国起，我国学者对于治理理论的研究就有着强烈的期待，并将其和改革的政治行政体系和现代国家建设联系在一起。这些研究强调治理的规范价值[②]，这在治理的制度化方面研究提供了学术的土壤。当前，区域治理的基本方向与结构逐步明晰，并且构建了国内治理研究的框架。其成果有区域治理基本理论、政府间合作与竞争的研究，流域管治研究等，一种新的治理模式——跨域治理，使得各地政府联合到了一起，使政府、企业和民间组织（NGO）增强了彼此之间网络化治理、协同治理的互动。[③] 该模式提出区域治理在遵循宪法、法律及保持法治战略性统一前提下，积极推进具备“良法”品性的制度构建[④]，依法对区域治理的制度化建设逐渐得到学界认同。中国共产党在十八届三中全会提出“推进国家治理体系和治理能力现代化”表明我国的国家治理和社会治理的制度化已经在政策实践层面得到落实。十届四中全会进一步明确了推进国家治理体系和治理能力现代总体要求、总体目标和重点。

（五）海洋跨区域治理的探索

随着海洋区域管理研究的深入，在政治学界和行政学界，关于

---

① 吴金群等：《省管县体制改革：现状评估及推进策略》，江苏人民出版社2013年版，第72页。

② 郁建兴、王诗宗：《当代中国治理研究的新议程》，《中共浙江省委党校学报》2017年第1期，第28—38页。

③ 张成福、李昊城、边晓慧：《跨域治理：模式、机制与困境》，《中国行政管理》2012年第3期，第102—109页。

④ 眭鸿明：《区域治理的“良法”建构》，《法律科学（西北政法大学学报）》2016年第5期，第37—45页。

海洋跨界治理的研究也不断增多。相关研究主要集中于两个领域：一是何为海洋跨区域治理，就是从治理理论的视角出发，怎么界定海洋跨区域治理；二是怎么设计海洋跨区域治理方式，就是基于生态系统的区域海洋管理方式和基于行政区划的海洋管理体制如何相融。

关于海洋跨区域治理的研究，当前主要分为两种观点：一种观点认为海洋跨区域治理管理方式要以“大海洋生态系统”为基础①，强调海洋生态系统结构、机能的完整性，按生态系统空间范围的标准划定海洋管理边界②；另一种观点则认为海洋跨区域治理是基于多元主体参与的管理手段，强调海洋管理纵横合作沟通的综合管理③，突出政府在海洋管理中的主导作用，以及政府、社会、市场等多方利益主体协同参与的公共治理，主张借助建立一个共同的法律体系，形成对治理主体进行约束的机制④，这种机制超越管理，在合作的基础上形成对治理主体管理的行为。当然，也有学者提出要用全球治理的理念对海洋进行有效治理。他们认为，全球化的延伸和全球海洋问题等实际因素推动了全球海洋治理的产生⑤，这是将国际政治合作的思维运用到了海洋治理的具体实践之中。但具体到区域海洋治理制度化的可操作性，认为全球性合

---

① Kenneth Sherman. Application of the Large Marine E-cosystem Approach to U. S. Regional Ocean Governance. Biliana Cicin-Sain，Charles Bud Ehler. Workshopon Improving Regional Ocean Governance in the United States，2002.

② 丘君、赵景柱、邓红兵、李明杰：《基于生态系统的海洋管理：原则、实践和建议》，《海洋环境科学》2008 年第 1 期，第 74—78 页。

③ 王刚、王琪：《海洋区域管理的内涵界定及其构建》，《海洋开发与管理》2008 年第 11 期，第 43—48 页。

④ 孙悦民：《海洋治理概念内涵的演化研究》，《广东海洋大学学报》2015 年第 2 期，第 1—5 页。

⑤ 王琪、崔野：《将全球治理引入海洋领域》，《太平洋学报》2015 年第 6 期，第 18—27 页。

作很难适用于区域性海洋。[1]

如何设计海洋跨区域治理方式也主要分为两类：一类认为应效仿美国的经验，在“大社会，小政府”的管理模式下设计一种“柔和”的海洋跨界治理方式[2]，成立海洋跨界委员会，由海洋跨界委员会就海洋跨区域治理问题在沿海各省之间进行协调和沟通，不一定是具体的、可衡量的目标管理；另一类则认为，应通过国家立法设计一套自上而下海洋跨区域治理体制，明确界定海洋跨区域治理中政府的主导地位、管理范围、管理依据、管理职能、管理手段等，推行强势政府主导下的社会多元主体共同参与的海洋跨区域治理，强调各相关主体按程序开展海洋跨区域治理合作。纵观现有研究成果，两类研究各有不足，如：主张设计“强硬”的海洋跨区域治理方式的相关学者，对于在海洋跨区域治理的管理依据、程序等方面的具体设计论及很少；而提出“柔和”的海洋跨区域治理方式的学者，对于海洋跨界委员会的具体机构设计安排，以及与沿海市县级海洋管理部门的沟通机制并未做出系统性的论述。

（六）区域海洋环境治理的模式研究

从海洋的特性来看，区域海洋环境治理类别主要包括区域海、海洋保护区、国际海洋公共区域（国家管辖外海域）。E. J. Hind（2010）在以实证研究为基础的海洋保护区管理模式以及国家集中化的海洋保护区管理模式的基础上，强调本土成员和参与海洋保护区治理中的国家部门的合作；Peter（2013）介绍了加拉巴哥海洋保

---

① 区域海洋环境保护法的生成具有明显的区域性特征。它主要虑及区域海洋独特的自然地理特征及社会经济与人文因素，而《联合国海洋法公约》等全球性海洋环境协议只从海洋环境问题的共性出发为采取全球性行动提供指南，没有考虑到海洋环境问题的区域性特征。参见李建勋《区域海洋环境保护法律制度的特点及启示》，《湖南师范大学社会科学学报》2011 年第 2 期，第 53—56 页。

② 徐祥民、于铭：《区域海洋管理：美国海洋管理的新篇章》，《中州学刊》2009 年第 1 期，第 80—82 页。

护区的治理包括对移民的控制，使用远程监视技术实施捕鱼限制以及改进旅游船管理的系统[①]。区域性海洋污染治理的制度建设以发达国家为引领，在以欧洲地区国家为代表的跨国家区域海洋污染治理过程中逐渐形成了以“区域公约”为主要模式的海洋环境合作治理的制度框架；Amber Rose Maggio（2019）介绍了北极、加勒比海、地中海和波罗的海的区域合作与海洋环境保护治理模式；Raakjaer（2014）研究了四个欧洲海域（波罗的海，黑海和地中海以及东北大西洋）目前的治理结构，提出基于生态系统的海洋管理（EBMM）嵌套治理体系[②]。早在 1981 年，P. C. 特纳和 J. M. 阿姆斯特（1986）在的《美国海洋管理》中表明：海洋综合管理是指把某一特定海洋空间内的资源、海况以及人类活动加以统筹考虑，这种方法可以视为是特殊区域管理的一次发展，即提出把整个海洋或其某一重要部分作为一个需要进行关注。近十几年来，海洋治理尤其注重海洋的环境和生态的合作治理，各主权国家或区域组织通过立法、声明或协议等方式展开海洋合作，逐渐形成了一系列切实可行的制度模式和国际经验。

二 海洋环境跨区域治理的逻辑基础

公共治理理念和公共政策影响海洋环境的跨区域治理，无论是在制度设计还是技术运作上。一些学者认为，治理的“善治”理念是经济现代化的必要组成部分，其方式实现可以由网络、论坛、伙伴关系等方法来协同治理[③]；有的则认为所谓跨区域治理是全球各

① Peter J. S. Jones. A governance analysis of the Galápagos Marine Reserve [J]. *Marine Policy*, 2013, 41.

② Jesper Raakjaer, Judith van Leeuwen, Jan van Tatenhove, Maria Hadjimichael. Ecosystem-based marine management in European regional seas calls for nested governance structures and coordination—A policy brief [J]. *Marine Policy*, 2014, 50.

③ Hirst, P., "Democracy and governance", in J. Pierre (ed.), Debating Governance Authority Steering & Democracy. New York: Oxford University Press, 2000.

国的相互依存，是一种控制系统下的社会治理网络管理体系的建立。[①] 就是说所有治理的逻辑起点应是主体间关系。

（一）环境污染治理的主体间关系

目前现有的区域海洋环境治理支撑理论主要分为区域环境协同治理、环境网络治理、环境整体性治理、环境多中心治理四类。[②] 这四类模式均涉及污染治理的各类主体，而海洋环境跨区域治理的逻辑基础就是主体间的关系，其核心议题为协作或合作。因此，治理需要引入非政府权威和非政府组织，创新社会公众的参与制度以及优化非政府的激励结构。[③] 区域污染的协作治理主体具有复杂性，在海洋环境治理主体界定上更为特殊，国内区域治理的模式常采用政府主导的多元主体参与模式，其中，以网络治理理论最为合适[④]，即政府部门和非政府部门等多元主体相互分享权力，形成共治网络[⑤]。为实现区域海洋环境的善治目标，应构建由政府、企业、NGO 等多元主体构成的开放性治理结构，并以政策法规、文化参量、公共权力、货币作为控制参量。[⑥] 环境污染治理的制度建构最终体现为立法，并可能在司法领域得到确认，环境污染治理是一项复杂的系统工程，需要国家机关、社会公众以及 NGO 的共同参

---

① Rhodes, "Governance and public administration", in J. Pierre (ed.), Debating Governance [M]. New York: Oxford University Press, 2000.

② 高明、郭施宏：《环境治理模式研究综述》，《北京工业大学学报》（社会科学版）2015 年第 6 期，第 50—56 页。

③ 俞可平：《治理与善治》，社会科学文献出版社 2000 年版，第 6 页。

④ PROVAN K. G. Provan, A., FISHish A, J. SYDOW Jydow. Inter—organizational networks Networks at the network Network levelLevel: a review Review of the empirical Empirical literature Literature on whole Whole networks Networks. Journal of Management, 2007, 33 (36).

⑤ 陈振明：《公共管理学：一种不同于传统行政学的研究途径（第 2 版）》，中国人民大学出版社 2003 年版，第 16 页。

⑥ 余敏江：《论区域生态环境协同治理的制度基础——基于社会学制度主义的分析视角》，《理论探讨》2013 年第 2 期，第 13—17 页。

与[1]，倡导在环境保护与环境治理领域引入共建共治共享的理念，打造基于多元主体共同参与的新型环境治理模式[2]，具体职责在相关法律上进行规范明确，如根据《环境保护法》的规定，环境污染治理的主要责任主体是地方各级人民政府。此外，人大及其常委会有权对行政机关行使监督权，行政机关的不作为和乱作为也处于检察机关监督之下。

（二）跨区域环境治理的行为逻辑

区域内环境治理与跨区域环境治理间存在不同的制度逻辑。在本质上，环境公共治理模式具有合作主体多元性的特征，其运作逻辑是“参与＋合作”，有别于权威模式下的“权威＋依附”。[3] 然而，在环境跨区域治理中有各种各样的区域利益的冲突和博弈存在。在治理合作过程中，其制度的建设应以利益平衡的制度逻辑为基础展开。部分学者从建构主义的视角出发认为全球环境整体性观念的发展以及多边合作的国际规范是推动一些国家克服利益阻力参与全球环境治理的重要因素[4]，这在大国的海洋环境参与上较为多见。还有一部分学者从利益分析的视角出发认为一国的气候战略取决于其对国家利益的考虑，这一部分研究者倾向于使用利益分析方法，根据环境问题造成的环境损害成本和降低成本的比较分析，来判断一个国家参加的态度（Detlef Sprinz 和 Tapani Vaahtoranta，1994）。而这一类基于利益的国家公共政策考量成为了当前环境污

---

① 江必新：《论环境区域治理中的若干司法问题》，《人民司法》2016 年第 19 期，第 4—9 页。

② 詹国彬、陈健鹏：《走向环境治理的多元共治模式：现实挑战与路径选择》，《政治学研究》2020 年第 2 期，第 65—75 页。

③ 杜辉：《论制度逻辑框架下环境治理模式之转换》，《法商研究》2013 年第 1 期，第 69—76 页。

④ S. Bernstein. International Institutions and the Framing of Domestic Policies：The Kyo-to Protocol and Canada's Response to Climate Change. Policy Sciences，2002，（35）.

染治理的制度合作难点。[①]

不同国家的政治制度会对环境政策产生影响。各国国内政治制度会影响环境规制政策，其中较为严格的是西方国家的环境标准，这些国家多数支持国际环境协议。这是因为，西方国家的环境评估方面公众可能更敏感，而且能够转化为政策行动，所以也有更大的意愿支持减排政策。根据这一观点，参与国际环境协定的国家数量不断增加。[②] 区域环境污染治理中制度和利益的二元争论最终在国际和国内的制度体现为公约、条约或立法，而区域环境污染治理的重要内容或目标就是规范区域间的利益关系，平衡不同环境价值追求的主体实现各自的环境利益，匡正失衡的区域环境正义。就秩序价值而言，区域整体环境利益高于区域内个体或企业的环境利益的秩序价值并往往通过立法规范行政区域之间、自然区域之间，以及行政区域和自然区域之间的价值秩序。[③] 这一观点成为学界公认的区域环境治理系统逻辑的基本依据。

（三）跨国界环境治理的逻辑基础

跨国界环境治理是指污染物或污染影响扩展到本国以外的国家。对跨国界的环境治理，多数学者采用全球治理的理论，并放在全球海洋治理的视角进行研究，认为全球海洋治理与中国之所以能够联系起来，是因为两者之间存在着相互需求，即“中国需要参与全球海洋治理”与“全球海洋治理需要中国的参与”[④]，并需要全面厘清并准确把握中国在参与全球海洋治理的支撑动力、重点领

① 全永波：《公共政策的利益层次考量——以利益衡量为视角》，《中国行政管理》2009 年第 10 期，第 67—69 页。

② R. D. CongletonH. Sheik， C. Raj. Political Institutions and Pollution Control. Review of Economics and & Statistics，1992，74（3）.

③ 曹树青：《区域环境治理理念下的环境法制度变迁》，《安徽大学学报》（哲学社会科学版）2013 年第 6 期，第 119 页。

④ 崔野、王琪：《关于中国参与全球海洋治理若干问题的思考》，《中国海洋大学学报》（社会科学版）2018 年第 1 期，第 12—17 页。

域、基本原则以及全球海洋治理与国家内部海洋治理的关系等问题。习近平总书记在2019年4月中国人民解放军海军成立70周年之际提出“海洋命运共同体”理念，给海洋环境治理的政策实践引申出一个全新的命题。海洋命运共同体视域下如何推进我国海洋生态环境治理的全球参与，构建新型的海洋生态环境治理体系，成为跨国界海洋环境治理研究的重要背景，不少学者聚焦海洋生态共同体建设研究，提出海洋命运共同体主要是海洋生态环境共同体。认为以共同保护海洋生态文明的可持续发展理念，提出了“海洋命运共同体”应该是“海洋生态共同体”①，作为人类命运共同体子集的“海洋命运共同体”理念必将促进海洋环境法治的发展，认为中国应当深度参与全球海洋生态环境治理体系建设②。在治理的主体建设方面，提出建设国际组织、区域组织和行业组织，如以挪威、俄罗斯、瑞典、加拿大、丹麦、芬兰、冰岛和美国为代表的8个环北极国家建立了正式的北极治理组织：北极理事会。理事会通过软法机制进行机制构建和互动③。可见，以区域一体化组织为代表对区域性跨国界的环境治理，是当前环境全球治理的主要模式，其中欧盟环境治理具有一定代表性。其主要特征是良好的共识基础、多元的环境议题、制度的体系性、明确的战略性，并且具有极强的整体的政策协调能力。④ 欧盟的环境治理采取法律化的方式，治理方式上兼具多层治理特点。这种治理的模式形成了以理事会下属的环境工作组、欧盟委员会下属的环境总署和欧洲议会下属的环境委员会为主导，欧洲环境法施行网络、欧洲环境

---

① 沈满洪、毛狄：《习近平海洋生态文明建设重要论述及实践研究》，《社会科学辑刊》2020年第2期，第109—115页。

② 杨泽伟：《新时代中国深度参与全球海洋治理体系的变革：理念与路径》，《法律科学（西北政法大学学报）》，2019第6期，第178—188页。

③ 郭鑫、齐越：《北极区域治理中的机制建构案例分析》，《廊坊师范学院学报》（社会科学版）2013年第6期，第96—98页。

④ 邝杨：《欧盟的环境合作政策》，《欧洲研究》1998年第4期，第80—84页。

保护局、环境政策评审组、欧洲环境与可持续发展咨询论坛等为辅助的平行机构体系。[①] 另外，南亚地区也成立了南亚区域合作联盟，来应对南亚区域不断恶化的环境问题。但南亚地区经济落后，南亚联盟提倡的环境污染治理合作难以达到治理的目标。

跨国界环境治理逻辑就是遵循协作基础上制度化建设。最为典型的是莱茵河的治理机制，虽然是陆域的河流治理，但莱茵河治理成为国际流域治理的成功案例。为解决环境污染问题，莱茵河流域国家的主要做法是基于整体性的理念，从流域整体出发，建立了一系列组织和制度。其中制度和机制的经验包括综合决策机制、沟通与协调机制、政府间的信任机制、流域环境影响评价机制和流域生态补偿机制。[②] 在跨国界的环境治理中，非政府组织的介入得到理论界和实务界的重视。这种研究与实践认为非政府组织可以利用国内制度、国际制度的政治权力杠杆和市场权力杠杆的有效结合，影响和改变了环境领域的观念认知、身份认同、企业偏好和利益计算，帮助克服了企业环境社会责任的激励不足和消费者等利害相关者的信息不对称，增强了全球环境私人规制的有效性。[③] 近年来，如机制设计已从政府强制主导的非合作博弈转向政策企业家利益诱导的合作博弈，组织架构已从流域“委员会”转向更高层级的“大部制”，治理实施则从一元行政管制转向多维网络治理[④]，体现了跨国界的污染治理有了新的变化。

三 海洋环境跨区域治理制度

海洋环境跨区域治理的制度建构研究多是在区域合作基础上的

---

① 贡杨、董亮：《东北亚环境治理：区域间比较与机制分析》，《当代韩国》2015 年第 1 期，第 30—41 页。

② 倪进成：《莱茵河治理中的国际合作研究》，《科学与财富》2012 年第 2 期，第 122 页。

③ 王彦志：《非政府组织参与全球环境治理》，《当代法学》2012 年第 1 期，第 47—53 页。

④ 张宗庆、杨煜：《国外水环境治理趋势研究》，《世界经济与政治论坛》2012 年第 6 期，第 160—170 页。

政策建构和法律制度设计。当前研究多是在碎片化研究的基础上形成了非系统性的制度框架，以明确海洋环境跨区域治理的实效性和可操作性。

（一）立法与政策工具

区域合作视为一个“社会建构”过程是从区域合作的价值出发的，因此，重视提高公平和正义、效率的最终价值领域强调“地区组织之间的平等和相互依赖相互承认，倡导对话交流、学习理解过程及设计中的道德责任”[①]。在政策设计方面，主张以合作政府范式的高度为基础来促成环境合作政府的建设。[②] 有些学者主张在具体的政策和立法工具上突出应用性，提出应提高环境污染治理合作的程序性机制建设的关注度[③]，认为应从法理情相宜、整体政府和责任政府、公民主体、社会共治的基础上，形成协同立法的区域司法和多元区域纠纷机制，并推进环境污染治理的协同执法。[④] 我国环境污染治理制度化的主要方式是立法，但《环境保护法》明确规定我国目前实施属地管理为主的环境管理体制，地方各级政府应当负责的大气环境质量，在各自的管辖范围内，制定规划，采取措施，确保本辖区大气环境质量达标。[⑤] 区域环境治理实质上即是多元主体构筑规范框架与制度体系，是由明确、具体、可操作性强的法律规定的，使得其公平、开放、有效、持续的合作的进行得以保障，区域共赢借以实现，生态文明建设也得以发展促进。可以说，法治

---

① 全永波：《基于新区域主义视角的区域合作治理探析》，《中国行政管理》2012 年第 4 期，第 78—81 页。

② 黄爱宝：《论走向后工业社会的环境合作治理》，《社会科学》2009 年第 3 期，第 3—10 页。

③ 徐艳晴、周志忍：《水环境治理中的跨部门协同机制探析——分析框架与未来研究方向》，《江苏行政学院学报》2014 年第 6 期，第 110—115 页。

④ 肖爱、李峻：《协同法治：区域环境治理的法理依归》，《吉首大学学报》（社会科学版）2014 年第 3 期，第 8—16 页。

⑤ 赵鑫鑫：《论气候变化法中区域环境治理体系的建立》，《中国政法大学学报》2016 年第 3 期，第 114—120 页。

是区域环境治理的目标也是区域污染治理的保障。[①] 2015 年，我国台湾地区海洋治理领域实现了一系列重大进展，“海岸管理法”与“海洋四法”[②] 相继通过，从实体法律与行政机构两方面优化海洋治理结构，增强海洋治理成效[③]。我国学术界对海洋环境治理的政策工具研究逐渐兴起，在 2006—2016 年的政策高速发展阶段，逐渐形成了现在相对稳定的海洋环境保护政策工具使用模式，即在对海洋环境强制性的行政规制下，提升市场和信息等政策。[④] 张广帅等认为完善我国海洋生态保护制度，进一步系统梳理相关法律体系并设计制度框架，包括动态监测、建模分析、圆桌会议和跟踪落实以及分别承担的任务[⑤]；江河、胡梦达认为出中国作为海洋大国，综合实力的日益增强必然要求其积极参与和引领 BBNJ 法律制度的创设[⑥]。

西方发达国家在研究区域环境污染治理政策和立法时，更关注基于区域基础的全球环境治理，从《联合国海洋法公约》（1982）对海洋环境治理的全球合作，到《联合国应对气候变化框架公约》的缔结（1992）以及《京都议定书》（1997）均体现了相关国家合作的要求，并涵盖了区域性的环境污染治理要素。[⑦]

---

① 肖爱、李峻：《协同法治：区域环境治理的法理依归》，《吉首大学学报》（社会科学版）2014 年第 3 期，第 8—16 页。

② 指“海洋委员会组织法”“海洋委员会海巡署组织法”“海洋委员会海洋保育署组织法”“国家海洋研究院组织法”。

③ 许斌：《台湾地区在海洋治理领域的新发展》，《中国商法研究》2016 年第 2 期，第 32—46 页。

④ 许阳：《中国海洋环境治理的政策工具选择与启用——基于 1982—2016 年政策文本的量化分析》，《太平洋学报》2017 年第 10 期，第 49—59 页。

⑤ 张广帅、赵全民、唐晨：《我国海洋生态补偿的法律体系和制度框架》，《海洋开发与管理》2019 年第 4 期，第 31—35 页。

⑥ 江河、胡梦达《全球海洋治理与 BBNJ 协定：现实困境、法理建构与中国路径》，《中国地质大学学报（社会科学版）》2020 年第 3 期，第 47—60 页。

⑦ 谢来辉：《全球环境治理“领导者”的蜕变：加拿大的案例》，《当代亚太》2012 年第 1 期，第 118—139 页。

（二）国外污染治理的制度

国外对海洋环境跨区域治理理论与实践研究的代表国家有日本、美国、法国等大国。在西方其他国家的治理环境污染的过程中，西方发达国家在环境治理方面，有一个重要原则就是公众参与。制度化的基础性原则以公众参与污染治理为导向，形成了以立法与政策为主要形式的环境污染治理制度框架。如美国在2007年成立了“环境评估与决策中的公众参与”小组，其职能是评估环境污染治理中如何推进环境保护与污染治理的公众参与。[①] 在《2000年海洋条例》中，也明确规定了公众参与的渠道，包括开放式公众听证会，提供文件供讨论等。[②] 英国在加强环境污染区域治理过程中实施国家依法治理，英国环境污染治理的制度以完备的环境法律体系，作为环境污染治理工作的重要条件和根本保障。[③] 还有德国环境污染治理实现了三个结合：完备严格的环境污染立法与充分有效的环境教育相结合、使得制度化绿色发展与非制度化草根环境运动上下结合、市场经济手段与伦理原则相结合。[④] 在区域主义模式下，UNEP/GPA 协调办公室（Coordination office）认为，为使各国在加强控制海洋的陆源污染方面的合作更加有效，各国需要进行如下方面的合作：通过信息网络和网络数据建立，通过和更新污水处理指引、交换对环境的污水处理有益的信息，加强制度和技术能力，有效执行海岸带管理计划等（UNEP，1999）。

另外，国际上对污染制度的研究把体现自然规律要求的大量的

---

① 楼苏萍：《西方国家公众参与环境治理的途径与机制》，《学术论坛》2012年第3期，第32—36页。

② 顾湘：《海洋环境治理府际协调研究：困境、逻辑、出路》，《上海行政学院学报》2014年第2期，第105—111页。

③ 张彩玲、裴秋月：《英国环境治理的经验及其借鉴》，《沈阳师范大学学报》（社会科学版）2015年第3期，第39—42页。

④ 邬晓燕：《德国生态环境治理的经验与启示》，《当代世界与社会主义》2014年第4期，第92—96页。

技术规范、操作规程、环境标准等吸收到国际环境立法之中，这样就使国际环境法成为国际法中一个技术性极强的法律部门。① 国际性公约往往具有一定的超前性，其主要目的是为了达到保护全球海洋环境的目的，提前制定了调整未来可能出现的国际关系的国际法律文件或法律规范。② 海洋环境治理的国际法研究中，较多关注环境问题的区域性，尤其海洋环境问题较严重的地区个性立法占据了相当的数量，根据联合国环境规划署的《区域海洋行动项目》，已经有地中海、波斯湾、中西非、东南太平洋、南太平洋、红海、亚丁湾、加勒比海、东非和黑海等十多个遭受到严重污染的区域性海域制定了区域性公约。③

多年来，国内外不少学者在研究海洋生态环境治理模式、制度和经验过程中，开始关注海洋发达国家的相关做法，重点包括美国、日本、欧盟，以及其他在海洋治理创新经验的国家和地区。通过文献分析，认为国际社会普遍重视海洋生态的保护性立法、推进科技创新，发挥社会组织的作用，加强社会多元合作，取得了一定的成效。

美国一直以来都是十分强调科技创新，把海洋高科技发展提升到国家战略的高度。Tiffany C. Smythe 和 Jennifer McCann 为通过海洋空间规划实现海洋治理的一体化，研究在美国应用 MSP 所使用的工具、技术和策略重点研究了华盛顿、罗德岛和旧金山的案例。考虑到集成的治理维度和促进集成的过程，重点关注四个集成要素：机构间和政府间集成、利益相关者、部门和知识集成④。

---

① 秦天宝：《国际环境法的特点初探》，《中国地质大学学报》（社会科学版）2008 年第 3 期，第 16—19 页。

② 蔡守秋、王曦：《当代环境法》，香港：中华科技出版社 1992 年版，第 246 页。

③ UNEP. UNEP Environmental Law Training ManuaL. Nai-robi，1997.

④ Tiffany C. Smythe. Marine spatial planning as a tool for regional ocean governance?：An analysis of the New England ocean planning network ［J］. *Ocean and Coastal Management*，2017，135.

日本政府在海洋生态环境治理过程中十分重视海洋环境保护教育、宣传和公民参与，努力听取居民的反映意见，对于海洋科技的研究和开发一直都给予雄厚的资金支持，海洋监测技术和海洋生态修复技术均较发达。20 世纪 90 年代开始，欧盟就陆续制定一系列规划和计划来促进海洋生态环境保护和海洋可持续发展，例如 2001 年启动的“波斯尼亚湾生命计划”；欧盟还推动建立了欧洲水域空间规划系统，海洋空间规划在欧盟地区均受到重视和发展[①]。除此之外，欧盟成立了欧洲海洋和渔业基金作为五大欧洲结构和投资基金之一。Angela Carpenter 讨论了北海治理在防止石油污染方面取得的进展，及其在遏制污染方面所具有的长期影响，提出实施基于生态系统的管理（EBM）[②]，认为整合与合作过程是将以前的欧洲国家机构区域化的核心驱动力。

韩国的海洋环境法制度从 2008 年开始也从以前的“事后控制治理模式”演变为“事前预防管理模式”，2019 年进行了包括《海洋环境管理法》的修改和完善。澳大利亚拥有先进的海洋保护区立法框架，但其法律格局分散，造成了复杂的法律环境，给州内参与者和活动监管者增加了监管负担。通过对澳大利亚海洋保护区法律进行分析，了解其对增强可持续的海洋保护、管理和利用，为其他相似国家提供帮助[③]。而澳大利亚开始探索不同信息的相互作用，如何通过沟通渠道，利益相关者的行为，扣留或授予 SLO 的方法以及其承担的责任来传递这些信息[④]。也有学者提出，在海洋公

---

① 杨振姣、闫海楠、王斌：《中国海洋生态环境治理现代化的国际经验与启示》，《太平洋学报》2017 年第 4 期，第 81—93 页。

② Angela Carpenter, Oil pollution in the North Sea: the impact of governance measures on oil pollution over several decades, Hydrobiologia (2018).

③ Mengmeng Yin, Erika J. Techera. A critical analysis of marine protected area legislation across state and territory jurisdictions in Australia [J]. *Marine Policy*, 2020, 118.

④ Coco Cullen-Knox, Marcus Haward, Julia Jabour, Emily Ogier, Sean R. Tracey. The social licence to operate and its role in marine governance: Insights from Australia [J]. *Marine Policy*, 2017, 79.

园管辖范围内外应用以生态系统为基础的管理原则。这种综合和综合的管理模式被世界各地的海洋和沿海管理者普遍认为是有效的①。

（三）跨区域污染治理的制度

在环境治理领域，Ostrom（1990、2005）、罗德（1995）认为机构制度安排对于理解和解决环境问题意义重大，在最近的几十年中，有影响力的论点如 Ostrom（1990）提出的管理公共池塘资源，以及 CAtel（2016）的集体行动的制度安排。在多层次设计上，通过在全球环境治理提出跨国环境治理的网络性设计，Beunen（2016）探索了“制度工作”方式的环境治理方式，Örjan（2020）提出社交网络分析（SNA）的制度方法，为合作与冲突的机会提供了解决环境问题。国内学者对环境污染治理的制度设计大多依照四个环境治理理论（网络治理、协同治理、多中心治理和整体性治理）为支撑展开研究，提出的观点有如下。

在跨国界环境污染治理研究上，以多中心的治理理论为基础，针对我国的跨区域治理的制度化则需要为中国与邻近国家跨界污染问题创设更规范的制度框架。② 在海洋环境的跨国界治理上，一些学者提出，中国可以在区域性海洋环境保护框架下，通过协商制定相关条约来防治跨国海域海洋陆源污染，相关制度应显示海岸带综合管理和可持续发展原则等海洋环境保护法的基本原则。除此之外，我国也应该通过完善国内立法来防治海洋环境陆源污染，从而达到维护我国沿海利益的目的。③ 在国内的跨区域海洋环境治理上，

---

① Jon C Day, Kirstin Dobbs. Effective governance of a large and complex cross-jurisdictional marine protected area: Australia's Great Barrier Reef [J]. *Marine Policy*, 2013, 41.

② 叶良海：《中国与东盟国家跨界环境治理机制研究》，《广西职业技术学院学报》2015 年第 1 期，第 1—6 页。

③ 王慧、陈刚：《跨国海域海洋环境陆源污染的求解与法律应对》，《西部法学评论》2012 年第 3 期，第 62—67 页。

整体性治理被广泛认同，认为整体性治理主要由政府整合环境管理职能，建立政企合作伙伴关系，增设跨区域环境机构，解决海洋环境治理中所存在的多头管理、数字信息化发展不完善及部门分离等问题。[①]

我国学术界一直关注海洋治理的公众参与，在制度上也提出了海洋环境治理单靠政府的力量不够，并在上世纪末分别颁布的《中国海洋21世纪议程》《中国海洋事业的发展》和近年来频繁修改的《海洋环境保护法》上逐渐提出和体现，但实施起来一直十分艰难。政府部门可以利用公众参与海洋渔业资源评估、相关政策听证会的出席率之间密切的联系，调控公众在海洋治理方面的参与程度。[②]目前，中国政府在公众参与海洋环境政策制定的组织上已经做了一些工作，但公众的参与主要是靠政府或新闻媒体的引导，或者是认识到某种危害性后的参与，自主性比较差。[③]

（四）海洋环境跨区域治理的制度与机制

世界经济的发展必然伴随着环境破坏的加剧，环境保护和治理的研究也不断兴起。关于海洋环境治理的研究是伴随海洋权益的关注而兴起，但对于海洋环境治理的研究多呈现出碎片化的、阶段性的特点。海洋环境跨区域治理的机制和制度的系统性研究在当前的学术界比较不足。这类研究总的贯穿在环境治理、区域治理、海洋管理的各个领域。

20世纪40年代末国际海事组织的成立以及50年代中期的《国际防止海洋油污染公约》的签署标志着现代国际海洋环境制

① 涂晓芳、黄莉培：《基于整体政府理论的环境治理研究》，《北京航空航天大学学报：社会科学版》2011年第4期，第1—6页。

② Danielle T. Brzezinski, James J. Wilson, Yong Y. Chen. Voluntary Participation in Regional Fisheries Management Council Meetings. *Ecology and Society*, 2010, 15 (3).

③ 李文超：《公众参与海洋环境治理的能力建设研究》，硕士学位论文，中国海洋大学，2010年，第18—25页。

度的建立。[①] 近年来，随着海洋环境治理控制的转变和海洋环境管理理念的提升，对海洋环境污染控制的制度研究也在缓慢推进。海洋环境跨区域治理研究是以区域治理理论研究为基础逐步开展的，有学者提出用制度经济学分析区域治理的外部性问题、制度属性、制度变迁和利益主体间的博弈[②]，这种研究范式对区域环境污染治理是一种比较好的选择。海洋环境治理不仅受到危机性质的影响，而且还受到地理环境、地质条件等诸多因素的影响。对于陆地而言，一些重大自然灾害和环境事件大多呈现出了明显的区域性特征，而海洋环境问题的发生更多体现为跨一定的行政区域或功能区，不同区域的海洋甚至需要海洋环境治理的国际性合作，所以将海洋环境治理的全球性治理纳入海洋治理中，通过主权国家合作方式、国际政府组织主导方式、国际非政府组织补充方式以及国际规制的强制作用方式来实现制度构建。[③] 在各国针对海洋环境污染机制设计上普遍提出合作的理念并在实践中得到推行，然而合作的柔性机制迫使政府必须通过刚性机制即立法或强政策推进海洋环境跨区域制度进程。近年来，各类污染防范、协调机制制度化现象逐渐呈现，如借鉴国际民事责任基金机制，讨论构建一种广泛适用于责任主体为国家的跨界海洋环境损害赔偿基金制度。[④] 陆域区域的水污染治理新政策工具，如排污权交易、生态补偿、环境责任保险等制度逐渐在海洋领域得到实施，并在地方立法上确定下来。[⑤] 对跨

---

① 刘中民、王海滨：《中国与国际海洋环境制度互动关系初探》，《中国海洋大学学报》(社会科学版) 2007 年第 1 期，第 11 页。

② 金太军、沈承诚：《区域公共管理趋势的制度供求分析》，《江海学刊》2006 年第 5 期，第 114—117 页。

③ 王琪、崔野：《将全球治理引入海洋领域》，《太平洋学报》2015 年第 6 期，第 19—27 页。

④ 何卫东：《跨界海洋环境损害国家责任资金机制探讨》，《政治与法律》2002 年第 6 期，第 65—68 页。

⑤ 王惠娜：《区域环境治理中的新政策工具》，《学术研究》2012 年第 1 期，第 55—65 页。

国家区域的海洋环境治理，提出通过外交途径，建立一个有效的协商机制和海洋之间的不同国家不同地区的有效管理，达到一定效果的海洋治理。[①] 由于海洋环境与海洋生态的紧密相关性，海洋生态红线制度在2016年《海洋环境保护法》中被修改加入。党的十九大提出“加快生态文明体制改革”，“加强对生态文明建设的总体设计和组织领导，设立国有自然资源资产管理和自然生态监管机构，完善生态环境管理制度，统一行使全民所有自然资源资产所有者职责，统一行使所有国土空间用途管制和生态保护修复职责，统一行使监管城乡各类污染排放和行政执法职责”，到2018年3月全国人大常委会审议决定成立自然资源部、生态环境部，整合海洋环境执法机构，为跨区域海洋环境治理机制完善和制度化提出了具体路径。

四　对现有研究成果的评述

作为学术反映和制度实践，国内外对海洋环境跨区域治理的内涵、现状、逻辑基础和制度机制设计进行了广泛而深入的讨论，为本研究积累了较好的研究基础。但是海洋环境跨区域治理的理论框架尚不明确，如何从制度设计层面推进海洋环境治理的研究还不够充分。表现为：

第一，国内学者对区域治理机制的研究比较深入，但区域治理研究大多局限在都市、流域、乡村等局部范畴，海洋治理机制的研究尚处于起始阶段。国内多数研究治理理论的学者研究的范畴多体现为两个维度，一是区域公共治理问题的研究。源于国内外区域联合引发大量的跨区域公共问题，提出对大都市和城市群区域治理、流域治理区域发展政策工具、府际关系下的府际竞合与府际冲突等

---

① 向友权、胡仙芝、王敏：《论公共政策工具在海洋环境保护中的有限性及其补救》，《海洋开发与管理》2014年第3期，第83—86页。

方面的研究。[①] 二是区域环境合作治理的研究。认为环境污染事件的不断增加，各行政区以传统的划界而治的方法已捉襟见肘，地方政府间通过怎样的形式和措施组成“环保联盟”解决跨界污染，成为学界和环保工作人员的现实议题[②]。大多数学者研究的视角仍是以陆地为中心，以中央与地方、地方与地方政府间关系、政府与社会的关系为研究视角，形成了区域环境污染治理体系的相关研究，较少学者针对海洋的公共治理问题和污染治理问题进行全面的理论阐释，同时已有研究中更多关注海洋的权益价值，作为环境生存权的制度设计被忽视。

第二，对海洋环境和区域治理的研究已经形成了一定的体制、机制和制度层面的设计，但基于海洋环境污染跨区域治理概念、内涵、体系的研究仍是碎片化的。学界对区域治理、跨区域治理、跨界治理等领域的研究虽成果积累较多，但仍在概念描述上存在混淆的现象。海洋治理定义方面，虽已明确海洋治理是一项应由多元利益主体共同参与的活动，但并未明确界定各利益相关主体，而是笼统的概括为政府、社会和个人。此外，关于各利益主体在海洋治理活动中各自的行为逻辑及其相互作用关系的探讨在现有文献中所见较少。海洋环境跨区域治理实现方式方面，当前的研究倾向于“合作”的方式，认为通过强化政府、社会组织和个人在海洋环境治理方面的合作，可以妥善解决海洋环境跨区域治理的问题。合作主要是处理好海洋环境治理主体间的矛盾，建立有效的、多元主体共同参与的海洋环境治理模式[③]。“合作”的前提是自愿，而并未对各方的行为形成强制性的约束力，如若在治理的过程各主体间发生了

---

① 陈瑞莲、杨爱平：《从区域公共管理到区域治理研究：历史的转型》，《南开学报》（哲学社会科学版）2013 年第 2 期，第 48—57 页。

② 胡佳：《跨行政区环境治理中的地方政府协作研究》，博士学位论文，复旦大学，2010 年，第 5 页。

③ 龚虹波：《海洋环境治理研究综述》，《浙江社会科学》2018 年第 1 期，第 102—111 页。

利益争论，这一治理“合作”将被打破，因此，将海洋环境跨区域治理行为制度化，通过明确的制度规范海洋跨区域治理中各利益相关主体的行为才是确保海洋环境跨区域治理实现的前提。而现有文献中在海洋环境跨区域治理制度上的讨论相对较少，已有研究也大多集中于对几个与海洋环境污染相关的国际公约的讨论上，对于国内各沿海省市之间的海洋环境跨区域治理制度的讨论相对不足。

第三，已有成果对陆域性跨区域治理的研究比较成熟，但很少涉及海洋环境跨区域治理的主客体关系、制度利益等理论，海洋环境跨区域治理理论的逻辑基础不明确。关于海洋治理与陆域治理的关联和区别的研究缺失。当前国内在跨区域治理方面的相关研究，大多停留在理论探讨方面，研究往往从当前海洋治理中存在的问题出发，分析当前区域治理情况下的海洋环境治理“外部性”问题，即：各地区都倾向于从自身海洋经济发展的角度出发侵占、过度利用海洋资源，而在海洋环境治理时相互推诿，希望其他相邻区域来承担治理的成本，强调跨区域治理的必要性和重要性，呼吁在海洋环境治理问题上推动跨区域治理，但少见提出跨区域治理具体实施路径的研究。作为环境治理理论存在着环境治理对象的不一致性，海洋环境污染的跨区域治理也同样存在国内管辖的跨区域治理和国际合作的跨区域治理。当前国外注重“全球治理”体系下的国家合作、政府合作和组织合作，是协同治理理论、多中心理论还是网络治理、整体性治理在我国学者的研究逻辑上并未明确；在国内的海洋区域环境治理研究上也更多采用国外的理论支持，本土化的创新研究不够。

第三节　研究目标、研究内容和方法

一　研究问题和研究目标

海洋环境治理作为国家治理体系建设和治理能力现代化的重要

内容，受到各级政府和社会主体的极大关注，在当前治理区域化的大背景下，如何全面推进海洋环境跨区域治理的效果，推进海洋环境跨区域治理的规范化和制度化，是当前环境治理的重要议题。为了解决这一问题，需要合理界定海洋环境治理的概念内涵，全面分析当前海洋环境治理在区域化的大背景下的困境、影响因素、主体要素，分析跨区域治理海洋环境的逻辑基础，形成海洋环境跨区域治理的理论体系。在此基础上，形成海洋环境跨区域治理的基本路径，提出相应的制度和政策设计。

在这种研究逻辑下，本研究力图实现如下研究目标：(1) 基于海洋环境治理和区域治理的相关文献、国内外研究经验，界定海洋环境跨区域治理的概念；(2) 分析不同时代、不同空间下的海洋环境治理的政策，并基于公共治理和法学的分析框架构建并设计海洋环境治理的内部和外部制度；(3) 以东海区海洋环境区域治理为例，探索海洋环境跨区域治理的影响因素；(4) 基于对典型案例和典型区域的海洋环境的主体要素分析、制度环境分析和利益要素分析，探究海洋环境跨区域治理的作用机理和关键原因，提出治理措施；(5) 在分析海洋环境跨区域治理的行为逻辑基础上，明晰海洋环境跨区域治理的基本路径和过程机制；(6) 开展海洋环境治理的制度构建研究，并以推进污染区域治理的制度化建设为目标，提出海洋环境跨区域治理的制度框架。

二 研究内容

本研究的基本内容可以概括为：通过对海洋治理、区域治理、海洋环境跨区域治理的规范化研究，归纳跨区域治理的分析框架和理论支撑，全面分析和测量海洋环境跨区域治理的影响因素、主体间的利益博弈，系统描述海洋环境跨区域治理的现状、制约因素。在此基础上，考察典型案例和典型区域做实证分析，验证海洋环境跨区域治理的研究框架。最后系统性地提出海洋环境跨区域治理的相关制度建设建议。其中包括以下几个方面：

第一，对海洋环境跨区域治理进行规范化界定。比较、分析海洋治理、海洋环境治理、跨区域治理的国内外理论和实践，得出在中国发展语境下海洋环境跨区域治理的基本概念、内涵，通过数据搜集和案例分析，剖析当前全球以及中国海洋环境治理的问题、海洋环境跨区域治理的现实困境和制度现状。

第二，总结和归纳当前国内外区域治理的既有模式，发现和提炼海洋环境跨区域治理的影响因素，探索环境区域治理的制度逻辑，为治理的制度化打下基础。海洋环境治理与区域经济发展存在一定关联，与外部的其他要素存在关联，各利益主体的利益诉求存在关联，而且海洋环境治理的国内区域间的政府效用，和国家间的政府关系又存在不同的制度环境，所以在一般情况下很难来确定海洋环境区域治理的制度逻辑。因此，本研究需要在考察海洋环境治理的多元主体、多类因素的基础上，考察区域治理不同模式在不同环境治理因素基础上的实际效用和政策的可能性，得出效用最佳的海洋环境治理的制度逻辑。

第三，开展海洋环境跨区域治理的制度构建研究。区域污染治理制度研究要切实解决国内区域政府间以怎样的模式参与海洋环境治理，国家间主体以怎样的模式形成海洋环境治理模式。应在较全面考察分析当前海洋环境治理的制度现状和制度历史、国家规范，研究治理主体的利益诉求，得出海洋环境治理的制度变量，从而有效开展对海洋环境跨区域治理的制度设计。同时，针对区域治理重点关注府际关系的特点，需要在政策和立法上对现有制度进行全面剖析，并将新的制度设计进行推广，将区域的制度整合上升为国家制度，将国家制度的合作上升为国际条约，以构成了海洋环境跨区域治理的核心内容。

三 研究思路与研究方法

(一) 研究思路

随着区域经济一体化等复杂社会生态所引发的行政区划内大量社会公共问题的日益“外溢化”和“区域化”[①]，跨区域公共问题如跨区域海洋环境治理等问题不断产生，国家间或国内地方政府间的开放和合作趋势逐渐形成，但由于制度惯性、市场竞争、资源稀缺等原因[②]，区域间的海洋环境治理出现一定的路径依赖，如何突破国家或国内行政区划、功能区划的界限，以合作的形式提供跨区域海洋环境治理所应具有的机制和制度支持，成为跨区域海洋环境治理主体所面临的新课题。

本研究以海洋环境为主要研究对象，从研究路径上看，必须首先解决海洋环境跨区域治理的规范化问题，即什么是海洋环境的跨区域治理；再次要了解海洋环境跨区域治理的外部因素、主体间利益问题、制度属性等；最后提出走向合作化治理的海洋环境跨区域治理的制度问题。研究思路如下：

第一，什么是海洋环境的跨区域治理？当前海洋环境跨区域治理的基本现状如何？提出海洋环境治理和跨区域治理的基本概念，形成海洋环境跨区域治理的规范认知和分析框架。本部分的主要思路有：

(1) 概念化。海洋环境的跨区域治理的界定。本研究首先要厘清什么是海洋治理、跨区域治理和海洋环境跨区域治理，以及从海洋环境治理和监管的内涵分析，提出跨区域公共治理的理论支持，界定海洋环境跨区域治理的概念。

---

① 徐光：《区域公共管理研究述要》，《消费导刊》2010 年第 1 期，第 28—30 页。

② 方雷：《地方政府间跨区域合作治理的行政制度供给》，《理论探讨》2014 年第 1 期，第 19—23 页。

（2）分析框架。海洋环境跨区域治理在跨国内区域、跨国际区域的治理过程中是基于不同背景的治理理论，但又有一定的同质性和连接性形成相应统一的分析框架，在海洋环境跨区域治理过程中，导致跨区域治理效果差异的影响因素及其作用机制分析的基础上，形成基于治理主体关系的海洋环境跨区域治理的分析框架。

第二，海洋环境治理制度的设计过程中，跨区域治理应是海洋环境有别于陆域污染治理的特殊性，其受到海域的流动性差异、府际关系中的利益博弈、海洋国家间的合作问题等影响，需要分析治理机制和制度的历史延续，并对海洋环境治理机制重新建构。本部分的研究思路如下：

（1）制度现状分析。对我国周边海域海洋环境污染现状分析基础上，整理和对比当前我国周边海洋环境跨区域治理的制度现状，国际上海洋国家对跨区域治理海洋环境的立法和政策，综合比较和评价当前海洋环境跨区域治理的现状，评析当前海洋环境治理的制度供给和利益需求层面存在的治理机制和制度缺陷。

（2）海洋环境有别于陆地的环境治理的特殊性在哪里？海洋的流动性和边界确认的相对难度，造成海洋治理的跨区域性概率大大增加，既有一个中央政府治理下的央地关系，也有地方政府间的府际关系，更有海洋国家间的政府关系、政民关系、市场关系等多主体关系，给海洋环境跨区域治理的制度设计增加了难度。在此基础上确定海洋环境跨区域治理行为逻辑的理论基础。治理模式之间存在社会背景、管理导向、管理主体、权力向度和治理机制上的诸多不同[①]，如何创造与海洋环境跨区域治理相适应的治理模式并进行制度建构是推进研究的关键。

---

① 王扩建：《服务型政府建构的路径探究》，博士学位论文，南京师范大学，2008 年，第 22 页。

第三，如何在实施海洋环境跨区域治理方式转变的基础上，兼顾政府等治理主体实施制度变迁的预期成本、合作治理的实际可行性等方面的影响，来确立海洋环境跨区域治理的制度设计？本研究拟以我国东海地区海洋环境跨区域的治理逻辑、制度供求关系、制度安排现状、现存问题及其深层次原因进行实证性的调查分析，求证在东海区域所涉国家、我国中央和地方政府和其他治理主体提供新制度的能力和意愿，要受到制度设计的各种要素的影响，验证提出的分析框架。主要思路如下：

（1）明确影响海洋环境跨区域治理的主要因素及相关作用机制，提出作用于海洋环境跨区域治理的制度变量；

（2）分析国际性公约、条约在区域海洋环境治理上的规范性制度，中、日、韩三国东海区域海洋环境治理上的国内制度设计、国家间合作机制问题，中国国内中央与相关省市在东海区域海洋环境治理的现存的制度规范、现况和问题。

（3）探究海洋环境跨区域治理的制度构建。这部分主要在治理理论框架下结合制度的管理学和法学分析，提出对海洋环境跨区域合作治理制度变迁的动力、市场与主体间的需求；提出关于制度主体 、制度环境、运行机制和制度体系建设方面的建议。

（二）研究方法

此项研究将采取理论研究和实证研究相结合，采取多来源、多层次的数据（微观调查数据和宏观统计数据以及典型案例资料等），利用数据分析软件达成研究目标。把采用不同研究方法得到的研究结果加以比较，寻求解释、例证、改进和澄清，完善研究结论，保证本项研究的有效性。基本研究方法如下：

第一，文献法：主要采用国内外政府相关政策文件、理论文献以及统计数据搜集，保证本研究的扎实文献基础。本研究准备充分利用图书馆，广泛搜集国内外探讨跨区域治理、海洋环境治理有关的理论文献，和地方政府相关政策文件和统计数据的收集，界定分析维度以及概念；提炼、总结出国内外海洋环境治理和跨区域公共治理的经验教训和主要模式，对现有海洋跨区域治理安排进行系统的阐述，进而以管理学、政治学、法学等分析视角，系统研究各类海洋跨区域治理主体对海洋跨区域治理的影响；发现、描述海洋环境跨区域治理的制度现状和相应的制度工具；提炼分析环境区域治理中的政府、社会、市场的关系；系统性地总结社会主体以及国内外政府在推进环境治理方面的体制机制创新与有效制度设计上的经验。

第二，专家咨询法：主要用于海洋环境跨区域治理制度体系的整体构建以及相应影响因素的分析检验。在初步构建海洋环境跨区域治理制度内容框架的基础上，征求专家和专业管理人员的意见建议。

第三，实地调研、访谈和问卷法：主要用于获取区域海洋环境治理的基本做法及创新实践案例，并总结、归纳海洋环境治理和区域公共治理及创新实践的主要模式。研究拟在东海区海洋环境治理角度进行实地调研，走访地方政府、企业以及社会公众等群体，就海洋环境治理的制度供求关系、制度安排现状、现存问题及其深层次原因进行实证性的调查分析。本研究将在调研中收集沿海在海洋环境跨区域治理领域的地方立法、政策工具和创新举措，深入探讨挖掘影响海洋环境治理的主要因素，总结与提炼海洋环境跨区域治理中的制度供给的能力和不足，从而观测当前海洋环境跨区域治理制度设计的可能性。

第四，案例研究和比较研究：主要用于对海洋环境的现状分析，以及开展海洋环境跨区域治理的影响因素的探索性研究与制度解释性研究。基于海洋环境跨区域治理的实践研究，归纳、提炼当前时期跨区域治理和污染治理的主要模式，形成区域治理的经验总结；通过案例比较，初步揭示海洋环境跨区域治理的影响因素；对海洋环境跨区域治理的典型个案进行深入分析，力求揭示影响海洋环境治理的关键因素及其作用机制，加深对海洋环境跨区域治理的主要变量的理解。

本研究中涉及的资料与数据来源，均来自于作者本人和所在的研究组织和研究团队，如浙江海洋大学经济与管理学院在持续开展的海洋管理领域的系列研究过程中所积累的调研材料以及所整理的资料，包括和社会组织、地方政府官员、相关政府部门等相关的汇（申）报材料、访谈记录、工作计划、工作总结，等等。

第二章

海洋环境跨区域治理的理论分析

第一节　海洋环境跨区域治理的相关概念

一　区域与跨区域

区域是一个意蕴丰富而外延宽泛的概念，在社会科学领域，诞生于公元前3世纪的地理学是最早研究区域的学科，认为区域是地球表壳的地域单元，地球则由无数区域组成。在现代经济与社会发展的大背景下，区域的概念在不同学科框架下有不同的界定，政治学中的区域是进行国家管理的某一行政单元；经济学认为区域是由人的经济活动所造成的、具有特定的地域特征的经济社会综合体；社会学和人类学则将区域视为具有相同信仰、相同语言和民族特征的人类社会群落等等。[①]《简明不列颠百科全书》对于区域的定义则是："区域是指有内聚力的地区。依据一定标准，区域本身具有同质性，并以同样标准与相邻诸区域、诸地区相区别。区域是一个学术概念，是通过选择与特定问题相关的特征并排除不相关的特征而划定的。"无论如何界定区域，它具有一个不会改变的基本属性，即美国著名区域经济学家埃德加·M. 胡佛所指出的："区域是基于描述、分析、管理、计划或制定政策等目的而作为应用性整体加以

---

① 陈瑞莲：《区域公共管理导论》，中国社会科学出版社2006年版，第2—5页。

考虑的一片地区。”[①] 把区域的范围扩展到海洋，则可以认为彼此相关的海洋区域，关于这些海洋区域可能因行政原因、生态原因或是经济原因、政治因素而形成的，这里的区域包括是地球表面一个连续的地理单元和不连续的地理单元。总而言之，区域治理中的区域可以理解为基于一定的经济、自然、政治、文化等因素而联系在一起的地域或者水域。[②]

区域基于一定的地理界限但又超越地理意义，根据某个或多个特定的社会、经济、政治等多重关系元素建构，且具有相当规模的社会生活功能空间。区域空间还包括多种组成因素，区域基于一定的地理界限，根据某个或多个特定的社会、经济、政治关系方面的多种因素进行建构。区域主要作为经济、政治、文化组织的回归，区域发展进程中经济因素是重要变量，但也不再是唯一变量。[③] 区域是一个基于行政区划又超越于国家和行政区划的经济地理概念。[④] 可见区域分为两大类，一类是国家层面之上的各类区域，另一类则是国家层面之下的。全部的定义都把区域概括成为一个整体的地理范畴，因而可以对其进行整体分析。也正是区域内在的整体性使得我们要去考虑区域内各部分之间的关系如何更好地协调的问题。

20 世纪后半叶以来，全球化浪潮推动了政治、经济、社会区域化的发展，进而使区域主义成为国际经济和政治发展的重要现象。区域主义主要指通过地理上彼此相连的国家或地区，以政府间

---

① ［美］艾德加·M. 胡佛、弗兰克·杰莱塔尼：《区域经济学导论》，上海远东出版社 1992 年版，第 2 页。

② 马海龙：《区域治理：内涵及理论基础探析》，《经济论坛》2007 年第 19 期，第 14—17 页。

③ 吴瑞坚：《新区域主义兴起与区域治理范式转变》，《中国名城》2013 年第 12 期，第 4—7 页。

④ 陈瑞莲、刘亚平：《区域治理研究：国际比较的视角》，中央编译出版社 2013 年版，第 2 页。

的合作和组织机制，加强地区内社会和经济的互动。[①] 区域主义的一个重要特征是基于区域内以政府为主导的多元主体间共同的利益，在物理空间上具有相连性和共通性。但全球化进程加快的背景下，地理空间的界限实际很难被固化，政府以及区域内外主体往往会突破原先设定的地理区域，"区域"被不断地调整。美国学者詹姆士·米特尔曼提出"新区域主义"以及相关分类，包括宏观区域主义、次区域主义和微观区域主义。[②] 他运用全球治理的视角，分析认为宏观区域是洲际国家之间的组织区域范畴，如东南亚、中东等；次区域主要指一个单独经济区域的跨国家或跨境的多边经济合作区域，如图们江区域；微观区域则是一国内部的省际、地区间的区域，如中国长江三角洲、美国密西西比河流域等。新区域主义的这种划分其核心特征仍然没有脱离"区域"的本质性问题及区域内以国家或地方政府为主导的利益统一体，多元利益主体间在地理上存在相应的邻接性，只要在未来某种政治、经济和社会发展的需要，"区域"一定会迅速形成。

"跨区域"与"区域"在文字上似乎存在一定的区别，但区域因经济社会利益平衡与合作需要而产生，随着区域合作等形式的形成促使区域间的竞争不断加剧。如东南亚国家建立了综合性区域组织"东盟"，该组织的建立为东南亚国家之间的政治、经济合作提供了良好的平台，组织可以形成共同的利益规则，开展集体行动，有助于维护组织成员的共同利益。基于政治经济利益考虑，区域组织与区域外组织、国家或地方政府之间就必然存在经济的合作与竞争，这种合作与竞争则属于"跨区域"。本研究认为，跨区域的范畴比较宏观，一般指的是尚未形成区域治理现实的地理范畴，或在政治、经济、社会、生态等领域未"区域化"，合作有难度、治理

---

① 傅梦孜：《亚太战略场》，时事出版社 2002 年版，第 539 页。

② ［美］J. H. 米特尔曼：《全球化综合征》，刘得手译，新华出版社 2002 年版，第 134 页。

存在困境的一种经济地理状态。跨区域既指跨越行政区域，也包括跨越功能区域、跨国界，如海洋与陆地的跨越、海洋国家边界的跨越、海洋行政区的跨越等。而如果跨区域的相关问题随着区域化进程加快，跨区域问题也有可能演变为区域内的问题。

二 跨区域治理与跨界治理

随着全球化、区域化、合作化进程的不断加快，基于政府单一角色的管理行为已经不再适应新的时代要求，不论从全球层面还是从国家内部最基层的管理，都已经必然地要追求不同社会主体多方面介入的，谋求调和相互冲突的利益并采取联合行动的过程，治理理论随即产生，该理论指出："治理不是一整套规则，也不是一种活动，而是一个过程；治理过程的基础不是控制，而是协调；治理既涉及公共部门，也包括私人部门；治理不是一种正式的制度，而是持续的互动。"[①] "治理"是一个不断发展的概念，涉及政治学、经济学、法学、社会学等许多个领域。

20 世纪 90 年代以来，国内的治理理论研究逐渐兴起，成为公共管理研究领域的重要内容。关于"治理"一词的定义，国内学者观点众多，俞可平提出"治理"一词的基本含义是"指在一个既定的范围内，为了满足公众的需要而运用权威维持秩序，其目的是在于各种不同的制度关系中运用权力去引导、规范和控制公民的各种活动，以最大限度地增加公共利益"[②]，这一观点基本上被公众所接受。

治理理论与区域主义的结合产生了区域治理和跨区域治理研究，并在实践中逐渐形成制度。确定跨区域治理的研究框架时需要区分以下三个概念：跨界治理、跨区域治理、区域治理。"跨界治

---

① 全球治理委员会：《我们的全球伙伴关系》，牛津大学出版社 1995 年版，第 23 页。

② 俞可平：《治理与善治》，社会科学文献出版社 2000 年版，第 5 页。

理”的概念范畴是最宏大的，跨界治理是当今组织变革化、产业融合化、经济全球化而引出的一种全新治理思维和战略选择，包括了跨部门治理、跨边界（地理）治理和跨公私合作伙伴治理。[①] 具体地说，跨界治理一般分为跨行政区域边界，跨行政部门边界，跨行政层级边界，跨政府、市场和社会组织边界这四个类型。[②] 跨界治理是因为两个或两个以上的不同团体、部门或行政区，因彼此间的功能、业务或疆界相接及重叠而逐渐模糊，导致无人管理、权责不明与跨部门的问题发生时，借由私部门、非营利组织以及公部门的组合，通过社区参与、协力治理、契约协定或公私合伙等联络方式，解决原来诸多难以解决的问题。[③] 跨界治理目的在于建立一套相互联系、各有侧重、互动合作的治理运行体系，构建出一种多中心、多层次的合作治理模式。

在跨界治理中，政府成为了公共价值的促进者，在多元化组织构成的网络化结构中具有协商、协调和合作的作用。[④] 跨界治理为跨区域治理研究提供了较好的思路和理念，跨界治理在跨行政区域上融合了跨区域治理的内涵（图2—1）。两者在以下的治理路径上有共同点：建立在共同利益和区域认同之上的合作；摆脱了政府部门的单一管理，确立了网络式的合作治理；摒弃了市场的单一操纵模式，从而倡导一种基于谈判合作、以激励兼容为目的的协调机制。[⑤]

---

① 陶希东：《跨界治理：中国社会公共治理的战略选择》，《学术月刊》2011年第8期，第22—29页。

② 蒋俊杰：《跨界治理视角下社会冲突的形成机理与对策研究》，《政治学研究》2015年第3期，第80—90页。

③ 申剑敏：《跨域治理视角下的长三角地方政府合作研究》，博士学位论文，复旦大学，2013年，第16页。

④ 蒋俊杰：《跨界治理视角下社会冲突的形成机理与对策研究》，《政治学研究》2015年第3期，第80—90页。

⑤ 娄成武、于东山：《西方国家跨界治理的内在动力、典型模式与实现路径》，《行政论坛》2011年第1期，第88—91页。

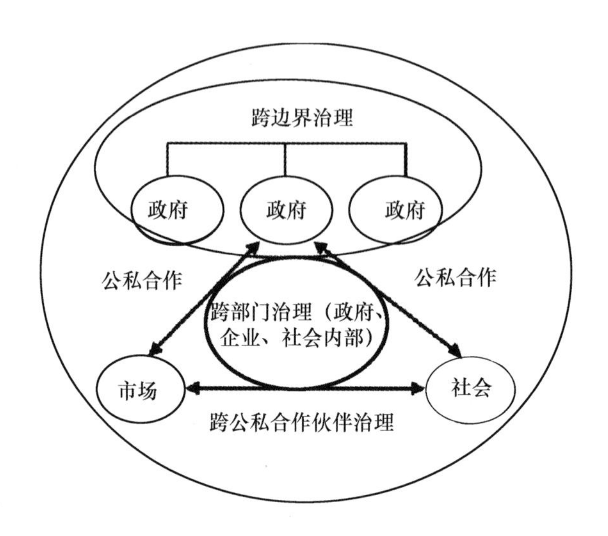

图 2—1 跨界治理模型[①]

跨区域治理则是跨界治理在政治地理学意义上的一个维度，全球化、区域一体化持续推进，区域之间联系日趋密切，跨区域相关的公共问题日益凸显。跨区域治理成为现代社会探寻政府、市场和社会改革与治理创新的新思路。跨区域治理从类型分类上看，也和“区域”和“跨区域”的地理、生态层面的基础分析有关联，借鉴新区域主义对于区域类型的分类[②]，即宏观区域（洲际国家间）、次区域（单独经济区域的跨国界或跨境）、微观区域（国内省际、地区间区域），则跨区域治理也应是在冲破这些“区域”的基础上的多元主体的协作和互动。

三 海洋治理与海洋环境治理

让相互冲突的不同利益得到调和是治理的核心要义。治理的这

① 陶希东：《跨界治理：中国社会公共治理的战略选择》，《学术月刊》2011 年第 8 期，第 22—29 页。

② 本研究认为，跨区域的范畴确定需要建立在“区域”的三个分类基础上的对应和延伸。

个特性在于让其在不同的领域均有存在和推进的可能。海洋治理则应国家治理的需要，并因其不同的治理空间、复杂环境和主体差异，有其特有的治理逻辑和治理框架。一般认为，海洋治理是指涉海国际组织及国家、私营部门、政府部门和公民个人等一切海洋管理主体为了维护海洋生态平衡、实现海洋可持续开发，通过协作共同管理海洋及其实践活动的过程。[①] 海洋治理其根本上就是参与到区域海洋中的多元主体，按照沟通、信任、伙伴、合作、契约的原则来对海洋的发展进行管理的活动。

海洋治理因以海洋作为治理对象，涉及的治理主体存在多元化、异质性和跨区域性，因此海洋治理具有以下特性：第一，治理机制制度化。因为海洋的主权特性和管理规制的难度较大，需要通过在涉海国家之间建立起协议形成契约组织、健全涉海国家的相关涉海法律制度体系，共同规范和约束海洋实践活动。涉海私营部门和公民个人亦需要遵守涉海法律法规制度，依法开展涉海实践活动。第二，治理主体相对复杂。多元治理主体包括涉海国际组织、主权国家和政府，同时也包括其他涉海私营单位以及公民个人等。第三，政府为主体的元治理。元治理属于治理的治理，基于海洋权益需要和管理的有效性，需要以政府为导向通过维护共同建立的法律制度，产生对众多治理主体进行制约，去引导治理主体的管理行为。[②] 海洋治理有自己的内涵，也有其外延。海洋治理的表现形式主要分为两个层次：国际海洋治理和国家海洋治理。国际海洋治理强调涉海国家和实践主体自觉保护海洋生态平衡，互相尊重海洋权益，综合协调海洋渔业资源分配等，通过协商、合作来一起建设和谐海洋。国家海洋治理是一个国家内采取建立健全涉海法律制度，

---

① 孙悦民：《海洋治理概念内涵的演化研究》，《广东海洋大学学报》2015 年第 2 期，第 1—5 页。

② 同上。

依法治海，从而形成良性的海洋治理机制，以实现这一治理系统的自我运行、自我修正和自我制约。这两个类型的治理其共同特征为公众参与，公众参与海洋治理可以提高全民的海洋意识和责任，促使公民自觉维护海洋权益及环境等。[①]

尽管学界在海洋治理概念的定义上还存在分歧，但已普遍认同的是海洋治理体系的构建必须包括海洋政治、海洋文化、海洋社会、海洋生态文明、海洋经济等多方面的内容，当前有关“海洋治理”概念的界定大多为国家治理体系概念在海洋领域的延伸，提出的“海洋治理体系现代化”就是要正确处理以及协调市场、政府等主体之间的关系[②]。海洋治理相对于“海洋管理”，在主体、工作方法和权力运行向度上有所区别。

第一，从主体上来看，“海洋管理”一般认为其所指的管理海洋的“公共权力中心”大都以政府及其行政管理部门或其他具有国家公权力的主体为主。而“海洋治理”一词所代表的“公共权力中心”则出现了多元化趋势，包括除政府外的各种机构、公众等，海洋治理的权力中心不再是政府，政府与其他权力主体之间逐渐形成了多元合作、互动互通的新型关系。

第二，从工作方法上来看，“海洋管理”一般指在社会中占统治地位的主体，通过国家法律的方式在政府权力所及领域内开展的行政管制工作，带有明显层级分明的管理意图并具有强制性。而“海洋治理”是由政府、企业等构成的多元治理主体通过法律为基础的各种非国家强制性契约，具有明显的民主协商性特征。

第三，从权力运行向度上来看，“海洋管理”一般所指的权力运行向度是一元的，即是“自上而下”的，由海洋管理的主体发号

---

① 孙悦民：《海洋治理概念内涵的演化研究》，《广东海洋大学学报》2015 年第 2 期，第 1—5 页。

② 刘大海、丁德文、邢文秀等：《关于国家海洋治理体系建设的探讨》，《海洋开发与管理》2014 年第 12 期，第 1—4 页。

施令，下属机构和个人根据指示行事。而“海洋治理”的权力运行是多向度的，即在更为宽广的海洋公共领域中既可自上而下、又可自下而上或是平行等多向度开展的海洋治理工作。这意味着在新的历史条件下，海洋治理成为推动海洋发展的新核心理念。

2015 年以来，我国在多个国际场合提出“海洋合作”的倡议以来，海洋治理被赋予较多的政治合作的内涵。以国家为主体的海洋治理行动在各区域海洋有序展开，呈现出各成员国协商一致、归属于一体化进程下的功能合作、区域外部大国共同参与的特征。①

海洋环境治理属于海洋治理范畴的一部分。海洋环境治理要从海洋环境治理开始，海洋环境是指把人类生存与发展当作中心任务，相对其存在并造成直接或间接影响的海洋自然和非自然的全部要素的整体，海洋污染则是由人类活动引起的人为因素造成海洋水体、岸线、底土的变异。② 人口增长和社会经济发展需求的增加，陆域资源已不堪重负，粮食短缺、资源不足等一系列问题凸显，人类迫切需要寻求发展资源困境的出口。21 世纪以来，随着海洋开发和利用水平的不断提升，海洋污染问题也日益突出，在实现海洋经济发展的同时，更好地保护海洋环境必然成为海洋环境治理中急需解决的课题。③ 治理海洋污染因海洋的特殊性、公共治理的主体多元性等必然存在利益的冲突，完善海洋环境治理体系的重要路径需要分析相应的利益逻辑并形成解决机制。

基于治理理念的海洋环境保护一直是学术界讨论的热点，我国

---

① 王光厚、王媛：《东盟与东南亚的海洋治理》，《国际论坛》2017 年第 1 期，第 14—19 页。

② 朱庆林、郭佩芳、张越美：《海洋环境保护》，中国海洋大学出版社 2011 年版，第 2—3 页。

③ 王琪、何广顺：《海洋环境治理的政策选择》，《海洋通报》2004 年第 3 期，第 73—79 页。

在2017年修订《海洋环境保护法》时，虽仍沿用“海洋环境监督管理”的规定，但吸纳了多元主体参与环境治理的立法理念，提出了“一切单位和个人都有保护海洋环境的义务”。海洋环境治理作为环境治理的主要内容的核心是“治理”，而治理是为激发社会主体参与社会治理，提倡国家与社会对公共事务的合作共治。海洋环境治理是基于海洋污染所涉及的行为者关系的复杂行为，需要各相关主体积极合作互动。在海洋环境治理的庞大关系中，公众个人、企业、政府构成了复杂的关系，他们彼此间可以相互影响，相互制约，形成一个政策网络。[①] 另外，海洋因其特有的生态系统、海水的流动性、跨行政区域性和跨国性，使得“海洋治理”与“陆域治理”有明显区别。“海洋治理”与“陆域治理”的区别主要由“海洋”和“陆域”这两个治理对象各自不同的特征所决定，其中海洋的特征主要体现在：

其一，海洋水体的流动性及其带来的关联性。海洋不同于陆地，陆地是相对固定的，而海洋由于其水体的流动性，在某处的海洋资源或环境经开发后遭到破坏，不仅会影响本海域后续的开发利用，更会危害其他邻近海域的生态环境。

其二，海洋空间的三维立体性导致海洋空间复合程度极高。由于海洋拥有远超陆地的深度，因此在海洋的不同深度分布着不同的资源，海洋的每一部分都拥有其特有的价值与功能，导致了在开发海洋过程中必然出现多行业并存的“立体开发”，当这种开发模式得不到有效协调控制时，会引发多行业对同一海洋资源的争相开发，这种无序开发的状态会使海洋环境受到“立体式”负面影响。

其三，海洋在空间上难以准确划定治理边界，造成海洋环境及

---

① 王琪、何广顺：《海洋环境治理的政策选择》，《海洋通报》2004年第3期，第73—79页。

资源的公共产品性特征突出。因为海洋的物理边界区分困难，使海洋环境成为典型的纯公共产品，所有人都可以获取海洋所带来的利益而不用承担成本。海洋治理还存在跨地区、跨行业等现象，涉及多种逻辑要素影响，因此难以将海洋治理责任很好地分摊给区域内外的利益主体，通常最终都落在政府身上。

四　跨区域治理与全球海洋生态环境治理

（一）全球海洋生态环境治理的内涵

全球海洋治理的产生是海洋的自然特性、全球化的深入、全球海洋问题的频发、全球治理理论的发展等多种因素共同作用的结果，是一种客观的历史现象。其主要研究来源是国家海洋权利的需要、全球治理理论和实践的推进。罗西瑙在“Governance，Orderand Change in World Politics”（1992）中正式提出全球治理的定义，联合国全球治理委员会 1995 年发表了一份题为《我们的全球伙伴关系》的研究报告，该报告对全球治理作出了如下界定：“全球治理是个人和公共或私人机构管理其公共事务的诸多方式的总和。它是使相互冲突的或不同的利益得以调和以及合作性行动得以采取的一种持续性过程”。十八大以后，海洋强国战略研究进一步展开，基于全球治理和海洋权益的研究基础，全球海洋治理顺势提出，可见，“全球海洋治理”的提出是基于国家治理体系概念在海洋领域的延伸，但又应对于国际海洋制度的需求导向形成的理性选择，是国家参与或融入全球海洋治理体系的需要而形成。全球海洋治理是全球治理理论的具体化与实际应用，是治理理论在全球事务上的延伸与拓展，而将全球治理理论引入到海洋领域，即产生了“全球海洋治理”。全球海洋治理是指在全球化的背景下，各主权国家的政府、国际政府间组织、国际非政府组织、跨国企业、个人等主体，通过具有约束力的国际规制和广泛的协商合作来共同解决全球海洋问题，进而实现全球范围内的人海和谐以及海洋的可持续开发和利用。[1]

全球海洋生态环境治理是基于全球海洋治理和全球环境治理的结合基础上提出的。由于环境问题是全球性公共问题，具有外溢性等特点，在全球环境治理中国际社会必须遵守一定的通行的指导原则和法律规范，而这些指导原则和法律规范常常借助国际公约或会议宣言加以阐明。全球环境治理机制是国际社会行为体（主要指主权国家和国际组织）在解决全球环境危机过程中建立起来的一系列制度化（包括正式和非正式）的组织机构、规范、公约、原则和程序。在海洋领域，海洋在平面空间上难以准确划定治理边界，且具有治理主体多元性和事务综合性，造成海洋环境及资源的公共产品性特征突出，海洋生态环境治理已经不是一个国家、一级政府所能够解决的。基于这种公共性，海洋治理应当通过全球治理的模式并形成一定的国际标准，进行相应的国际合作，这也给中国参与全球海洋环境治理提供了法理和现实的基础。我们认为，全球海洋生态环境治理是在全球化的背景下，各主权国家和相关主体通过具有约束力的国际规制、广泛的协商合作来共同解决全球海洋生态环境问题的一种治理方式。海洋生态环境治理属于全球海洋治理的一部分，海洋生态环境治理是应对当前海洋生态环境问题日益加剧而采取的重要制度选择，是全球治理理论在海洋领域的重要应用，对解决全球化进程中海洋生态环境保护问题，促进海洋开发向绿色转型具有重要意义。[2]

（二）全球海洋生态环境治理体系的内容

全球治理是通过国际制度（国际规则、国际规范）和国际合作

---

① 王琪、崔野：《将全球治理引入海洋领域——论全球海洋治理的基本问题与我国的应对策略》，《太平洋学报》2015 年第 6 期，第 17—27 页。

② 龚洪波：《海洋环境治理研究综述》，《浙江社会科学》2018 年第 1 期，第 102—111 页。

进行的。联合国等有关国际组织在解决海洋问题中发挥着关键的作用。参与海洋治理的国家行动者和非国家行动者都是围绕着联合国等国际组织进行的[①]。同时，非联合国体系的国际组织（地区组织）和非正式的国际论坛等在全球海洋治理中变得越来越重要，成为全球海洋治理和全球海洋生态环境治理的重要机制。

全球视角下的海洋是一个整体，但因不同海区生态系统的差异，使海洋生态环境治理存在跨区域、跨国家管辖的特性。从现实看，以国际规则的制订确定全球或区域的海洋生态环境治理体系成为当前全球海洋环境治理的基本趋势。但全球海洋环境治理最大的特点是各主权国家均存在独立的权力体系，因而治理机制和规则的设计往往受到强权国家的力量影响。1982 年，《联合国海洋法公约》（UNCLOS）达成并生效，在全球治理的趋势下，海洋问题进一步纳入以联合国为中心的全球治理体系，但同时由于《联合国海洋法公约》对于海洋生态环境保护的条款规制性较弱，海洋生态环境治理在实践中往往被主权国家的利益左右。另外，全球化进程中的各行各业又分割了海洋，各行业都有自己的国际组织；各种海洋行动者，包括各国、国际组织和非政府组织，存在着不同的世界观、价值观和利益差别；各种区域性的海洋组织更具有一定的排他性[②]，使得全球海洋生态环境治理体系呈现出形式上的多层次性，实质上的碎片化状态。我们认为，全球海洋生态环境治理体系基本形成了以《联合国海洋法公约》为中心并主导的治理体系，但随着全球海洋治理的深化，以区域性、行业性的多层次治理为补充导向的治理格局逐渐形成。

---

① 庞中英：《在全球层次治理海洋问题——关于全球海洋治理的理论与实践》，《社会科学》2018 年第 9 期，第 3—11 页。

② 庞中英：《在全球层次治理海洋问题——关于全球海洋治理的理论与实践》，《社会科学》2018 年第 9 期，第 3—11 页。

第二节 海洋环境跨区域治理的理论基础

一 治理理论的几个维度

海洋跨区域治理在根本上都受公共治理理念的指引和公共政策的影响。当前的区域治理理论主要包括区域协同治理、网络治理、整体性治理、多中心治理等。上述治理理论均涉及海洋治理的各类主体，而主体间的关系是海洋跨区域治理的逻辑基础，其核心议题为合作或协作。网络治理的目的是公共利益的增进或实现，政府部门和非政府部门等位于相互依存的环境中实现公共权力的分享，推进公共事务的共同管理的过程。协同治理是从20世纪90年代初开始，“协同治理”被联合国全球治理委员会定义为：“个人、各种私人或是公共机构管制其共同事务的各种方式之和，协同治理调和了共同冲突的不同利益主体且采取持续联合行动的过程。”在20世纪90年代，诺贝尔经济学奖获得者埃莉诺·奥斯特罗姆及其丈夫文森特·奥斯特罗姆一同提出了多中心治理。此理论来自于公民社会意识的觉醒，并且注重于多元化管理。该观点是：“在管理现代公共事务的过程之中，除去政府以外，应激励更多的社会公民组织积极参与经济、社会管理、政治等公共事务的管理。现代公共事务的治理过程仅仅依靠政府运用政治权威对社会事务进行单一的管理是行不通的，而应是形成一个包含‘社会、市场与国家’的多元化架构协同运行，形成各个主体互相制衡，上下联动的管理过程。”①多中心理论以理性选择的逻辑论证还有缜密的制度分析，充分表现了此理论独特的制度理性选择学派的魅力。多中心环境治理是将区域性环境作为重心，多元治理主体如环保企业、政府、国际组织、

① 高明、郭施宏：《环境治理模式研究综述》，《北京工业大学学报》（社会科学版）2015年第6期，第50—56页。

民间团体、公民、地方社群自治体、非政府组织等协作发挥共同作用的复杂过程。在权力的向度上不但存在内外互动，并且有上下互动。政府之间积极合作和沟通是整体性治理所强调的，提出重视政府各个部门之间的整合，实现信息的资源共享，彼此之间协调统一，拥有一致的治理目标，着力提供接连的无空隙的公共服务。[①] 整体性治理与多中心治理区别在于政府（国家）的地位问题。当前的治理思潮主张“多中心”，表明了国家向公民社会、市场放权的趋势，而关于海洋环境治理的政府（国家）地位确定则需要在适应于海洋整体性治理思考的基础上，对环境系统有效控制并达到治理效果。

在多中心治理理论倡导以自主治理为核心的环境治理框架内，国家的主导性逐渐丧失。在西方部分国家，因环境自治组织和社群运作机制发达的状态下，环境的自主治理是可能实现的。但海洋环境污染治理的一般载体就是海域或海岸带，没有一定的海洋科学和技术是难以让治理成为一件十分方便的事。因此，治理的现代化是否必然伴随国家为主导的治理机制的不断强盛和以社会自主治理机制的逐渐衰弱，即面临着国家治理与社会治理的矛盾[②]，这种现象在近年逐渐呈现一定的回潮。海洋治理的国家能力和权力的主导性，促使海洋环境的跨区域治理在跨行政区和功能区上必然仍以国家权力主导的方式出现，摆脱国家权力的治理并不能被完全否决，因为治理也包含着失败的概率[③]，国家的权力介入对治理的兜底效应明显。当然在跨国界的国家权力平等性考量，才有多中心协同治理的可能。

---

① Leat D, Setzlet K, Stoker G. Towards holistic governance; the new reform agenda [M]. LanPalgrave, 2002: 75.

② 郁建兴、王诗宗：《当代中国治理研究的新议程》，《中共浙江省委党校学报》2017 年第 1 期，第 28—38 页。

③ 王诗宗：《治理理论的内在矛盾及其出路》，《哲学研究》2008 年第 2 期，第 84—89 页。

二 基于整体性治理理论的海洋治理

1997年出版的《整体性政府》一书中希克斯提出了整体性治理理论，这是第一次系统地对“整体性治理”下定义，之后在《迈向整体性治理》一书中清楚地表明了整体性治理产生的主要内容、目标和背景等。其阐述的整体性治理就是以整合、责任、协调作为机制，将公民的需求视为导向，采用信息技术对碎片化的信息系统、功能、治理层级和公私部门关系等进行有机结合，不断地“从分散走向集中，从部分走向整体，从破碎走向整合”[①]，为公民提供了无空隙且非分离的一体化服务的政府治理模式。

整体性治理理论的核心思想与核心观点是协调和整合。整体性治理将政府、市场和社会放在同一个治理框架内进行思考，在为维护政治秩序、市场秩序和社会秩序形成不同的治理机制的基础上，确定共同的整体性目标，以此为基础进行制度构建（图2—2）。整体性治理的整合包括政策整合与组织整合，即借助于文化、激励、权威结构把各类政策与组织努力结合起来、横跨组织之间的界限以此来应对非结构化的重大问题，而协调则是通过诱导和激励各个部门和单位、专业结构、任务组织等朝着一致的方向行动或至少不要侵蚀互相的工作基层。[②] 其对于服务、监督、政策、管制等全部层面上的整体性运作显示于以下三个方面：政府部门同非政府部门或同私营部门之间、公共部门内部进行整合；同一层次或是不同层次的治理进行整合；功能内部进行相互协调。[③]

---

① 竺乾威：《从新公共管理到整体性治理》，《中国行政管理》2008年第10期，第52—58页。

② 翁士洪：《食品安全监管体制研究——整体性治理的视角》，《新政治学》2010年第1期，第1—11页。

③ 吕建华等：《整体性治理对我国海洋环境管理体制改革的启示》，《中国行政管理》2012年第5期，第19—22页。

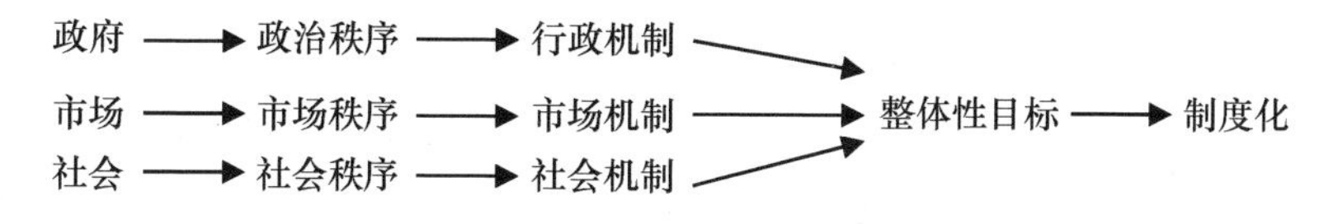

图 2—2　基于整体性治理理论的海洋治理

跨区域海洋环境的治理内容庞杂，包括船舶航行与作业、各类陆源污染物排放海洋、养殖海域、涉海工程建设等一系列需要政府为主导协调管理的海洋环境污染综合治理系统，整体性治理的理念显然吻合海洋环境治理的现实需要。由于海洋开发领域不断拓展，海洋的价值不仅仅限于航行和捕鱼，特别是海洋能源的开发、海洋空间和资源利用等，使得包括国家、地方、相关组织、企业、个人等这样怀有各种动机的利益群体纷纷进军海洋领域。但是海洋资源并不是取之不尽，用之不竭的，从经济上讲，海洋资源也是稀缺的、有限的。对于海洋公共地这一特殊资源而言，单个资源获取者的最佳决策往往是在一定时间内最大限度地采撷，以达到最大产出，获得最大经济效益。在追求效益的过程中，海洋污染物排放成为减少成本获得经济效益最可能的手段，这种个人的局部的理性判断反而造成了整体的非理性。[①] 因此，跨区域的海洋环境治理不应局限于碎片化的治理模式，基于整体的集体理性和治理框架的制度设计是跨区域海洋治理的基本路向。

三　基于利益衡量理论的海洋治理

利益衡量作为一种法解释方法论源于德国民法学，在法学发展的进程中逐渐被公共管理等学科吸收借鉴，特别在公共政策制定中

---

① 高锋：《我国东海区域的公共问题治理研究》，博士学位论文，同济大学，2007 年，第 26 页。

分析多元主体关系的利益冲突时成为制度化的解释工具。利益衡量论认为在处理两种利益之间的冲突时，强调用实质判断的方法，判断哪一种利益更应受到保护。[①] 在公共政策制定中，制度化是一种主要的路径，与利益衡量方法衔接的制度化即为立法的过程。我们将立法者在立法过程当中，按照相关的程序与原则，为了促使利益均衡的实现，需要识别多元利益，并进行比较和评价，在此基础上作出利益选择或取舍称为利益衡量。至于利益以何种标准进行判别，即利益价值的判别是立法者利益衡量不可避免的难题。利益的价值在一开始没有法律上的标准，更多是社会道德、风俗习惯等影响下的判断，而利益衡量的结果是从立法上需要建立一种新的制度来重新平衡当事人双方的关系，或者对原先制度的调整从而重新建立起新的利益平衡关系，并且这种从空白法律到创设法律，极易形成主观上的恣意。[②] 所以，如何避免这种在海洋环境管治领域的诸多利益平衡关系确立过程所造成的恣意，找寻出尽可能的稳妥，可依据海洋环境的利益衡量价值目标并注意如下几个方面的问题。

第一，依据环境正义理念判别所保护的环境利益是合理的，并契合各国或各跨区域主体，政府、市场和社会普遍认可的一般观念或社会情感。

第二，在环境政策实施过程中要考虑有区别的利益价值。依照利益衡量所要求的，则可以将利益分为“群体利益”、“制度利益”(即法律制度的利益)、“当事人的具体利益”、“社会公共利益”[③]，

① 梁上上:《利益的层次结构与利益衡量的展开——兼评加藤一郎的利益衡量论》,《法学研究》2002 年第 1 期，第 52—65 页。

② 日本学者加藤一郎认为，“利益衡量论中，有不少过分任意的或可能是过分任意的判断”。参见加藤一郎《民法的解释与利益衡量》，梁慧星译，载梁慧星主编《民商法论丛》第 2 卷，法律出版社 1995 年版，第 338 页。

③ 梁上上:《利益的层次结构与利益衡量的展开——兼评加藤一郎的利益衡量论》,《法学研究》2002 年第 1 期，第 52—56 页。

环境跨区域的群体利益、制度利益、当事人的具体利益、社会公共利益则会形成相关的层次结构。

第三，将利益作出上述分类之后的利益层次确定和排序，决定海洋环境治理的制度化导向，则是一个更为复杂的问题。这就需要对跨区域主体关系进行重新梳理，对各主体基于海洋、陆域而形成的权利性质、位阶进行考量，以此为基础判断利益的排序。

众所周知，众多权利主体对特定海域的利用是共享性在海域资源上的体现[①]，一人（包括法人与自然人）的利用行为一般情况下均会影响其他人对此的利用。由于海水具有的流动性，使海洋环境的保护往往具有不确定性，因此有必要对各种利用行为采取有效的管治。在海洋利用过程中，政府代表国家或地方的公共利益，企业代表部分社会主体的利益，但由于企业在运行过程中缴纳税收、解决劳动力就业，与政府、社会公众利益息息相关，公民个人的海洋利益或权利如渔民的捕捞权、海域使用权虽是“当事人个体利益”，但确是维系这些当事人生存的“基本权利”，而国家制定法律所追求的“制度利益”最终目的是为了国家发展、人民幸福，因此所有利益之间相互交织，互为影响。基于利益衡量理论基础上的海洋环境治理就是在各主体的利益冲突后，在划分利益层次的基础上进行利益衡量，在利益平衡后展开制度构建（图2—3）。

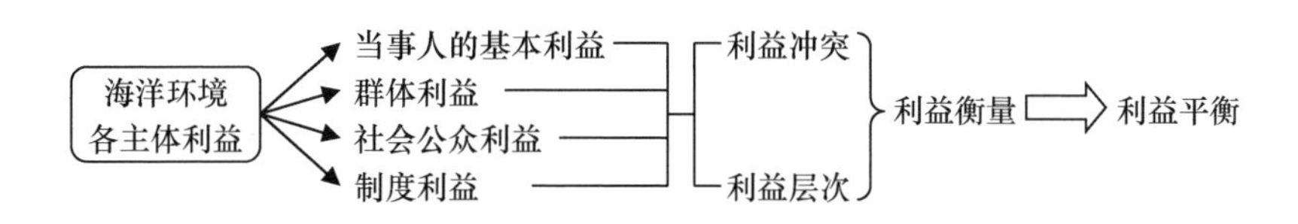

图2—3　基于利益衡量理论的海洋治理

① 关涛：《海域使用权问题研究》，《河南省政法管理干部学院学报》2004年第1期，第31—34页。

四 基于府际关系理论的海洋治理

府际关系也叫“政府间关系”，是不同层级政府之间的关系网络，也包括政府内部各部门间的权力分工关系，从宏观上看还包括国家之间的政府关系。府际关系主要包括三类：一是上下级政府的关系。这种组织层级关系以“下级服从上级”的层级管理关系，主动实行顶层设计、纵向性、单向度的管理模式。但当下级之间协作发生困难，上级政府则可能充当协调甚至合作的角色。二是同级别政府间的关系。一级政府一般以管辖本行政区内事务，在必要时和同级政府、不同级但跨行政区政府协作的方式开展跨区域治理，其治理的方式多为合作、协商，创立合作型的组织结构也被府际管理所注重，其主张实现多方调和、协商的合作机制。三是跨国界政府间关系。涉及不同制度和法律背景的国家关系，府际管理突破了金字塔形的层级限制，跨行政区治理是为了达到不同政府间的资源实现共享，实现资源配置优化（表2—1）。

表2—1　　基于府际关系理论的海洋环境治理

海洋环境治理	府际关系		
	上下级政府间	同级别政府间	跨国界政府间
	协调、合作	协商、合作	协商、合作

跨区域的海洋污染整治，是各类陆源排海、船舶作业活动、涉海工程建设、重点养殖海域等一系列海洋环境污染的政府之间的综合治理系统，是现代海洋环境治理与府际关系两个理念相互融汇发展的产物。[①] 府际管理模式的发展，对海洋环境治理具有巨大的正

① 戴瑛：《论区域海洋环境治理的协作与合作》，《经济研究导刊》2014年第7期，第109—110页。

向的借鉴意义。一是府际管理助力于变革海洋污染的治理观念。海洋环境的整治不能仅依靠于单一地区的政府，因为海洋是具有流动性等原因，需把视线从单一政府拓宽到纵向与横向的政府间关系、企业和政府、市民与社会团体间的关系。遵循府际关系的海洋治理可以突破纯区域政府的界线，引导政府向跨区域政府、市场和社会寻求帮助。二是在海洋发展中，政府间由于存在地方利益的考虑，常常会产生合作不够、地方性保护等现象。在海洋事业发展上，府际管理提倡政府间运用协调规划经营、资源共同配置、信息共享等方式，将在共性的海洋发展问题解决上谋划基于合作的新思路。三是府际管理有利于建立海洋秩序构建的制度化提供支撑。一些跨地区的海洋公共物品与服务，往往因跨区域、投入大、影响广，在跨国家之间还因主权问题造成较大障碍，例如跨区域的海洋巡逻、协同海洋执法、污染防治等，需要政府间协同和管理。在提供海洋服务上激发个人、企业、政府等各类主体间进行竞争和合作，同时能提高公共产品的供给效率。

总之，就国内而言，跨区域的海洋环境治理就是跨行政地区的政府对其所辖海域环境污染进行共同合作整治。基于海洋自然区域的生态性，将跨区域政府间协调整治理论引入海洋生态环境领域，通过对毗邻同一海域的各行政区的协同治理以此实现海洋环境污染的整治。

第三节　海洋环境跨区域治理的基本逻辑关系

海洋环境治理的跨区域性特征既是一种海洋物理特征的表现，更是国家间、国内行政区域间在海洋管理领域的一种现实存在。针对区域或跨区域的治理需求，对治理需要的理论分析是本研究框架形成前的必要工作基础。从现实看，国内跨区域海洋环境治理往往能在政府导向基础上形成合作互动的治理网络机制，但跨国家区域的海洋环境治理最大的特点是各主权国家均存在独立的权力体系，往往以国际规则的制订确定跨国际区域的海洋环境治理体系，因此形成的可能是国际公约约束下的“区域海”模式或基于一致行动的合作式海洋环境治理机制。但这种机制的规则设计往往受到强权国家的力量影响。基于此，海洋环境跨区域治理的制度构建需要在治理理论主导下形成相应的分析框架。

一 海洋环境跨区域的范畴界定

基于海洋领域的跨“区域”范畴可以作多维度的解释。区域作为一个综合性概念，除了有行政区、功能区、国界的区分外，还可以是社会区域和行政区域，也可以是自然区域和经济区域。[①] 一是基于行政管辖范围的“区域划分”，这类划分类同于陆地区域的划分，按照国家内部的行政层级管辖把海洋也“区域化”了；二是按照海洋自身的地理特殊性和功能区别而将海洋“人为”地分割为许多“区域”，以实现海洋有别于陆地的特有功能。

海洋环境是一个整体性的概念，环境污染行为主体之间的互相联系与影响是不会因为行政区的划分而断裂。这种联动性致使相邻行政区域海洋环境不可避免要相互影响，所以海洋环境具有区域性。这个“区域”不是基于省、市、县的行政地理概念，而是一种地理概念的延伸。这种大区域治理形成的前提是政治、经济的合作，不仅要考虑主体的参与，还要考虑一定地理区域内国家间、行政区间、海区间的合作治理。[②] 大范围来看，大洋或海域范围的国

---

① 这种基于公共管理的视角对区域范畴的研究，必须根据不同区域类型和区域问题创设不同的治理安排。参见陈瑞莲、张紧跟《公共行政研究的新视角：区域公共行政》，《公共行政》2002 年第 3 期。

② 全永波：《区域合作视阈下的海洋公共危机治理》，《社会科学战线》2012 年第 6 期，第 175—179 页。

家往往由于海洋特殊性而形成互通，一个国家内的海洋也是诸多行政区的共享，所以不管是小到局部国家的海洋环境问题还是大到全球范围的海洋环境问题，它的主体内容都可以归纳到区域性海洋环境问题中来，并且需要区域内多元化主体的共同合作治理。

随着人类对海洋的开发规模扩大，人类的活动对海洋环境也产生了很大的影响。海洋环境损害主要包括海洋环境污染和海洋生态破坏两类，人类过量地把生产、生活垃圾倒入海洋之中这就是海洋环境污染的主要原因，而生态破坏则归结于对海洋资源的不适当开发。

海洋环境治理的"区域化"使得海洋环境污染和生态破坏的人为元素更加凸显。"区域"除了行政区、国家疆域划分形成的海洋治理的跨区域现状外，区域海洋管理也包含了海洋作为一个整体在政府管理上的区分，基于《联合国海洋法公约》将海洋划分为具有管辖意义的各种海域，包含内水、领海、毗连区、专属经济区、大陆架、群岛水域、用于国际航行的海峡、公海及国际海底区域等[①]，沿海国家或国际组织确定了各国在以上海域中从事各种活动的原则、规则和规章制度。海洋的这种划分和管理实际上也体现了海洋的分区域管理。另外，虽属于同一性质（如领海、内水），但出于不同生态系统或不同开发功能的考量，政府往往对海域进行功能区划分，如《舟山国家级海洋特别保护区管理条例》（2016）显示，将对国家级海洋特别保护区"实行功能分区管理制度"、根据实际情况划定如：生态与资源恢复区、重点保护区、适度利用区等不同级别、功能的保护区。[②] 因此，海洋"区域"的划分分类的多元化，致使海洋环境污染治理必须兼顾各类复杂自然因素、政策因素、国际制度规则等。从现实的角度看，陆地上的各类物质，包括

① 全永波：《海洋法》，海洋出版社 2016 年版，第 3 页。

② 《舟山市国家级海洋特别保护区管理条例》（2016）第十条。

各种污染物，最终或将流向海洋，这是因为海洋是地球表层上的最低点。海洋虽然有一定的自净能力，但也不能无限制地接收人类所倾倒或排放的污染物，况且海水的流动性会导致污染物的快速扩散。另外，海上巨型油轮的往来，海洋石油的开发和技术的发展都会源源不断地产生废油、废渣、污水以及化学污染物等污染，使得海洋的“健康状况”产生改变并向着不利于海洋生物生存的方向发展，促使一些海洋生物无法继续生存，也有可能促使赤潮频发。目前，许多海域的局部海洋环境已经遭受到不可逆转的破坏，并且进一步影响其他功能区域的海洋环境，整体的生态系统被打破，导致许多海洋生物濒临灭亡。面对这样的现状，人类需要反思并及时采取治理措施。

从一个国家行政层级管辖的分布看，沿海的行政区可能既管辖一定的陆域也管辖相应的近海海域。同样，海域的相通性，多数行政区不可能就某一海域行使全部管辖权，故海洋管理多数是跨行政区、跨陆域海域的。如果海域相对狭窄，存在若干个邻近国家分享对海域的管辖，则海洋管理就存在跨国界问题。另外，《联合国海洋法公约》在确定海洋管辖的“多元”体系后，海洋权益功能区不断增多，加上本国内由于生态保护和经济发展需要也确定了诸多海洋功能开发区、保护区等，使得海洋治理的范畴复杂化，海洋污染的治理范围必定随着这种复杂结构而“跨区域”。可见，海洋治理跨区域一般可以分为以下几种类型：

第一，跨行政区域。跨行政区一般指的是在一各国家内的行政区的跨越，包括跨省、跨市、跨州等。就海洋而言，近海海域的划分同样具有跨行政区的特征，如浙江省舟山市总面积为2.22万平方千米，其中海域面积2.08万平方千米，陆域面积0.144万平方千米。[①]

---

① 引自360百科。地方管理的海域面积只计算内水和领海，专属经济区、大陆架由国家行使管辖权。

这个面积的海域由舟山市人民政府直接管辖，这个行政区相连接的海域还有上海市、江苏省管辖海域，连接省内的海域还被嘉兴、宁波、杭州、绍兴、台州等市管辖，以及舟山海域的使用权部分被上海、宁波等行政区共享，如洋山港开发、宁波舟山港共建等，海域开发形成的问题必然形成跨行政区域的特点。

第二，跨功能区。跨功能区根据海洋“功能”分为三类：一是跨陆地和海洋的跨区域。因陆地与海洋在生活、生产等功能差异巨大，海洋环境治理的模式和状态也有明显区别，跨“陆域”和“海域”的污染治理是当前解决我国跨区域海洋环境治理的重要难题。二是跨经济和生态功能区。我国在海洋事业发展过程中，根据地方经济社会发展的不同需要，结合海洋自身的生态环境系统的特殊性，设置了不同类型的海洋功能区，如海洋自然保护区、海洋特别保护区、海洋公园等。三是跨“权益”功能区。《联合国海洋法公约》以及我国《领海及毗连区法》《专属经济区和大陆架法》等因海洋权益管理需要将海洋划分为内水、领海、毗连区、专属经济区、大陆架、群岛水域、用于国际通行的海峡、公海等[①]，每一类海域对沿海国和其他国家均有不同的权利义务设置。但海域功能区的设置并不影响海洋环境的损害跨越不同功能区。一旦污染行为跨越功能区，相应管理也随之跨区域。

第三，跨国界。海洋面积占全球面积的71%，地球大部分被海洋覆盖，只要是海洋，水体都是相通的。世界上所有的“洋”和大部分的“海”是跨国界的。如中国四大近海中除了渤海完全属于内水外，黄海跨中国、朝鲜、韩国3国，东海跨中国、韩国、日本3国，南海跨中国、越南、菲律宾、马来西亚、泰国、印度尼西亚、文莱、新加坡、柬埔寨9国。一旦发生重大海洋污染事故，污染物

---

① 本研究将这些区域划分按照权益功能区的内涵来确定，与国内法一般以经济或生态功能区划定有一定区别。

可能随着海流或洋流逐渐扩散到邻近国家近海海域，海洋污染势必会引起国家间的合作与冲突。

海洋环境治理不论从整体性治理角度出发，还是考虑利益衡量的需要，或是府际关系的视角构建治理的框架，均是以跨区域环境治理相关主体为分析对象，基于主体的关系整合形成治理的制度化。因此，对主体要素的相关性分析是确定海洋环境跨区域治理新分析框架的逻辑基础。

二 海洋环境跨区域治理中各主体的角色分析

海洋环境跨区域治理涉及国内的跨行政区、跨功能区和跨国界。其中国内的相关主体主要为政府（包括中央政府和地方政府）、功能区管理委员会（实质在履行政府职能）、企业、社会组织和公众，跨国家间的主体主要是政府，或非政府组织。各类主体之间存在管理与被管理的关系、利益合作与冲突关系等。

其一，政府。我国海洋环境治理中，政府作为一个公共权力主体和国家意志的执行者通常承担着集合体的重要职能，起到总体规划、组织、支持及协调的作用。而在具体运行操作上“政府”可被分解为纵向和横向两方面。纵向功能通常表现为从中央到地方，即为自上而下的治理政策、方法的实施。横向功能通常表现为在横向上政府各具体职能部门间为达成同一治理目标而进行的合作管理活动。我国在2018年机构改革后，生态环境部吸收了原环保部和国家海洋局的海洋环境保护职责，整合环境保护和国土、农业、水利、海洋等部门相关污染防治和生态保护执法职责、队伍，统一实行生态环境保护执法。[1] 海洋环境治理在政府体系设计上逐渐走向大部制、综合性，但从中央到地方的这类整合还需要一个过程，除

① 中共中央印发《深化党和国家机构改革方案》（2018年3月21日）。

了环保部门外，还有海事、港航部门以及军队环境保护部门等，各部门都具有自成体系的管理系统。

政府在海洋环境跨区域治理中主要承担纵向的管理职能、横向的协调职能，其背后代表的国家和社会在海洋环境治理上的利益追求，并通过推进国家立法、按照国家法律或其他的制度形式固化政府在污染治理上的利益诉求。政府在环境跨区域治理上的行为导向也代表国家海洋治理的制度方向。

其二，企业。我国海洋环境治理中，海洋环境破坏的主要主体是企业，但海洋污染的重要保护力量也有企业。与政府的公共性相比，企业具有营利性特点，企业在生产过程中可能需要排放一定数量的污染物。虽然可以采取一定技术手段降低污染物排放水平，但企业往往会为了节约减排的运行成本而选择利益的最大化，进而影响其他社会主体和公众的环境保护动能。同时企业也对海洋环境治理提供积极的正面行动，如上缴利润、提供援助资金给社会，自行减少污染物排放，对于解决或减轻海洋污染问题起到重要作用。[①]企业对海洋污染的双重影响，决定了企业在海洋环境治理中的特殊地位。若海洋环境治理中缺少企业的参与，将不可能真正取得成效。可见，企业作为海洋环境治理的利益相关者，其地位不可忽视。企业在海洋环境治理的双重性利益诉求决定海洋治理的难度加大。

其三，社会组织。在我国海洋环境治理中，民间海洋环保组织是社会组织中的一类，本书所指的“社会组织”重点为民间海洋环保组织，它的群体性使其对海洋环境治理的影响程度远超作为个体的公民。在海洋环境治理中，民间海洋环保组织在成立时就抱有公益性的目的，这与企业的营利性不同，因此这些组织天然具有积极

① 王琪等：《公共治理视野下海洋环境管理研究》，人民出版社2015年版，第133页。

性和参与性，它们通过沟通、彼此激励、相互竞争与合作，有助于让公共环境污染治理进一步规范化。

社会组织的组成人员也具有多元性。在海洋环境治理的社会组织成员构成上，大多为德高望重的老渔民、热心公益的社会贤达、退休的老干部等，他们既具有“草根性”，能深入民间宣传海洋环境的重要性，又可以及时组织企业、公众将相应的诉求反馈给社会、政府，逐渐将大多数公众的消极观望情绪转化为积极行动，因此，这些民间社会组织有时可起到关键的联通纽带作用。

其四，公众。在我国海洋环境治理中，公众指的是具有共同利益基础、共同爱好或社会关注点相同的社会大众，他们往往具有某种共同的价值取向和思想意识基础，本书所指的“公众”代表了利益群体的多数人。

制定和执行公共决策的过程可以表现为海洋环境治理的政策重构，而对社会共同利益的权威性分配是公共决策的本质。因此在治理环节中公众这个角色不仅需要参与对海洋环境治理工作的监督、对海洋环境的保护，还包括对海洋环境治理决策的制定和执行等等。公共利益最大化的实现需要公众和政府等其他参与要素之间形成职能互补，做出符合社会公共利益要求的政策输出，保证整个社会利益分配的总体平衡，促进海洋环境治理决策的实施，这就需要多元化的利益格局和制约关系的形成——公民利益群体中成员间信息交流的平等，决策、执行的透明化。

公众在海洋环境治理的利益诉求往往具有碎片性和个体性，在某些时候公众利益在一致化后具有较强大的力量影响政府或企业的决策。公众既希望海洋环境问题的迅速解决，保证周边生活环境的质量，并从国民性视角关注区域内外海洋污染问题，以参与讨论推进治理。但公众的另一利益追求的特性就是自利性，如果为了满足自己的局部利益，可能会致实际可能产生的污染视而不见，善于

"搭便车"、放任污染行为的加剧而形成"公地悲剧"。

三　海洋环境跨区域治理的路径导向与主体关系

我国学术界对跨区域治理多采用以微观视角讨论国内跨区域治理，较多观点认为，跨区域即是跨行政区域，如《中华人民共和国环境保护法》第二十条规定："国家建立跨行政区域的重点区域、流域环境污染和生态破坏联合防治协调机制，实行统一规划、统一标准、统一监测、统一的防治措施。"这是我国在法律层面上第一次对跨区域环境污染的管理机制予以明确定义。据上文分析，跨区域治理基本是指跨行政区域、跨功能区和跨国界，有部分学者将海洋环境治理直接定义为全球环境治理，可能会忽略小区域范围的环境治理的实效性，本研究将多方位关注跨区域治理的各种视域，但更多从中观和微观层面展开讨论，如对次区域（单独经济区域的跨国界或跨境）、微观区域（国内省际、地区间区域）的跨区域研究。

从理论层面看，跨区域治理源于区域治理。区域治理的研究起源自欧美，该理论源头可追溯到产生于20世纪早期的区域经济学，之后融合了政治学、治理理论与发展理论等多元化视角，逐渐成为了区域研究的一门至关重要的学科。[①] 近年来，学术界基于治理开展了较多的内涵和范围研究，但网络化、多中心与多元化，各种力量的共同参与，谈判和协商等思想则是这些治理定义相同的特征，而不能将区域治理中的治理简化成某一国家的体制，抑或是政治制度，区域治理并不是以政府单向度的跨区域政府的治理模式，而是多元主体对跨多类型区域的社会、市场活动的调节。跨区域的治理实际要面对不同的制度、权力、主体和自然环境，所以，在各种不

① 陈瑞莲：《区域公共管理导论》，中国社会科学出版社2006年版，第3页。

同的跨区域制度关系下，区域治理是为了如何去规范、引导与控制社会的各项活动，以此保证社会的发展和生存，及生态与社会之间的平衡。在我国台湾的学者的研究较早涉及区域治理，他们通常惯用都市及区域治理（Urban and Regional Governance）[①]、跨界（域）治（Trans-border Governance）[②] 等概念。事实表明，区域治理就是在区域公共事务管理中治理理论或理念的具体协调运用。

根据上述分析，区域治理是在依照相关的自然、经济、文化、社会与政治等元素而相互关联在一起的地理区域中，依托社会公众和政府及非政府组织等多种系统化的网络体制，对区域性的公共事务进行调和和自主整治的过程。[③] 在这个过程中，主体间的协作机制也就成为影响治理进程及效果的重要因素，而关于该机制与制度的建设也就成为本研究着重讨论的命题。跨区域治理与区域治理在治理理念上是一致的，治理方式有共通性，但区域治理因有“区域”的机制作为支撑，区域内有共同的利益作为基础，治理难度系数不高，而跨区域治理就因为不具备区域化的前提从而导致整治困难。所以，跨区域治理的本身依附于通过各种主体间的平等互动和交流，有效地突破因为地理上的国界、功能区或是行政区的划分所形成的治理局限，转换传统的上下级政府间的指挥命令模式，突破只有市场调节和政府计划两种资源配置方法的传统思想，鼓励和推动由社会公民、政府与企业等多方参与的协同关系的构建和协作整治的实现，从而使治理绩效形成最优化。[④]

海洋环境治理主要面向一定的具有相对独立的生态环境海区的

---

① 林锡铨：《跨界永续治理：生活政治取向之永续体制演化研究》，韦伯文化国际出版有限公司2007年版，第29页。

② 纪俊臣：《都市及区域治理》，五南图书出版股份有限公司2006年版，第15页。

③ 马海龙：《区域治理结构体系研究》，《经济纵横》2012年第6期，第117—120页。

④ 何磊：《京津冀跨区域治理的模式选择与机制设计》，《中共天津市委党校学报》2015年第6期，第86—91页。

治理，如我国近海的东海、南海区的海洋环境治理。但这些海区所邻接的属于不同层级的国内政府以及沿海的其他国家，因此环境治理需要有一个整体性思考，去应对基于生态系统的区域海洋。

本节以“整体性治理理论”为例讨论海洋环境跨区域治理的多主体关系和机制设计。整体性治理是指经过将原来碎片形式的治理要素与机制进行统一之后所构成一体化的要素逻辑关系。以公民的需求为基础，利用协调、整合和责任的机制，有机结合信息系统、公私部门，将碎片化的治理层级“从分散走向集中，从部分走向整体，从破碎走向整合”[①]。整合与协调就是整体性治理理论的核心思想与中心观点。海洋环境治理过程中所存在的基本逻辑要素包括：社会组织、政府、公众和企业，图2—4是以国内区域海洋治理过程中，各层级要素之间的多层次交织关系，在以整体性治理理念背景下，参与治理的每一方都是不可或缺的（见图2—4）。

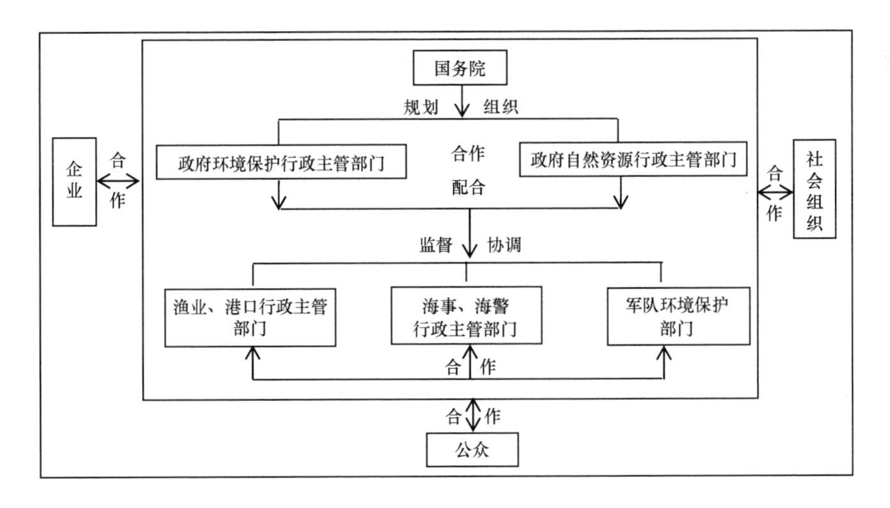

图2—4　我国海洋“整体性治理”中内部逻辑要素间关系

① 竺乾威：《从新公共管理到整体性治理》，《中国行政管理》2008年第10期，第52—58页。

在图中，政府虽然已经不是唯一的权力中心，但实际仍起到运行的指挥者和协调者的角色，他们出台海洋环境治理的政策、拨付经费、动员企业和社会组织参加环境保护，并对这种合作体系进行监督。这种整体性治理的框架模式符合当前中国的现实，比较有效地纳入了多元参与要素，形成了初步的治理网络关系。

四　海洋环境跨区域治理的基本分析框架

海洋环境的跨区域治理在实质上均受公共政策的干扰与公共治理理念的引导，提出符合经济和社会现代化的“善治”思维，且通过伙伴关系、论坛与网络形成一种和谐治理模式，重视其他社会主体与政府之间的相互依存，构建出一个跨区域性海洋环境的公共管制体制，促使跨区域治理的网络体系的形成。[①] 在治理所涉及的三个领域即政府、市场和社会关系上，海洋环境的跨区域治理已经演变为一般治理领域更复杂的主体间关系的整合。

第一，治理主体间的行为互动。由于跨区域性环境污染整治的功能比较烦琐，通常来由履约核查、建立框架、议程设置、规则制定、环境监测、建立规范、资金供给、强制执行、能力建设这九个方面组成。[②] 这些功能的完成必须要有科学技术人员、行政和立法机关、企业和公众等多元主体组成，而单单依靠国家主体的实施很难实现治理的全部功能，多种治理主体相互配合和互动，共同行使治理功能，形成良性的治理结构。在跨区域环境治理实践中，逐渐演化为政治—市场—科学的三环关系（见图2—5）。其中科学在海洋环境治理过程中起到基础性作用，通过技术手段达到治理污染的效果。政府主体既包括国内的中央政府、地方政

---

① Rhodes, “Governance and public administration”, in J. Pierre (ed.), Debating Governance [M]. New York: Oxford University Press, 2000.

② Peter M. Haas. Addressing the Glohal Governance Deficit [J]. *Global Environmental Politics*, 2004, (4): 1-15.

府，也将国与国之间的政府关系融入海洋跨区域治理中，由于海洋污染影响到国家管辖海域的资源完整性、有效性甚至国家海洋权益的安全性问题，政府主体角色的演变已经上升为政治的领域。市场的主要主体企业在盈利为基础条件下，持续性盈利的基础与污染治理的目标是一致的。在政治、科学、市场三个环节中，各治理主体已经不很单纯地扮演各自的治理角色，而是相互之间不断影响，如在许多国家，科学机构多数并不是按照科学的模式治理污染，而是从属于政治而将海洋污染转嫁给附近国家或附近区域。政治不断向市场施加压力，要求市场对污染采取严格治理措施，增加污染治理成本。

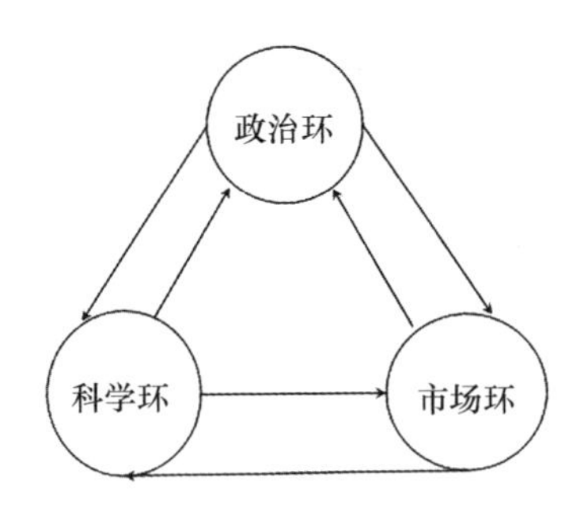

图 2—5　区域环境治理的三环过程模型①

第二，治理主体之间的利益比较。因为环境污染治理具有跨区域性，关系到公众、不同政府主体与非政府组织之间，在海洋整治协作过程中一定会有利益的博弈与冲突，污染整治的制度化建立应依照各种主体的利益间均衡的制度逻辑而展开。首先，根据利益分

---

① 区域环境治理无外乎是在科学研究、政治—政策和市场这三个相互影响的领域中进行的；而国家、国际组织、跨国公司、非政府组织及其跨国网络、科学机构及其跨国网络这五种环境治理主体，则分别在上述三个领域中发挥作用、行使治理权威。参见杨晨曦《东北亚地区环境治理的困境：基于地区环境治理结构与过程的分析》，《当代亚太》2013 年第 2 期，第 77—99 页。

析的观点认为，跨区域海洋环境治理往往取决于国家利益基础上的环境战略的考虑，海洋环境治理需要根据环境损害影响、减排成本、产业发展需要等因素的对比分析来判断一个国家参与的态度，环境污染治理的制度协调困难在于以利益为前提的国家公共政策的考量。其次，根据法学方法中的利益衡量，可把海洋环境所牵涉的制度利益层次采取划分的方式，依据环境相关的主体多元化特点，划成个体利益、组织利益、社会利益及国家利益。利益根据不同的层次，顾全利益对个体、社会乃至于国家的需要依据权利结构进行位阶分类，顾全社会公众的价值观、既定法律秩序以及公共政策的方向，在指出某些利益矛盾与平衡的过程当中，对其相关的权利与利益进行削减。在平衡国内主体利益的时候，根据海洋环境跨区域治理的区域间利益诉求、社会公众利益导向以及国家政策相关需求，把组织或是个体的环境利益诉求作一定的局限。在治理跨国界海洋性污染时，国家之间的环境利益诉求势必要兼顾双边的战略互惠、人口资源与国家经济的依附性等原因确定双边抑或多边的海洋环境协调机制。最后，根据制度需求的解释。西方政治学者普遍认为政治制度能影响环境政策，当发达国家经济发展至某种程度之后，社会大众对于环境的评论则更为敏感，且可转变为政策行动的环境要求也更为困难，因此在国内环境的全面性治理被更为注重，关于海洋污染的整治则更看重于切实的行动付出与支持国际环境协议①。涉及区域环境治理中制度与利益的辩驳最后在国际及国内政策上，具体表现为条约、公约抑或是立法，扶正有偏颇的区域环境正义，平衡区域之间相互利益关系是提出区域环境污染整治的一个重要内容或目标。据秩序价值所示，区域内个体或企业的环境利益的秩序价值应低于区域整体环境利益，同时将行政区域之间与自然

---

① R. D. CongletonH. Sheik, C. Raj. Political Institutions and Pollution Control [J]. *Review of Economics and & Statistics*, 1992, 74 (3).

区域之间，及行政区域与自然区域间的价值秩序标准化。[①]

基于以上分析，本研究提出“主体关系—利益衡量”这一理论分析框架用于解释海洋环境跨区域治理的制度设计。第一，这一分析框架将环境治理行为因治理主体中利益主体的不同和利益逻辑关系的复杂性、制度化实践的可能性，来确定治理的导向问题。治理的制度化是本研究的主要目标，那么只有符合公共治理的目标导向，其路径则在合理的框架内应予以支持。第二，在目前全球范围内与全国范围内的环境治理实施中，主体多元化总存在利益博弈的现在时、过去时和未来时，必然要采用不同的治理模式基础上的制度化缓冲或既定，来明确环境治理的治理路径。第三，环境治理的急切性必须要求治理制度化不可一蹴而就，具有强政府或强区域组织的环境治理必然走在治理制度化的前列。其余的复杂海洋环境污染治理则用柔性的机制更适合现实的需要。另外，在跨国界区域的环境制度应兼顾国家的利益诉求与价值观导向，且必然被区域体系的主要力量所干扰。依据国际规范为制度基础但不全都基于环境主体利益的整治政策在各个大国的海洋环境政策中较为常见，其身后展示了强权政治涉及的因素。

基于这一分析框架，本研究的分析策略是：首先，试图构建支持海洋环境跨区域治理的总体性分析思路，即以海洋跨区域主体关系为基础的理论展开，综合考虑政府、市场和社会各主体在跨区域海洋环境的复杂情形中如何达到主体间的互动、合作与竞争。海洋环境的国内治理框架比较成熟，而跨国家的海洋环境治理该如何互动与合作机制的构建，就需要分析跨区域海洋的基本状况、国家间合作的可能、现有治理制度化的进程。其次，通过不同跨区域的模式，选取解析海洋环境整治主体的协作可能性与构建规则的必要性

① 曹树青：《区域环境治理理念下的环境法制度变迁》，《安徽大学学报》（哲学社会科学版）2013年第6期，第119—125页。

及其可行性，从逻辑基础层面剖析各类型跨区域治理的制度需求。现实中，治理主体的利益冲突是制度逻辑形成的基础，利益衡量必不可少。治理理论的多维视角必然在不同情形的跨区域治理模式构建中得以应用，进而为制度构建确立相应的治理基础。最后，基于制度逻辑的制度化路径，侧重于从跨区域类型的选取，在利益衡量基础上确定海洋环境跨区域治理的多条路径。这一分析框架将通过东海区的海洋环境治理过程进行验证。

第三章

我国海洋环境治理的制度变迁与现状分析

第一节　海洋环境治理的制度变迁

海洋环境治理作为国家治理体系和治理能力现代化的重要内容，是加快海洋强国建设的必然要求。我国海洋环境治理已经走过了分散治理阶段到重点治理阶段再到全面治理阶段，这三个阶段也体现了我国海洋环境治理逐步走向完善，尤其是改革开放40多年来我国海洋环境治理体系和治理能力现代化不断推进，海洋环境保护理念逐步确立，海洋生态建设不断加强，治理制度的完善为海洋经济发展，海洋强国建设提供了较好的基础。

一　分散治理阶段：1949—1978

所谓分散治理是指我国在建国初期的比较长的一个阶段，由于国家整体经济水平、海洋科技水平和海洋管理水平比较落后，因此在海洋环境治理上只是对部分领域、部分区域进行了分散性、局部性的治理，还未达到系统治理。这一阶段在海洋环境科学领域主要以海洋环境调查、监测为主；初步建立了海洋环境管理机构，但是大多散布于各部委；在海洋环境治理上只限于局部近海域治理，并制定了一些相关海洋环境法律。

在海洋环境科学领域，这一阶段我国初步建立了海洋环境调查和监测体系，区域海洋环境质量调查、现状评价、预断评价体系等。1973 年成立的国务院环境保护领导小组是中国全面管理环境保护工作的专门机构，该领导小组自成立之后，在组织海洋环境监测、调查，预防海洋污染方面开展了一系列工作。1976 年，该领导小组组织召开了防治渤海、黄海污染会议，结合防治渤海、黄海污染的规划和措施，决定成立渤海、黄海海域保护领导小组及其办事机构。随后，国务院以国函〔1977〕128 号文件批转了这一项决定。这一机构的主要任务是制定防治渤海、黄海污染规划、计划，并督促检查、组织实施；拟定保护海域的条例和水质标准；组织开展污染调查、监测和科研工作。这一机构是我国专门为解决海洋环境问题而设立的第一个综合性管理机构。1973 年起，沿海省、自治区、直辖市先后成立了环境保护机构，起初多数省市因为力量所限，还只是停留在近岸海域环境的污染调查、陆源污染物的管理等一般性的海洋环境保护工作上。

在海洋环境管理体制上，这一阶段我国初步架构起分散式的海洋环境管理体制。新中国成立初期至改革开放前，我国海洋环境管理体制始终未脱离“行业包干”的制度色彩。囿于当时的国际形势，这一时期我国海洋管理的核心是“海防”问题，海洋环境管理则一直处于次要地位，其具体管理模式是由中央和地方各职能部门分别管理。换言之，是陆地环境保护部门向海洋环境管理的职能延伸。虽然，1964 年成立了我国第一个海洋事务管理的专门机构——国家海洋局（SOA），但其职能仅限于海洋科研调查、海洋资源勘探等，并没有专门的海洋环境管理职能，且其具体事务是由中国海军代为管理的。1978 年后，国家海洋局被划分为国务院海洋管理的专门机构，但由于行政建制及“重陆”传统的影响，海洋环境的管理体制依然是各职能部门进行协调配合。归纳起来，这一阶段的海洋环境管理多是由陆上相关职能部门兼管。因此，这一时期并没有形成完整、健全的海洋环境管理体制。[①]

在海洋环境治理上，这一阶段我国出台了一批有关海洋环境治理的法律法规。1973 年制定的《关于保护和改善环境的若干规定》第六章“加强水系和海域的管理”规定：交通部要制订防止沿海水域污染的规定，保证沿海水域和港口的清洁和安全。随后，交通部会同有关部门共同拟定，经国务院批准并发布了《防止沿海水域污染暂行规定》，该规定主要对船舶、港口的油污染等进行控制，虽然仅在内部试行，却标志着中国开始以法律手段管控海洋环境。1979 年颁布的《环境保护法（试行)》对海洋环境保护也作了一些原则性规定。如第十条规定：“围海围湖造地、新建大中型水利工程等，必须事先做好综合科学调查，切实采取保护和改善环境的措施，防止破坏生态系统。”第十一条规定：“保护江、河、湖、海、水库等水域，维持水质良好状态。”第二十条规定：“禁止向一切水域倾倒垃圾、废渣。排放污水必须符合国家规定的标准。禁止船舶向国家规定保护的水域排放含油、含毒物质和其他有害废弃物。”

二　综合治理阶段：1978—2012

所谓综合治理阶段，是指在这一阶段我国海洋环境治理综合性的治理模式，包括海洋环境管理体制上采取综合管理体制、海洋环境法制建设上出台了多部综合法律法规，在参与全球海洋环境治理上主动加入了多个综合性国际组织为特征的综合性、多方式治理阶段。总之，在这一时期，我国在海洋环境治理上已经取得了飞速进步，我国积极调整海洋环境管理体制、加快海洋环境法制建设、积

---

① 王刚、宋锴业：《中国海洋环境管理体制：变迁、困境及其改革》，《中国海洋大学学报》（社会科学版）2017 年第 2 期，第 22—31 页。

极参与国际海洋环境治理建设，海洋环境保护工作取得世界瞩目的成绩。

在海洋环境管理体制上，我国建构起了综合式的海洋环境管理体制。20世纪80年代以来，我国海洋事业迅速发展，海洋管理体制也日益完善。1983年国务院批准设立新的国家海洋局后，地方海洋管理机构逐步建立，涉海领域的管理进一步加强。以海洋环境管理为例，《海洋环境保护法》规定：国家海洋行政主管部门负责海洋环境的监督管理，组织海洋环境的调查、监测、监视、评价和科学研究，负责全国防治海洋工程建设项目和海洋倾倒废弃物对海洋污染损害的环境保护工作。当时，我国的海洋管理属于近海海洋管理，为加强海洋区域性管理需要，1998年以后，海洋综合管理系统逐渐形成国家海洋局——海区海洋分局——海洋管区——海洋监察站的四级管理，明确北海分局、东海分局、南海分局，以及10个海洋管区和50个海洋监察站的职责。[①] 确定海洋管区是所辖海区的综合管理机构，领导所属海洋监察站完成维护海洋权益、协调海洋资源开发、保护海洋环境的执法管理职责。海洋监察站在分工区域开展海洋监视协调和管理，对违法行为进行调查取证，参与海洋倾废区选择，负责海洋生态环境保护。海洋区域管理体制的建立，有助于区域海洋污染的政府治理。针对海区污染的不同情形，我国法律又对不同水域包括港区、渔区、军事区的海洋污染的管理机构作了区分。

在海洋环境法制建设上，1982年我国颁布了《海洋环境保护法》，我国海洋环境保护法律进入了形成体系与不断完善的阶段。该法于1999年至2017年进行了多次修订。与《海洋环境保护法》配套的《海洋石油勘探开发环境保护管理条例》《防止船舶污染海

① 王琪等：《海洋管理：从理念到制度》，海洋出版社2007年版，第221页。

域管理条例》《防治海岸工程建设项目污染损害海洋环境管理条例》《防治陆源污染物污染损害海洋环境管理条例》等法规规章相继制定并实施，初步形成了中国海洋环境保护的基本框架。进入21世纪，《海域使用管理法》《海岛保护法》《深海海底区域资源勘探开发法》《防治海洋工程项目污染损害海洋环境管理条例》等法律法规陆续出台，海洋环境治理的立法体系基本形成。

三　全面治理阶段：2012 年至今

所谓全面治理是指我国在海洋环境综合治理上日臻完善，对海洋环境法治建设、海洋生态保护和监测达到一定的高度，区域性海洋环境治理体系也逐步形成。

海洋环境跨区域治理是近年来国家和社会共同关注的内容，也是我国海洋环境全面性、整体性治理的标志。2016 年《中华人民共和国国民经济和社会发展第十三个五年规划纲要》提出要“加强海洋资源环境保护”“加强重点流域、海域综合治理”“探索建立跨地区环保机构，推行全流域、跨区域联防联控”等，海洋督查制度在全国推开，并成为常态性工作，这些系列的国家顶层设计，表明我国在海洋环境治理上已经走向全面性治理。2018 年 3 月，国家海洋行政主管部门组织起草的《海洋石油勘探开发环境保护管理条例（修订）》列入立法工作计划。2017 年 11 月，《海洋环境保护法》也完成了第 4 次修订。经过数年呼吁，《海洋基本法》业已列入全国人大常委会预备立法项目。此外，国家海洋行政主管部门还在围绕海岸带利用和管理、海洋经济发展、海洋防灾减灾、海洋科学调查、海水利用、南极立法等领域推进相关立法工作，并探索研究渤海环境区域保护立法。沿海省市也配套出台了近百部相关的地方性法规、规章。这些法律法规的出台，不仅丰富和发展了具有中国特色的海洋管理法律体系，而且对联合国所倡导的海洋综合管理模式做出了有益探索，更为依法治海提供了执法依据。

在区域性海洋合作治理上，我国已初步形成海区为单位的治理方式，如最早形成的渤海区域的治理，通过联合海洋环境监测到区域协同治理，发布《渤海碧海行动计划》，通过省部际会议协调渤海治理问题。长三角也形成了以东海海区为单元的区域治理方式，通过长三角城市合作论坛、长三角海洋行政主管部门会议协同治理东海海洋问题《长三角一体化发展规划纲要》（2019）提出“加强生态空间共保，推动环境协同治理”。珠三角也已形成跨行政区域的海洋环境治理模式，包括制定《泛珠三角区域环境保护合作协议》《泛珠三角区域跨界环境污染纠纷行政处理办法》《泛珠三角区域环境保护合作专项规范（2005—2010）》等。2019 年发布的《粤港澳大湾区发展规划纲要》提出“以建设美丽湾区为引领，着力提升生态环境质量”。

党的十九大以来，特别是 2018 年的机构改革方案将海洋环境治理职能划归生态环境部为主，自然资源部重点实施海洋资源管理，这种治理模式将原来“九龙闹海”式的海洋环境管理改为由生态环境部一个部门管理，有助于我国对海洋环境实行统一管理体制。根据国务院机构改革要求，海洋环境保护职责划入生态环境部成立海洋生态环境司。生态环境部将以陆海统筹为原则开展海洋环境监测工作，打通“陆地和海洋”的界限，主要履行以下职能：一是要按照延续性、代表性和经济性的原则，统一布设海洋环境监测点位，形成覆盖我国全部海域的海洋环境质量监测网络；二是坚持问题导向，重点对海洋环境、近岸海域，尤其是河口海湾区域富营养化、入海污染物排放、典型海洋生态系统等开展监测；三是推动完善覆盖监测全过程的海洋环境监测标准、规范体系，为海洋环境监测提供技术保障；四是强化区域海洋监管机构和海洋环境监测能力建设，实施海洋监测能力标准化，加强监测系统海洋监测能力和海洋环境应急监测能力；五是增强海洋环境信息发布的时效性，提高海洋环境监测的公益服务作用。从2018年起，生态环境部组织编制并统一发布《中国海洋生态环境状况公报》，加强我国管辖海域海洋生态环境监测评价，全面反映全海域海洋生态环境质量状况。

第二节　我国海洋环境污染治理现状

海洋环境问题包括两方面的内容：一是海洋污染，即污染物进入海洋，超过海洋的自我净化能力；二是海洋生态破坏，即在各种人为因素和自然因素的作用下，海洋生态环境遭到破坏。海洋污染物绝大部分源于陆地上的生产过程。海岸活动，如倾倒废物和港口建设等，也会污染海洋。因此，海洋污染是海洋环境治理的重要突破点和着力点。我国海洋污染情况总体转好趋势，海洋污染治理机制逐步完善，尤其是2018年机构改革，实行资源和环境职权分离，海洋环境治理统一归口管理，这对于海洋污染治理具有极大裨益。

一　我国海洋环境污染现状

（一）我国近海海域海水环境质量

进入21世纪以来，尤其是近几年来，我国海洋环境污染治理取得了极大成效。其中，我国近海以夏季为例，我国管辖海域劣四类水质下降明显，2011年面积为3.83万平方千米，2019年下降到2.834万平方千米[①]。近年来，我国加大了对海洋生态环境治理力度，实施了排污总量控制制度、“湾（滩）长制”、海洋生态修复补偿等创新性工作，着力推进重点区域系统修复和综合治理，以

---

① 《2019中国海洋生态环境状况公报》。

“蓝色海湾”“南红北柳”“生态岛礁”等重大生态修复工程为抓手，提出了加强海湾综合治理、推进滨海湿地修复、加快岸线整治修复、持续建设“生态岛礁”四项重点任务，以有效遏制海洋生态环境恶化趋势。

对于渤海、黄海、东海、南海四海区的2011—2019年海水环境污染状况研究表明：一类水质海域面积占比97%，同比上升0.7个百分点，劣四类水质海域面积同比减少4930平方千米。在渤海、黄海、东海和南海四个海区中，东海海水污染程度较重。2019年东海劣四类海水比例达到42.2%；渤海近岸海域水质一般，劣四类海水比例7.9%，与2018年变化不大，但与2011年相比变化较大；黄海近岸水质良好，2019年劣四类海水水质海域仅为6.58%，南海近岸海域水质良好，广西海南近岸水质级别为优，劣四类海水水质海域却占33.9%[①]，同样不乐观。可见2017—2019年的海洋环境监测数据进一步表明，我国海洋生态环境状况稳中向好，夏季符合一类水质标准的海域面积连续三年有所增加，海水环境质量总体有所改变。

（二）海洋生态状况

《2019年中国海洋生态环境状况公报》显示，18个海洋生态系统中，3个呈现健康状况，14个呈现亚健康状态；全国海洋自然保护地稳步拓展，新增2处省级海洋自然保护地，新增面积为1712.27平方千米，分别为舟山市东部省级海洋特别保护区和温州市龙湾省级海洋特别保护区。

（三）主要入海口污染源状况

20世纪末以来，由于江河携带大量陆源污染物入海，我国近岸2/3的重点海域受到营养盐污染。其中，北部湾水质优；辽东

① 《2019年中国海洋生态环境状况公报》。

湾、黄河口和胶州湾水质一般；渤海湾和珠江口水质差；长江口、杭州湾和闽江口水质极差。

沿海省份中，河北广西和海南近岸海域水质优，辽宁山东、江苏和广东近岸水域[1]水质良好，天津和福建近岸水域水质一般，上海和浙江近岸海域水质极差。

近海污染物排入海主要有的直排海工业污染源、生活污染源、综合排污口。不同类型污染源中，综合污染源排放污水量最多，其次为工业污染源，生活污染源排放量最少。各项主要污染物中，综合污染源排放量均最多，工业污染源除六价铬排放量高于生活污染源以外，其他污染物均低于生活污染源。污染物中，总磷超标率在5%以上，化学需氧量、氨氮、悬浮物、五日生化需氧量总氮，粪大肠菌群数、阴离子表面活性剂、硫化物、镍、铜、镉、汞在个别排口超标，其他污染物未见超标。[2]

四大海区中，受纳污水排放量最多的是东海，其次是南海和黄海，渤海最少。各项主要污染物中，除六价铬、总磷、铅和镉外，东海的受纳量均最大。沿海各省（自治区、直辖市）中，福建直排海污染源污水排放量最大，其次是浙江。

（四）海洋倾倒区和油气区环境状况

2019 年，全国海洋倾倒量 19 117 万立方米，与上年相比略有下降，倾倒物质主要为清洁疏浚物。2019 年，开展监测的倾倒区及其周边海域海水水质、沉积物质量均满足海洋功能区环境保护要求。与上年相比，倾倒区水深、海水水质和沉积物质量基本保持稳定，倾倒活动未对周边海域生态环境及其他海上活动产生明显影响。

（五）海洋渔业水域环境质量

海洋重要渔业资源的产卵场、索饵场、洄游通道以及水生生物

---

① 近岸海域是指《全国海洋功能区划（2011—2020 年）》确定的海域范围。

② 资料来源于《2019 年中国海洋生态环境状况公报》。

自然保护区水体中主要超标指标为无机氮。《2019年中国海洋生态环境状况公报》显示，无机氮、活性磷酸盐等相应的指标超标面积均有所下降，对海洋渔业水域环境影响具有正面作用。

(六) 海洋赤潮和绿潮

2019年，我国发现赤潮38次，累计海域1991平方千米，东海海域发现赤潮数量多面积大，分别是31次和1974平方千米，赤潮高发期主要在5月份。绿潮主要为浒苔绿潮，主要发生在黄海海域南部地区，绿潮发展呈现出持续时间长，分布面积和覆盖面积偏大，消亡时间也比较晚。

二 海洋环境污染跨区域治理的制度现状

(一) 海洋环境污染治理的立法

改革开放以来，我国在海洋环境污染立法体系逐渐完善。1982年我国颁布了《海洋环境保护法》，之后陆续颁布实施了《海洋石油勘探开发环境保护管理条例》《防止船舶污染海域管理条例》《水污染防治法》《防治海岸工程建设项目污染损害海洋环境管理条例》《防治陆源污染物污染损害海洋环境管理条例》等，在20世纪90年代初步形成了中国海洋环境保护的基本制度框架。进入21世纪，《海域使用管理法》《海岛保护法》《深海海底区域资源勘探开发法》《防治海洋工程项目污染损害海洋环境管理条例》等法律法规陆续出台，填补了我国在相关领域海洋环境管理政策上的空白。

《海洋环境保护法》对生态保护、环境监督，防治陆源污染对海洋环境的污染损害，防治船舶及有关作业活动对海洋环境的污染损害，防治海洋工程建设项目对海洋环境的污染损害的法律责任，防治倾倒废弃物对海洋环境的污染损害，防治海岸工程建设项目对海洋环境的污染损害等方面做了详细规定，是我国比较全面且完善的一部综合性的海洋环境保护法律。针对海陆跨区域的环境污染现状，《防治陆源污染物污染损害海洋环境管理条例》第二十一条指出："沿海相邻或者相向地区向同一海域排放陆源污染物的，由有关地方人民政府协商制订共同防治陆源污染物污染损害海洋环境的措施。"该条例表明了相应地区或者沿海相邻的人民政府可以通过协商的办法，共同制定防治陆源污染的方法，来解决向同一区域海域排放陆源污染物的问题。另外，《防止拆船污染环境管理条例》《防止船舶污染海域管理条例》《防治海岸工程建设项目污染损害海洋环境管理条例》《防治海洋工程建设项目污染损害海洋环境管理条例》等均对海洋环境的跨界保护问题从不同的层面作了规范。

对海洋生态环境制度的构建，国际上主要是通过将较多的操作章程、技术法规、环境标准等内容纳入到国际环境法之中，从而使得其成为标准较多、技术较强的法律部门[①]，在海洋生态环境治理过程中呈现了较多的问题，这些问题具有层次性、复杂性、关联性特征。如联合国在 1995 年推出的《保护海洋环境免受陆上活动影响全球行动纲领》（GPA）在区域一级执行过程中存在较大挑战。2017 年以来，在 BBNJ 谈判的历次进程中，涉及有效的公海保护区建立、管理和评估机制一直存在分歧，如公海保护区的管理模式应该采用全球模式、区域模式还是混合模式[②]，不同国家存在不同意见，中国在参与这一国际海洋生态环境重要制度和机制谈判中发表了建设性意见。联合国对于 BBNJ 的讨论从 2018 年至 2020 年组织多次会议讨论相关问题，其中在 2019 年 8 月第三次会议通过的主席文件上，对国家管辖范围以外地区海洋生物多样性的养护和可持

---

① 秦天宝：《国际环境法的特点初探》，《中国地质大学学报（社会科学版）》2008 年第 3 期，第 16—19 页。

② 王勇、孟令浩：《论 BBNJ 协定中公海保护区宜采取全球管理模式》，《太平洋学报》2019 年第 5 期，第 5—19 页。

续利用秉持着理性的色彩，一方面在第五条“一般原则和方法”中体现“人类共同集成财产的原则”，但又关注“生态系统方法”；在第三部分对公海保护区的“区域管理工具”上，在第十四条提到“c. 养护和可持续地利用需要保护的地区，包括建立一个以地区为基础的综合管理工具系统”“d. 建立一个生态上有代表性的海洋保护区系统”等则展现以区域力量为核心的保护机制，但这种保护机制“应由科学和技术机构进行监测和定期审查”（第二十一条）。可见在 BBNJ 的机制中，针对海洋生物多样性的养护和可持续利用问题采用的是“混合制模式”，其中对以生态系统为主的区域海洋治理凸显区域化的特征。

在参与国际海洋环境治理建设上，我国积极加入国际组织和参与国际条约修订，同时根据国际条约修改我国海洋环境保护法规。我国在 1981 年加入《1969 年国际污损害民事责任公约》，对油污损害的民事责任开始适用该公约。1982 年《联合国海洋法公约》颁布后，我国成为签字国。1983 年中国加入国际海事组织的《1973 年国际纺织船舶造成污染公约的 1978 年议定书》。此外，我国还加入了《1972 年防止倾倒物及其他物质污染海洋公约》，即《伦敦倾废公约》。

（二）海洋环境跨区域管理制度

关于海洋环境跨区域管理方面的相关法律规定主要体现在《海洋环境保护法》和《环境保护法》的相关条款中。我国《海洋环境保护法》第八条规定：“毗邻重点海域的有关沿海省、自治区、直辖市人民政府及行使海洋环境监督管理权的部门，可以建立海洋环境保护区域合作组织，负责实施重点海域区域性海洋环境保护规划、海洋环境污染的防治和海洋生态保护工作。”第九条第一款规定：“跨区域的海洋环境保护工作，由有关沿海地方人民政府协商解决，或者由上级人民政府协调解决。”我国《环境保护法》第十五条规定："跨行政区的环境污染和环境破坏的防治工作由有关地方人民政府协商解决，或者由上级人民政府协调解决做出决定。"根据这些条款规定，我国立法采取原则性规定来解决海洋跨行政区环境管理，即主要由相关的地方政府协调或由上级人民政府协商的方式。

我国在制定地方性法规过程中依据《海洋环境保护法》和《环境保护法》的内容，规范了海洋环境跨区域治理制度建设的问题。例如，《浙江省海洋环境保护条例》第七条规定："省人民政府应当加强与相邻沿海省、直辖市人民政府和国家有关机构的合作，共同做好长江三角洲近海海域及浙闽相邻海域海洋环境保护与生态建设。"跨区域环境合作通过地方立法方式予以确认。《舟山市国家级海洋特别保护区管理条例》第四条规定："市及保护区所在地县（区）人民政府应当加强对保护区工作的领导，建立保护区管理协调机制，统筹协调、解决有关重大问题。"第七条规定："保护区管理机构应当建立公众参与机制，为公民、法人以及其他组织参与和监督保护区管理活动提供便利。保护区所在地县（区）人民政府应当鼓励、支持和引导保护区内的群众建立自治组织，参与保护区的保护、建设和管理。"

对于跨功能区的司法管辖问题，我国司法机关专门作出了司法解释。如最高人民法院于2016年8月1日颁布了《最高人民法院关于审理发生在我国管辖海域相关案件若干问题的规定（一）》（以下简称《规定一》）和《最高人民法院关于审理发生在我国管辖海域相关案件若干问题的规定（二）》（以下简称《规定二》），分别明确了我国管辖海域的司法管辖和法律适用相关问题，自2016年8月2日起施行。我国对管辖海域环境污染的管辖内容和管辖范围由该两个司法解释明确表明了。《规定一》表明，我国管辖海域是指中华人民共和国内水、领海、毗连区、专属经济区、大陆架，及由中华人民共和国管辖的其他海域，在我国与有关国家缔结的由中国公民或组织协定确定的共同管理的渔区或公海从事捕捞等作业的，也均适用《规定一》。依据《规定一》，在我国管辖的海域之内，由管辖该海域的海事法院管辖因渔业生产、海上航运及其他海上作业导致污染，破坏海洋生态的环境，请求损害赔偿提起的诉讼。在我国管辖海域外发生污染事故，经由管辖此海域的海事法院或采取预防措施地的海事法院管辖，对我国管辖的海域造成污染甚至于污染威胁，请求损害赔偿或预防措施费用而提出的诉讼。《规定二》明确了对我国管辖海域的具体处罚情节和标准。

我国海洋环境污染治理在软法层面还有许多做法，如国家还出台了包括《“十三五”生态环境保护规划》《全国海洋经济发展“十三五”规划》等在内的一系列环境保护、海洋开发、保护规划。此外，我国 11 个沿海省、自治区、市根据各自的特色制定了促进海洋经济，保护海洋环境的政策。[①] 目前，中国的沿海地区和跨区域海洋环境治理有关的政策主要是一些区域性的行政协议和规划，如《泛珠三角区域环境保护合作协议》《长江三角洲区域环境合作倡议书》《长三角一体化发展规划纲要》《粤港澳大湾区发展规划纲要》等。

（三）海洋环境区域性监测评价制度

20 世纪 90 年代以来，海洋环境检测评价制度在我国逐渐建立，国家海洋环境监测中心以及各海区的海洋分局也纷纷建立相应的海洋环境监测点。为支持海洋污染跨区域治理监测，制度体系逐渐构建，主要的规范性文件和政府规章包括国家环保总局《近岸海域环境功能区管理办法》（1999）、国家海洋局《陆源入海排污口及邻近海域环境监测与评价技术规程（试行）》（2015）、《江河入海污染物

① 丁娟、朱贤姬、王泉斌、张志卫：《中韩海洋资源开发利用政策比较及启示研究》，《海洋开发与管理》2015 年第 6 期，第 26—29 页。

总量监测与评估技术规程（试行）》（2015）、《关于推进海洋生态环境监测网络建设的意见》（2015）。多数文件是从技术规范层面完善跨区域环境治理的规范性建设，但具有代表性的文件当属国家海洋局的印发《国家海洋局海洋生态文明建设实施方案》（2015—2020）（以下简称《实施方案》）。为了提升海洋环境管理保障能力，完善海洋生态文明制度体系，促进资源节约利用和生态环境保护《实施方案》坚持"海陆统筹、区域联动""问题导向、需求牵引"的原则。

《实施方案》指出了10个方面31项主要任务，其中包括和区域海洋环境治理有关的："严格海洋环境监管与污染防治，包括监测评价、污染防治、应急响应等海洋环境保护内容，突出提升能力、完善布局、健全制度，具体包括推进海洋环境监测评价制度体系建设等内容。""强化规划引导和约束，主要从规划顶层设计的角度增强对海洋开发利用活动的引导和约束，包括实施海洋功能区划、科学编制规划和实施海岛保护规划。"此方案是以整体性、全局性角度确定跨区域海洋环境治理的制度体系建设为重点，更注重"全局""制度""法治"等因素，体现了目前的基本路径是从国家整体层面谋划海洋环境治理。

第三节　我国海洋环境治理政策分析

早在20世纪60年代，我国就开展了海洋环境污染治理工作，至今已形成相对完善的海洋环境污染治理政策体系。我国在海洋政策设计上，对其政策目标进一步强化海洋环境治理为主体的"命令—控制型"治理方式，在政策执行上政府也更加注重区域协调、府际协同和统筹联动，使政策效果进一步得到提升。[①]

① 许阳：《中国海洋环境治理政策的概览、变迁及演进趋势》，《中国人口·资源与环境》2018年第28卷第1期，第165—175页。

一 海洋环境治理的政策目标

海洋环境政策目标可以分为海洋环境污染治理和海洋生态建设两大部分。海洋生态建设偏重于海洋资源利用与保护；海洋污染治理则偏重于工业和生活污染的入海口、排污口点源控制。此外，海面上油污、油漏等线源污染加剧，却难以控制。来自陆地的面源污染也是难以控制的。美国商务部国家海洋与大气管理局的报告称，海洋环境的污染80%来自陆地，而这当中很大一部分是所谓的非点源污染（nonpoint source pollution），也就是那些随着地表径流导入大海的污染物，它们来自许多小污染源，像化粪池、汽车、卡车和内河机动船只，也有一些大的源头，例如农场、牧场和林区。这一污染源目前还是处于被忽略状态。

对于点源污染，目前采取的政策工具较多，如污染物总量控制制度、排污收费制度、海洋环境影响评价制度等，这些政策工具通过命令—控制的管制性政策，实行国家对社会实行强制力约束的环境政策，带有明显的政府干预色彩。现行海洋污染控制政策中还有一类政策叫做引导性政策，如采取对海洋产业布局的合理调整、技术改造升级、废物综合利用以及生产企业的质量认证等。

对于非点源污染（包括线源污染和面源污染），我国对其关注和控制落后于主要海洋强国。对于线源污染，我国对其关注开始于20世纪80年代，船舶发生油漏事件对我国近海养殖、海域等造成损害，政府开始有针对性地出台一些法规，以有效处理和防止船舶漏油事件，如1983年12月29日出台的《防止船舶污染海域管理条例》和1983年9月2日出台的《海上交通安全法》。随后，我国进一步出台了相应的法律法规，如《防治船舶污染海洋环境管理条例》（2010）、《海洋倾废管理条例》《船舶污染物排放标准》（2018）等。我国也加入了很多防止国际船舶污染组织和法规，这对于我国控制面源污染是具有很大的作用的。

对于面源污染，我国关注较少，面源污染主要污染物是有机质、营养盐、氮磷等农药、病原微生物等。来自辽阔陆地的有机质和营养盐，随着地表径流大量入海，是造成河口和沿岸海域富营养化甚至出现“赤潮”的主要原因。但是，目前我国相关的规划和法规中对于面源污染仅有部分提及，对于其危害性还缺乏认识，有关海洋面源污染的概念也很模糊，政策目标不明确，难以形成相应的、直接针对海洋污染治理的目标、规划和政策手段。因此，未来海洋环境保护部门在制定近期、远期海洋环境保护规划、进一步改善区域海洋环境质量时，必须考虑研究控制面源污染问题。

此外，现有的海洋环境控制政策措施主要针对点源海洋污染，是基于“污染者付费”和末端治理的原则发展起来的，不适用于污染扩散性大、受害者多的线性海洋污染和污染者难以识别、数量众多且分散的面源海洋污染。由于海水污染的跨区域性，导致受害者识别难且多、国家对海洋环境资源产权制度的不完善等原因，对非点源性污染难以适用“使用者付费”原则的生态补偿制度。目前西欧国家对非点源性污染已经开始重视起来，但是也没有形成一套适合的法规和制度设计，这就需要我国在海洋环境综合治理过程中，根据本国国情设计出一套基于点源控制和非点源控制并轨的治理政策，以达到海洋环境可持续的政策目标。

二　海洋环境治理的法律框架

我国海洋环境治理到底是否形成法律框架，这是一个困扰我们研究的现实问题。综上所述，我国海洋环境治理应包括海洋环境治理和海洋生态建设两个部分。在海洋环境治理的法律制度建设上，目前已有的法律法规应包括《环境保护法》《海洋环境保护法》《海域使用管理法》《海岛保护法》《渔业法》《海上交通安全法》

《港口法》《水污染防治法》《固体废物污染环境防治法》等法律，也包括行政法规《海洋石油勘探开发环境保护管理条例》《海洋倾废管理条例》《防止拆船污染环境管理条例》《防治陆源污染物污染损害海洋环境管理条例》《防治海岸工程建设项目污染损害海洋环境管理条例》《防治海洋工程建设项目污染损害海洋环境管理条例》《防治船舶污染海洋环境管理条例》等等。除此之外，还包括一些部门规章制度以及行业标准，如《船舶污染物排放标准》《船舶工业污染物排放标准》等。

在海洋生态建设的法律制度方面，主要有《自然保护区管理条例》《海洋自然保护区管理办法》《海洋特别保护区管理办法》以及《全国海洋功能区划》等。除此之外，我国也加入了一些国际组织和条约，这些条约大多对海洋生态建设有很多约定，如《21 世纪议程》等。

所以，从法律制度上看，我国涉及海洋环境治理的法律是很多的，它们共同构成了海洋环境治理政策的法律基础，但是这个基础非常松散、非常薄弱，有浓厚的行政管理色彩，属于命令—控制式的政策工具。由于这些法律法规的主要目标不在海洋污染物的控制，所以针对性不强，缺乏相应的法律责任及责任承担者，此外，除了陆源入海口污染物、船舶污染物排放标准以外，尚未形成其他针对海洋生产中污染性投入物的标准和使用规范等相关标准体系，使得这些法律缺乏可操作性。同时，我国现有的法律法规内容过于简单粗放、法律条文过于原则化，可操作性不强，不利于损害海洋环境的法律责任追究，尤其是跨区域海洋非点源污染更是缺少细化的操作规程。

三　海洋环境治理的管理体制

在以往的海洋管理中，我国实行条块结合的垂直型海洋环境管理体制。这一体制也奠定了我国海洋环境治理的方式，《海洋环境保护法》第五条规定，国务院环境保护行政主管部门作为对全国环境保护工作统一监督管理的部门，国家海洋行政主管部门、国家海事行政主管部门的交通运输部海事局，国家渔业行政主管部门的农业部以及海军环境保护部门等部门对各自的海洋环境事务进行管理。这种情况下，当时的中央一级海洋环境治理职责分散在环保部、国土资源部国家海洋局、交通运输部管理部门、农业管理部门的多个职能机构中；在块状结构上，中央一级垂直管理下，沿海地方政府及其领导下的职能部门延展至海洋，赋予沿海地方政府以海洋环境管理职能。这种管理模式容易造成行政区间壁垒，促使跨行政区协调陷入瓶颈性障碍。

2018 年机构改革，实行资源和监管分离，海洋资源管理划归自然资源部，海洋环境保护划归生态环境部，各部委涉及海洋环境管理事务全部划归生态环境部，实行块状垂直管理。[①] 当然，由于海洋污染主要来源于陆地污染，因此海洋环境治理还是需要多部门配合参与。可见，当前我国海洋环境治理管理体制为生态环境部主管、多部门参与的体制。在这个体制中，有一个还在变革中的监管机制，即中央政府部门的海洋督查机制，由国家海洋督察组对各地海洋环境治理情况进行统一督查（见图 3—1）。

在这个管理体制中，根据新的机构改革规定，各部门的职责侧重点有所不同。其中，对点源污染基本划归统一监管职权，但是非点源污染还是需要多部门协调，同时发挥海洋督查作用。线源污染控制是主要由生态环境部和交通运输部共同协调；面源污染控制中

---

① 根据《深化党和国家机构改革方案》新组建的生态环境部将环境保护部的职责，国家发展和改革委员会的应对气候变化和减排职责，国土资源部的监督防止地下水污染职责，水利部的编制水功能区划、排污口设置管理、流域水环境保护职责，农业部的监督指导农业面源污染治理职责，国家海洋局的海洋环境保护职责，国务院南水北调工程建设委员会办公室的南水北调工程项目区环境保护职责整合。

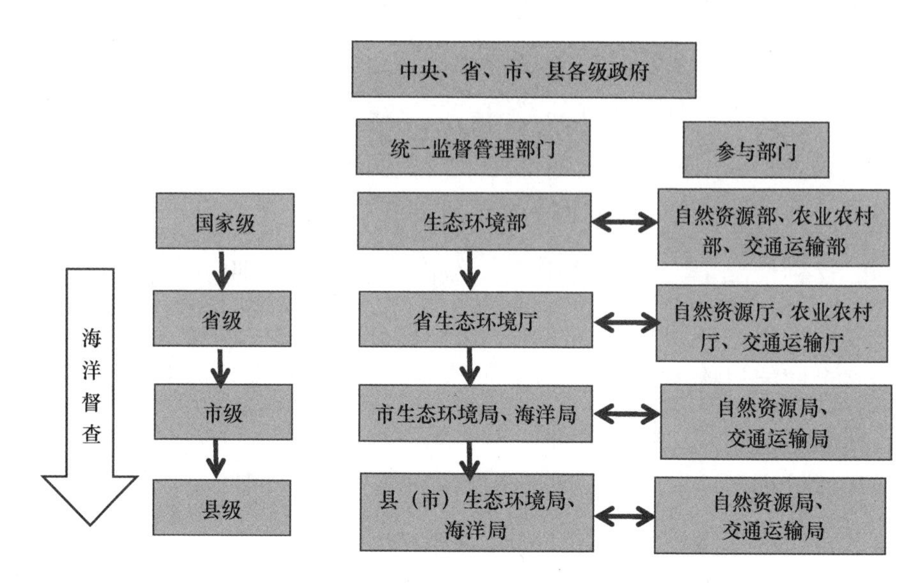

图3—1 我国海洋环境治理的管理体制

对地表水污染海洋的已经划归生态环境部，但是对于渔业捕捞带来的污染、海洋生物资源等污染性问题，则需要自然资源部门、交通运输部门、农业农村部门协调。另外全国人大及其地方各级人大可以从法律法规制定和执法检查等方面对海洋污染防治管理产生影响。

四 海洋环境治理的行动计划

当前我国对海洋污染控制取得了较好的成效，也架构了较为完善的政策体系。然而，对于海洋生态环境建设和非点源的海洋污染政策体系相对缺失，尤其是海洋生态建设的政策体系尚未形成。我国已实行的海洋生态文明示范区建设、海洋牧场建设、湾（滩）长制、海洋功能区划定等政策对改善海洋生态环境和促进海洋可持续发展起到了积极效果。

（一）海洋生态修复工程

2016 年以来，财政部和原国家海洋局利用中央海岛和海域保护资金，支持全国18个城市实施“蓝色海湾”“南红北柳”“生态岛礁”工程，规划整治修复岸线270余千米，修复沙滩约130公顷，恢复滨海湿地5000余公顷，种植红树林160余公顷、赤碱蓬约1100公顷、柽柳462万株、岛屿植被约32公顷，建设海洋生态廊道约60千米，建设100个生态岛礁[①]。

2016年起，以“蓝色海湾”为代号，国家开始着力进行海洋生态整治修复工作，以海湾为重点，拓展至海湾毗邻海域和其他受损区域，最终的目标是要实现“水清、岸绿、滩净、湾美”。中央财政支持和地方财政配套投入下，以“蓝色海湾”整治工程为抓手，绿色发展、人海和谐、生态健康的美丽海湾越来越多。大量岸线、滨海湿地得到修复，海湾里的水越来越好，植被和沙滩又回到了原来的模样，这是海湾应该有的风景，也是“蓝色海湾”工程的目的。

2016年起，以“南红北柳”[②]为代号，把人工治理和自然修复作为主要手段，通过湿地植被的修复，筑牢海岸带绿色生态屏障，恢复冰海湿地污染物消减、生物多样性维护、生态产品提供等重要生态功能，全面推广滩涂、冰海湿地、河口区生态恢复与景观重建，形成绿色海岸和红滩芦花景观。

2016年起，全面推进生态岛礁工程，力争到2020年，100个生态岛礁工程将分类推进，将实施25个生态保育类工程；10个权益维护类工程；20个生态景观类工程；27个宜居宜游类工程；建设18个科技支撑类工程[③]。

---

① 《海洋生态保护警钟长鸣：全球海洋治理中国在行动》，中国新闻网，2017年9月27日。

② “南红北柳”生态修复工程，“南红”指的是在南方以种植红树林为主、海草、盐藻、植物等为辅。“北柳”则是指在北方以种植柽柳、芦苇、碱蓬为主，海草、湿生草甸等为辅，有效恢复冰海湿地生态系统。

③ 《中国将在100个海岛实施生态岛礁工程》，新华网，2016年10月26日。相关建设成效数据尚未获得。

海洋环境治理是一个系统化的工程，我们不仅需要对海洋污染进行防治，也需要对一些特定的海洋生态“蓄水池”加以保护和修复，海湾、湿地和岛礁是海洋生态保护的重点，也是生态“蓄水池”。国家通过实施“蓝色海湾”“南红北柳”“生态岛礁”三大工程，对海洋生态建设起到积极效果，也有利于海洋环境整体治理。

（二）海洋牧场行动计划

近年来，我国高度重视海洋牧场建设，先后批准建立了42个国家级海洋牧场示范区，实现了区域性渔业资源养护、生态环境保护和渔业综合开发，推动了海洋渔业的产业升级。海洋牧场是应对近海渔业资源严重衰退的手段之一；可有效控制海域氮磷含量，防止赤潮等生态灾害的发生；可对水质和底质起到有效的调控和修复作用。2017年发布的《全国海洋牧场建设规划（2016—2025）》对海洋牧场建设作出了全面规划。计划至2025年，全国建成国家级海洋牧场示范区178个。下一步，我国将以海洋牧场建设为抓手，推动形成绿色高效、安全规范、融合开放、环境友好的海洋渔业发展新格局。加强规划引领，以创新生态增殖技术、海洋牧场生态容量及效果评估等关键共性技术作为科研重点，加快“海洋（蓝色）粮仓科技创新”国家重点研发计划实施，加强政策支持和制度保障，促进海洋渔业持续健康发展。

海洋牧场建设对于恢复渔业资源、保护海洋生态环境具有极大益处，当前我国在海洋生态环境治理上采用牧场式的区域性治理，对于保护区域内的渔业资源，繁育区域特色鱼种是一种很好的治理方式。

（三）湾（滩）长制行动计划

2017年国家海洋局出台了《国家海洋局关于开展“湾长制”试点工作的指导意见》。“湾长制”以主体功能区规划为基础，以逐级压实地方党委政府海洋生态环境保护主体责任为核心，以构建长效管理机制为主线，以改善海洋生态环境质量、维护海洋生态安全为目标，加快建立健全陆海统筹、河海兼顾、上下联动、协同共治的治理新模式。

“湾长制”是在属地管理、条块结合、分片包干原则的指导下，实行一条湾区一个总长，分段分区管理，层层落实责任，确定各级重点岸线、滩涂湾长，在上级协调小组的领导下，负责本辖区湾（滩）海洋生态环境的调查摸底、巡查清缴、建档报送等工作，并建立周督查、旬通报、月总结制度，落实分片包干责任，进而建立起覆盖沿海湾（滩）的基层监管网络体系，其有两大职能：一是建立海洋生态环境保护长效机制。主要通过加强入海污染物联防联控、加大环境治理力度等落实多规合一，推进海湾环境污染防治，改善海洋环境。二是构建联合巡查执法监管，打造综合执法合力。完善海洋空间管控和景观整治，优化海洋产业布局，加强岸线管理和整治修复，将沿海岸线、海滩监管和各自分工有机结合起来，加强非法占用海滩及非法造、修、拆船监管，建立覆盖沿“湾长制”强化沿海地方政府在海洋生态环境治理中的责任担当，将海洋生态环境、资源保护的“责任、能力、执行”三位整合为一体，是海洋环境治理的长效抓手。“滩长制”的实施核心在基层，因为每个海湾、海滩的具体情况均有差别，而实施“滩长制”不只是滩长一个人的制度推行，而是需要多级联动、“一滩一策”、社会共治等多种途径。如舟山市在 2017 年下半年以来实施“滩长制”过程中，主要通过探索实施村级湾（滩）雇佣保洁员制度、湾（滩）管船机制、管网机制初步形成了相应的治理经验。另外，海滩的信息化监控、清单式管理模式、考核机制的完善等探索均是“滩长制”实施中的机制创新，只是这类探索尚未完全形成统一制度推进。如按照“滩长制”确定的治理要求，海洋环境治理需要围绕“陆海污染物排放管控、海洋空间资源综合管控、海洋生态保护与修复、海洋灾害风险防范、违法行为监管”五大任务形成整体性体系设计，进而明确各级滩长的具体职责范围，形成责任式清单，舟山市正沿着这种思路进一步完善滩长制度，符合当前海洋整体性治理的基本方向。

表3—1　　滩长制的组织体系和分工

滩长层级	具体职责	分工
市	负责指导实施跨县（区）海滩综合整治和保护管理总体方案，协调跨县域监管责任等	统筹安排
县区	组织制定责任海滩治理和保护方案，协调解决责任海滩治理和保护中的重大问题等	直接实施
乡镇（街道）	组织实施责任海滩全面巡查，劝阻相关违法行为、调查取证等	直接实施

“滩长制”实行主要领域是以具体海滩的小微单元为治理对象，达到近岸海洋生态资源保护、整治修复海岸线、保护海洋生态为主要任务，如普陀区朱家尖漳州湾沙滩因潮流关系沙滩上经常出现从外海漂来的垃圾，该村专门有偿雇佣保洁员，实施常态化湾滩清理，实现该区域休闲渔业的需要；岱山县衢山镇通过滩长定期巡查，实现对沿海涉渔“三无船舶”监控；定海区通过滩长巡查、公众参与、执法人员整治三位一体形式清理湾（滩）违规网具等。除了舟山外，浙江象山县依托“滩长制”以清理地笼网、串网方式整治渔业资源破坏也卓有成效。

（四）渤海综合治理攻坚战行动计划

2018 年 7 月，生态环境部出台实施了《渤海综合治理攻坚战行动计划》。渤海是我国唯一的半封闭型内海，自然生态独特、地缘优势显著、战略地位突出。近年来，渤海水质有所改善，但重点海湾生态环境质量未见根本好转，生态环境风险持续增加，生态环境保护形势严峻，需要打一场渤海综合治理攻坚战，改善生态环境状况，为环渤海地区经济社会可持续发展提供重要支撑。

渤海综合治理攻坚战行动计划是跨行政区海洋环境治理的有益尝试，也是海洋生态建设的重要方式。通过“行动计划”达到多部门联合协调，省部共同治理，协同推进渤海污染防治、生态保护和风险防范。渤海综合治理攻坚战行动计划通过区内整合编修海洋空间规划、加强入海污染物联防联控、加强海洋空间资源利用管控、加强海洋生态保护与环境治理修复、加强海洋生态环境监测评价、加强海洋生态环境风险防控、加强海洋督察执法与责任考核、加强渤海生态环境保护关键问题研究和技术攻关等方面入手，加强渤海生态环境保护。

第四章

海洋环境跨区域治理的制度比较分析

近几十年来，海洋环境的跨区域问题逐渐呈现出多层次、复杂化、关联性的特征。以《联合国海洋法公约》和各国国内海洋环境立法为代表的海洋环境治理框架体系逐渐确立后，跨区域环境治理应以怎样的逻辑形成相应的制度设计，需要考量海洋的跨区域特征，并基于相应的制度元素如利益、自然性、主体为基础，在跨区域治理的分析体系下寻求制度化路径。[①]《联合国海洋法公约》给海洋环境污染确定的定义是指“人类直接或间接把物质和能量引入海洋环境，其中包括河口湾，以致造成或可能造成损害生物资源和海洋生物、危害人类健康、妨碍包括捕鱼和海洋的其他正当用途在内的各种海洋活动、损害海水使用质量和减损环境优美等有害影响”[②]。海洋环境污染成为涉海区域、海洋相邻各国在经济社会发展过程中最受关注的影响性问题之一，国际社会在构建海洋环境治理机制、协调国内和区域海洋国家之间污染防治的过程中不遗余力，积累了较好的国际海洋环境治理经验。

---

① 全永波：《海洋环境跨区域治理的逻辑基础与制度供给》，《中国行政管理》2017 年第 1 期，第 19—23 页。

② 《联合国海洋法公约》第一条第四款。

第一节　海洋环境治理的国际性制度框架

一　国际海洋环境问题与治理模式形成的现实基础

在《联合国海洋法公约》通过后的三十多年间，海洋污染引起的国际争端在跨国家区域的海域越来越多。从法学的观点来看，世界大洋是一个具有不同法律制度的空间，而从生态学的观点来看，海洋具有整体性不能分割，各类海洋现象和过程都是密切相关的。海洋污染并不承认人为的行政界线，污染物质在浪、风、海流等作用下，从一个海区向另一个海区移动，因而当邻国引起的海洋污染可能会间接造成邻近国家的海域污染，进而造成争端，试图单靠少数国家单方面的单项法规、措施和条约来解决海洋污染问题是远远不够的，是需要每个国家的共同努力，形成一整套完善的海洋环境保护的法律制度体系进行有效的规范。如1967年3月，利比里亚油轮"托雷·卡尼翁"号在英吉利海峡触礁沉没。处理这次污染事件时，共使用10万吨消油剂，出动1400多人，动用42艘船只，对英、法两国来说是一笔巨大的损失。由此英国政府提出建议，1969年11月，政府间海事协商组织（现易名为国际海事组织）在布鲁塞尔召开外交会议，6个缔约国家的观察员及一系列组织的代表、48个国家和地区的代表出席了会议。会议通过了《国际油污损害民事责任国际公约》（即私法公约）和《关于干预公海事件的国际公约》（即公法公约），为更好地解决争端树立了典范。

近年来，海洋环境污染的区域化合作的紧迫性日渐提升。以2011年3月发生在日本的大地震为例，该次地震造成最大的区域海洋污染事件就是福岛地区的核泄漏，使西北太平洋海洋核污染成为现实，中国、日本、韩国、美国、俄罗斯等国家和民众十分关注并形成一定范围的恐慌，因此需要进一步考虑区域性海洋合作机制的建立，各国互相共享海洋污染信息，相互协商应对机制。

福岛第一核电站核泄漏事故自2011年3月发生后，虽然过去多年，但其负面影响和危害仍在显现。东京电力公司于2013年8月20日表示，在福岛核电站核泄漏事故发生之后，每日排放高达300吨放射性的污水入海，该种程度的每小时辐射水平是已经达到人体每年所能承受上限的5倍。[①] 甚至相距千里外的美国阿拉斯加近海也被检测出放射性物质，而且值得警戒的是这一数值越来越高。自日本福岛第一核电站核泄漏事故以来，日本政府提高警惕，一直保持对该区域核辐射情况进行时时监测。另有日本《朝日新闻》2017年2月3日报道，第一核电站2号机的核辐射量也已经达到了历史最高值。[②] 根据《联合国海洋法公约》、中日《环境保护合作协定》、东亚海地区环境管理伙伴关系计划等规定要求，日本与周边区域国家需要开展福岛核电站核泄漏污染防治的区域合作。2011年5月19日，时任中国国家海洋局局长刘赐贵向日本驻华大使丹羽宇一郎严肃提出，日方应当通报福岛核电站核泄漏对海洋环境污染的程度及其造成的严重影响。但日本对相关信息的通报仍很局限，相关国家仍无法全面获知污染后的有关影响数据。可见，海洋环境跨区域治理的信息合作至关重要。

海洋环境保护是每个海洋国家应尽的义务。环境利益关乎人类的生存利益，因此环境权是基本人权。《斯德哥尔摩宣言》第一条指出：“人类有权在一种能够过尊严和福利的生活环境中，享有自由、平等和充足的生活条件的基本权利。”宣言明确指出保护环境是一项义不容辞的责任，这项责任属于每一个人，也属于国际社会

---

① 赵松：《福岛核电站事故现场工作人员首次起诉东京电力公司》，人民网，2014年5月8日。

② 郝艺文：《福岛第一核电站2号机核辐射量达历史最高足以致命》，环球网，2017年2月3日。

承担保障人权责任的任一国家。[①]《联合国海洋法公约》对各国保护海洋环境的义务和权利作出了明确规定。根据《联合国海洋法公约》第一百九十二条至一百九十四条指出，各国有依照其环境政策和按照其保护和保全海洋环境的职责开发自然资源的主权权利，当然各国具有保护和保全海洋环境的国家义务。各国需要采取一切可行措施，确保在其控制或管辖下的活动的进行不会导致其他国家及其环境被污染，并确保在其控制或管辖范围内的事件或活动所造成的污染不扩大到本国可行使主权权利的区域之外。[②] 在当前海洋环境污染制度体系不完善的背景下，具有强制力的“硬法”与国家政治宣言的“软法”仍有并存的现象。作为国际法的渊源之一，国际习惯这一软法在历经多年的国际应用，已逐步向具有拘束力的规则转变，在国际公约和部分国内立法中逐渐被体现。

区域海洋的独特性及沿海国家在生活方式、意识形态及经济发展水平等方面的相似性决定了区域合作的必要性、现实性及有效性[③]。沿岸水域大多是半封闭或封闭海，如黄海、南海、地中海、波罗的海等，这些半封闭和封闭的海域海水深度较浅，且海水循环速度较为缓慢。由于生态和地理位置的特殊性，加之港口与航运、工业活动的集中程度以及沿海的人口密度的影响，海洋的环境承载负担不断加重，从而导致严重的区域海洋环境污染问题，使得区域海洋沿岸国家的共同环境利益受到损害。《联合国海洋法公约》不包括区域海洋环境制度的所有要求，由此产生的区域海洋环境问题也不同于全球性海洋环境问题。结合特殊的地方经济、社会经济条

---

① 曲波、喻剑利：《论海洋环境保护——“对一切义务”的视角》，《当代法学》2008 年第 2 期，第 94—98 页。

② 姚莹：《东北亚区域海洋环境合作路径选择——“地中海模式”之证成》，《当代法学》2010 年第 5 期，第 132—139 页。

③ 李建勋：《区域海洋环境保护法律制度的特点及启示》，《湖南师范大学社会科学学报》2011 年第 2 期，第 53—56 页。

件、环境和生态，为解决海洋环境遭遇的全球性问题，采取区域合作是非常必要的。[①] 可见，从国际法律要求和海洋环境的现实性的角度来看，海洋环境必须进行跨国际的区域合作治理。

二 国际跨区域海洋环境治理模式及发展

20 世纪 70 年代以来，海洋治理尤其注重海洋的环境和生态的合作治理，各主权国家或区域组织通过立法、声明或协议等方式展开海洋合作，逐渐形成了一系列切实可行的制度模式和国际经验。

第一，“综合模式”：波罗的海环境治理模式。

早在 1981 年，P. C. 特纳和 J. M. 阿姆斯特朗就在《美国海洋管理》中表明：海洋综合管理是指把某一特定海洋空间内的资源、海况以及人类活动加以统筹考虑，这种方法可以视为是特殊区域管理的一次发展，即提出把整个海洋或其某一重要部分作为一个需要进行关注。[②] 跨区域海洋治理的“综合模式”指把一定区域的海洋问题作为一个统一整体、按照整体性思路构建治理框架，运用统一或协调的立法和机制治理海洋问题的一类模式。在“综合模式”的机制建构中往往有区域性的管理机构，区域国家均能按照规范遵守海洋治理的要求，波罗的海环境治理模式是较典型的“综合模式”。波罗的海沿岸国家主要包括拉脱维亚、丹麦、瑞典、波兰、德国、立陶宛、俄罗斯、芬兰、爱沙尼亚等。“二战”以后，沿岸国家产业规模不断壮大、经济飞速发展，波罗的海区域的海洋污染问题也日益加重。为了防止这种污染的进一步扩展，在 1974 年，波罗的海的六个沿岸国家通过了《保护波罗的海地区海洋环境公约》（简称《赫尔辛基公约》），公约从 1980 年开始生效。《赫尔辛基公约》

---

① Report of the Secretary-General on oceans and the law of the sea，Sixty-third session，Agenda item 73 of the preliminary list，A/63/50.

② J. M. 阿姆斯特朗、P. C. 赖纳：《美国海洋管理》，林宝法、郭家梁、吴润华译，海洋出版社 1986 年版，第 1 页。

把海洋环境保护当作一个综合性问题来加以解决，它的制定借鉴了1972 年《人类环境宣言》的一些经验。在六国达成公约的基础上，其他波罗的海区域国家也渐渐达成共识，并选择了对所有海洋污染问题统一立法解决的综合模式。因此，波罗的海区域形成的法律法规首先把海洋环境问题作为一个整体，然后再进一步将问题具体细化，最后以附件形式解决海洋环境保护相关的各种问题。[①]

第二，“综合 + 分立模式”：地中海环境治理模式。

“综合 + 分立模式”是基于跨区域海洋治理的复杂性而作出的折中安排。该模式主要因区域海洋国家不同的发展背景、海域状况的差别等因素无法形成全面的统一的治理规则，而采用既有综合性但基于原则性的综合框架，又在具体的海域和国家之间形成个别的规范模式，地中海区域的环境治理采用的是这一类的“综合 + 分立”的治理方式。

地中海是世界上最大的内海，沿岸共有 19 个国家。地中海沿岸国家经济相对发达，陆源污染物排放等因素给地中海造成了严重的污染和损害。自 20 世纪 70 年代开始，地中海沿岸各国决定采取相应措施，共同治理地中海的环境问题。1976 年，各国签署《保护地中海海洋环境的巴塞罗那公约》，随后建立了地中海特别保护中心，各国每年都在国家海上污染调查活动中开展多项合作。随着世界环境保护制度的发展，沿岸各国在 1995 年对公约作了部分修改，引入了污染者负担原则、预防原则、可持续发展原则等新内容。各国纷纷提出治理地中海污染的新政策，其重要内容可概括为重新确定国家援助政策。在跨区域海洋环境治理上，提出建立和发展地中海海洋污染检测网，协调国家相关机构的活动机制和资金，呼吁沿海国家共同保护地中海，各国有责任给予财力、物力、人力

① 于海涛：《西北太平洋区域海洋环境保护国际合作研究》，博士学位论文，中国海洋大学，2015 年，第 89 页。

方面的支持协调国家相关机构的活动机制和资金，呼吁沿海国家共同保护地中海，各国有责任对财政、物资和人力支持。[①] 各国在综合性框架签署的基础上，又分别以议定书的形式拟定更为严苛的义务规范[②]，这种“公约 + 议定书”的方式一般简称为“综合 + 分立”的治理模式。

第三，“分立模式”：北海—东北大西洋环境治理模式。

海洋治理的“分立模式”一般是因跨区域海洋的海域情况不同，区域海洋国家之间选择以某一两个国家间或国家与国际组织间小范围合作治理特定海域海洋环境，而不采取统一确定治理框架的模式，如北海—东北大西洋、西北太平洋等均属于这一类治理模式。

北海区域的海洋环境治理合作在全球跨区域海洋环境治理行动上走在前列，其主要动因往往因具体的重大个案而引起，如发生于1967 年的“托雷 · 卡尼翁”号油轮事故。由于该事故的发生，一系列的国际法律问题被引发。为解决相关法律问题，《北海油污合作协定》最终达成，但是这个协定忽略了对海洋环境的整体保护。之后所在沿海国签署了一系列的公约或协定，如《奥斯陆倾倒公约》《奥斯陆—巴黎公约》等，但始终未能全部包含北海—东北大西洋区域的所有海洋环境治理问题。

北海—东北大西洋区域周边各国家都是成熟、发达的工业化国家，同时，这些国家都有着相似的文化和政治价值。[③] 这一区域的海洋环境合作均采用一种分立模式，即各国和小型区域组织先行制

---

① 高锋：《我国东海区域的公共问题治理研究》，博士学位论文，同济大学，2007 年，第35—42 页。

② 姚莹：《东北亚区域海洋环境合作路径选择——“地中海模式”之证成》，《当代法学》2015 年第 5 期，第 136 页。

③ Steinar Andresen. The North Seaand Beyond: Lessons Learned [A] . Mark J. Valencia. Maritime Regime Building [C] . The Hague: Kluwer LawInternational, 2001: 68.

定独立的法律来解决具体不同的海洋环境污染问题。这种模式的前提是，北海—东北大西洋区域国家有相似的国情，能够对海洋环境环保达成共识，同时，各方又能够在分立的合作模式下，单独缔结相关的协议。[①]

2016 年以来，国际性的海洋治理深入展开，全球海洋治理的合作机制进一步加强。中美两国元首在 G20 领导人杭州峰会上商讨海洋合作尤其在“海警合作”“中美在亚太互动”等方面达成共识，与海洋治理有关的主要包括：双方强调加强中美海事警察部门在共同打击海上违法犯罪、情报信息交流、舰船互访和人员交流的重要性，努力在海上开展合作等。[②] 欧盟委员会通过了首个欧盟层面的全球海洋治理联合声明文件，称将从减轻人类活动对海洋的压力、加强海洋科学研究国际合作和发展可持续的蓝色经济、改善全球海洋治理架构三大优先领域，致力于应对海上犯罪活动、粮食安全、贫穷、气候变化等全球海洋挑战，以实现可靠、安全和可持续地开发利用全球海洋资源。[③] 欧盟委员会提出要不断完善全球海洋治理架构，当今全球海洋治理模式还需进一步发展和深化。为此，欧盟将与其他国际伙伴加强合作，确保国际海洋治理目标早日达成。

欧盟委员会提出要通过发展可持续的蓝色经济来减轻人类活动对海洋的压力。《巴黎协定》正式生效后，欧盟委员会致力于加强海洋领域行动，确保国家与国际层面达成相关承诺。2016 年 11 月 10 日，欧盟委员会又通过了首个欧盟层面的全球海洋治理联合声明文件，表明欧盟将加强多边合作，加大打击非法捕捞活动的力度，并将利用卫星通信来建立监管全球非法捕捞活动的试

① 张相君：《区域海洋污染应急合作制度的利益层次化分析》，博士学位论文，厦门大学，2007 年，第 11—14 页。

② 《中美元首杭州会晤中方成果清单》，《人民日报》2016 年 9 月 5 日。

③ 周超：《三大优先领域应对海洋挑战：欧委会发布首个全球海洋治理联合声明》，《中国海洋报》2016 年 11 月 16 日。

点项目。对于海洋垃圾污染，欧盟在“循环经济行动计划”框架下，响应海洋垃圾的行动计划，海洋垃圾至2020年减少至少30%。此外，欧盟还将以扩大全球海洋保护区面积为目的来督促国际社会制订“2020年前海洋空间计划”。该联合声明指出，目前只有不到3%的全球海底被开发用于人类经济活动，90%的全球海底尚未被人类探知。为了减轻人类活动对海洋的压力和可持续地开发利用海洋资源，国际社会需要进一步加大对全球海洋的研究力度和认知。为此，欧盟将深度发展欧洲海洋观测和数据网、欧盟蓝色数据网等海洋研究网络，并使得其拓展为全球范围内的海洋数据网络。

三　海洋环境跨区域治理的国际性制度框架

（一）国际海洋环境治理的制度范畴：基于全球海洋治理框架

《联合国海洋法公约》（United Nations Convention on the Law of the Sea，LOSC）作为海洋治理领域最权威的国际立法，在1982年通过后得到国际社会普遍遵循，在重新构建国际海洋秩序、完善海洋治理结构方面起着决定的作用。涉及海洋环境治理问题，《联合国海洋法公约》第十二部分“海洋环境的保护和保全”共十一节四十六条，主要包括：（1）一般规定；（2）全球性和区域性合作；（3）技术援助；（4）监测和环境影响评估；（5）防止、减少和控制海洋环境污染的国际规则和国内立法；（6）执行；（7）保障办法；（8）冰封区域；（9）责任；（10）主权豁免；（11）关于保护和保全海洋环境的其他公约所规定的义务。①

关于国际海洋环境保护的协定、条约数量较多，十分复杂。《联合国海洋法公约》对此予以整合，首先从污染源的分类着手，

---

① Bimmie. P. W and Boyle. A. E “International Law and the Environment” [M], Oxford: Placenlon Press, 1992: 303 -310.

对各种破坏海洋环境的活动，做出明确的规范。主要包括以下规定：

第一，污染防治的规定。《联合国海洋法公约》明确要求各国有环境保护的职责，并规定“各国应在适当的情形下个别或联合地采取一切符合公约的必要措施，防止、减少和控制任何来源的海洋环境污染”①。

第二，区域合作的规定。《联合国海洋法公约》要求各国应采取一切必要措施，确保在其管辖或控制下的活动不致污染其他国家的环境。提出“应在全球性的基础上或在区域性的基础上，直接或通过主管国际组织进行合作，同时考虑到区域的特点”②。

第三，污染的技术要求。《联合国海洋法公约》提出对海洋污染的技术关注、技术服务的协作问题。要求各国“应在符合其他国家权利的情形下，在实际可行范围内，尽力直接或通过各主管国际组织，用公认的方法观察、测算、估计和分析海洋环境污染的危险和影响，以便确定这些活动是否有污染海洋环境的可能性”③。

除《联合国海洋法公约》以外，国际社会还专门制定了有影响力的防止不同来源污染的国际公约，这些公约都明确提出缔约国应该履行保护海洋环境的义务，并且努力在减少、防止和控制海洋环境污染上发挥积极作用。主要包括以下公约：《油类污染损害民事责任国际公约》（1969）、《设置赔偿油类污染损害国际基金的国际公约》（1971）、《防止倾倒废物和其他物质污染海洋公约》（1972）、《国际防止船舶造成污染公约》（1973）、《油类污染防备应急和合作国际公约》（1990）、《海上运输危险和有毒物质损害责任和赔偿国际公约》（1996）、《防止倾倒废物和其他物质污染海洋

① 《联合国海洋法公约》第一百九十四条。

② 《联合国海洋法公约》第一百九十七条。

③ 《联合国海洋法公约》第二百零四条。

公约的1996年议定书》（1996）、《船用燃料油污染损害民事责任国际公约》（2001）等。这些公约大多均以国际合作的方式开展海洋环境综合治理，之后的《斯德哥尔摩宣言》作为国际环境法发展史上的重要里程碑，它的原则七就直接提出了应该采取合作行动来制止海洋污染："种类越来越多的环境问题，因为它们在范围上是地区性或全球性的，或者因为它们影响着共同的国际领域，将要求国与国之间广泛合作和国际组织采取行动以谋求共同的利益。"①

（二）区域性海洋环境治理的国际制度框架

近年来环境治理的重点是区域性海洋环境污染问题，一系列可能存在的隐患以及已经爆发的环境跨区域影响均在跨国际海域的邻近国家之间发生，典型的如1967年的"托雷·卡尼翁"号油轮事故、2010年美国墨西哥湾漏油事件、2011年日本福岛核泄漏事件等，均对区域海洋环境治理的制度建设有促进作用。虽然这些沿海国家均有一定的国内法规范和处置相关环境事件，但对于多国参与的海洋环境问题一般仍以区域海洋环境公约、双边协议或条约的方式进行协作或调处。

区域性海洋环境治理的制度建设以发达国家为引领，在以欧洲地区国家为代表的跨国家区域海洋环境治理过程中逐渐形成了以"区域公约"为主要模式的海洋环境合作治理的制度框架。发生于1967年的"托雷·卡尼翁"号油轮事故引发了一连串的国际法律问题。为解决相关法律问题，北海—东北大西洋区域的海洋国家签署了《北海油污合作协定》，其目标是使受威胁国家具备单独或共同的反应能力，通过相互通报污染情况来制定干预措施，以便这些

① See JuttaBrunnee. "The Stockholm Declaration and the Structure and Process of International Environmental Law", in Myron H. Nordquist, etal. The Stockholm Declaration and Law of the Marine Environment, MartinusNijhoff Publishers, 2003: 67.

国家可以迅速做出适当并且成本较小的反应。[①] 该协定的缺陷是对海洋环境的整体保护的关注不够。之后，北海—东北大西洋区域国家还制定了应对海洋倾倒废弃物的《奥斯陆倾倒公约》（1972）、旨在防止陆基污染源污染海洋的《巴黎公约》（1974）、《应对北海石油以及其他有害物质污染合作协议》（1983）以及保护东北大西洋海洋环境的综合性公约——《奥斯陆—巴黎公约》（1992），上述公约和法律法规制定后，该海洋区域的海洋环境治理的制度体系基本得以完善。

跨区域海洋环境公约的订立和执行需要沿海国有共同的环境利益、制度背景和执行能力，否则可能公约订立有一定难度，就算制定了制度而执行却又困难。如波罗的海六个沿岸国家缔结了《保护波罗的海海洋环境的赫尔辛基公约》进行合作共同治理波罗的海区域海洋环境污染问题。此公约设立一个实施公约的机构——波罗的海委员会，从整体性保护出发，旨在减少、防止和消除各种形式的污染。对海洋环境保护所涉及的具体问题，波罗的海委员会再通过公约附件的形式进行规制。1976 年，地中海沿岸国签署了《巴塞罗那公约》来治理多种区域的环境污染。公约对地中海沿岸各国的发展水平都进行了充分的考虑，确立了两个层次的治理框架“公约—附加议定书”制度模式，也即“综合—分立”的模式。公约在 1995 年进行修改，引入了污染者预防原则、可持续发展原则、负担原则等新内容。在框架公约达成之后，则以议定书的形式引入更为严格的义务规范。[②]

---

① 张相君：《区域海洋污染应急合作制度的利益层次化分析》，博士学位论文，厦门大学，2007 年，第 11—14 页。

② 相关议定书包括：1976 年《关于废物倾倒的议定书》、1976 年《关于紧急情况下进行合作的议定书》、1980 年《关于陆源污染的议定书》、1982 年《关于特别保护区的议定书》、1995 年《关于地中海特别保护区和生物多样性的议定书》（该议定书取代了 1982 年《关于特别保护区的议定书》）、1994 年《关于开发大陆架、海床或底土的议定书》以及 1996 年《关于危险废物（包括放射性废物）越境运输的议定书》。

与我国相关联的西北太平洋地区的跨区域海洋环境治理制度建设一直处于滞后的状态。除了前文提及的东亚海环境管理伙伴关系计划（PEMSEA）外，西北太平洋区域内各国政府的有关代表在与联合国环境规划署（UNEP）和其他联合国系统内的组织进行协商后，《西北太平洋海洋和沿海区域环境保护、管理和开发的行动计划》在1994年正式通过了，并得到了俄罗斯、日本、韩国、中国的支持。①

在东北亚区域，沿海各国之间已经签订了多个双边环境协定。具体包括：中韩签署的《中韩环境合作协定》（1993）、中日签署的《环境保护合作协定》（1994）、中俄签署的《环境合作保护协定》（1997）、中朝签署的《中朝环境合作协定》（1998）等。但是由于环境问题跨界性较为显著，所以双边协定的适用范围受到较多限制并且双边协定之间的内部协调难的问题日益严重。目前为止，东北亚地区尚未形成制度性的环境合作机制。不过，东北亚区域国家也清晰地看到环境跨区域合作的重要性，通过领导人会晤、政府间磋商等方式加强合作，在重大海洋突发污染事件、海洋垃圾防治等领域加强政府间协作。虽然因政治关系等因素影响，但现实的需求和国际社会在海洋环境治理的大背景下，东北亚区域的核心国家中国、日本、韩国正努力将把合作关系“机制化”，同时，对西北太平洋行动计划的实施将重点体现在海洋环境保护领域。

第二节 海洋环境治理的国别制度分析

海洋环境治理在各国呈现出不同的制度表达，整合、比较国外治理经验用于跨区域污染治理的治理制度化是有积极意义的。在近

① 朝鲜目前只作为观察员身份，尚未从法律程序上正式批准该区域行动计划。

一二十年中，发达国家在海洋环境管理方面有一个全面的转变，通过技术的进步，公众意识的提高，形成了反对公害与污染的社会舆论场，并取得了实质性的治理效果。各个国家通过法律制度的完善、固化而形成一种综合性的海洋环境战略，同时建立全国范围的海洋综合管理机构，使得各涉海部门明确其具体职责，实行对海洋环境管理资源进行统一调配部署，提高了治理效率。在治理主体协调上注重企业、政府和社会多元主体的作用发挥，如在环境评估技术、海洋监测、海岸与海洋工程、海洋生态保护技术和海域资源等关键技术领域的集成，海洋污染管理和研究方式趋向多学科领域、多行业方向的综合应用，也更加体现技术化、信息化和综合化的趋势[①]。

一　美国的海洋环境治理制度与经验

美国环境保护有两个制度特点，分别是强大的公众参与力量和完善的立法体系。2013 年，美国国家海洋委员会发布《国家海洋政策实施计划》，其中包括美国的海洋环境政策。美国生态环境保护立法遵循三大基本原则：第一，完善对某些特殊性质的地域、植物、动物加以特殊保护的法规体系；第二，为环境污染治理相关的所有联邦机构规定了特别职责；第三，对企业创设污染治理的规制性职责。建立对私人企业生产过程所产生的污染处置加以管理的污染规制体系。美国地方政府、区域、联邦和州都可以各自制定属于本辖区的环境保护政策目标，但是下一级政府必须制定比上一级政府要更加严苛的规定，同时四级政府之间要学会共同制定规则，互相合作，彼此之间要实行严格的监督，为达成环境保护这一目标而努力。

---

① 闫枫：《国外海洋环境保护战略对我国的启示》，《海洋开发与管理》2015 年第 7 期，第 53—56 页。

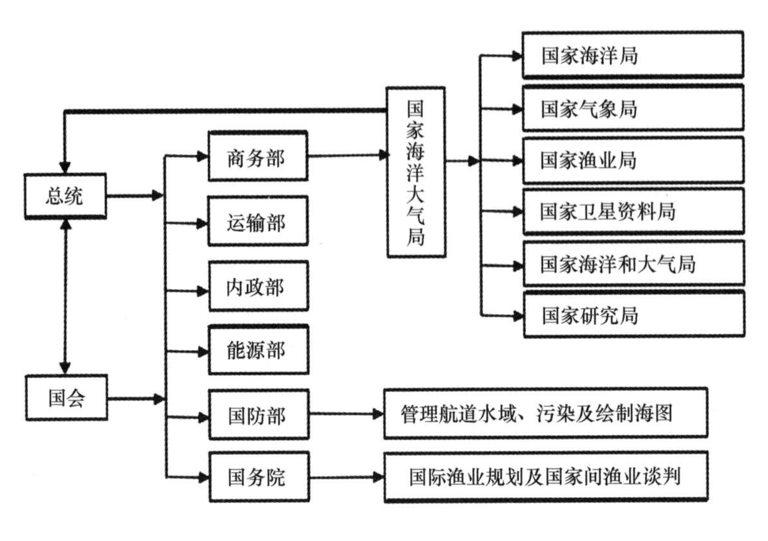

图 4—1 美国海洋管理机制图

美国联邦政府中管理海洋资源的主要部门是商务部下属的国家海洋大气局（NOAA），它不仅负责海洋事务，同时还管理下属的国家海洋局、国家渔业局等机构（见图 4—1）。作为美国海洋管理体系的一部分，美国国防部、国务院均享有一定的海洋和渔业管理权。此外，NOAA 有五个中心：国家海洋渔业服务中心、国家海洋服务中心、海洋与大气研究中心、国家天气服务中心和国家环境卫星、数据及信息服务中心，每个中心由一名助理局长分管。在海洋管理模式上，美国的制度创新值得借鉴。俄勒冈州模式是美国海洋环境治理比较成功的模式。俄勒冈州模式主张建立以政府主导，社会参与和企业合作的治理架构。州政府建立了一个海洋资源管理特别工作组，以制定俄勒冈州海洋资源管理规划为职责，制定包括海洋利用的管理规划、海洋环境污染实施计划以及近海海域权益管理规划等。这对于科学家委员会的作用非常重要。委员会作为一个常设机构，州政府还牵头成立了由国家海洋政策委员会、公民代表、地方政府、沿海海洋用户和各机构组成的海洋政策咨询委员会，其中科学家在这个委员会中起到十分重要的作用。该委员会作为一个常设机构，在通过公司联合、机构间、多学科的方法对政策合作、规定和海洋规划的方面发挥着重要作用。①

美国环境保护在海洋领域也注重于周边国家的合作并制度化。以墨西哥湾地区环境合作机制设计为例，2015 年美国和古巴签署海洋环境保护协议之后，2017 年 1 月两国又签署了两国在墨西哥湾和佛罗里达海峡预防和应对漏油以及其他潜在危害物引起的海洋污染的合作协议，加强有效管理合作，推动两国开展海洋环境保护，以此减少海洋漏油对于海洋生态系统和公共卫生造成的破坏。依据协议，两国之间建立合作计划，在佛罗里达海峡和墨西哥湾发生海洋污染事故时，立刻协调合作，采取应对措施。两国政府也做出承诺，存在发生污染的可能性或发生污染事件时及时通告，在尽力采取措施来将此类事件对环境造成的威胁降至最低，最大限度上降低对海洋环境的破坏。同时，两国间还将开展联合培训和演练，分享相关技术数据和手段，并启动报警和快速通知系统的使用。②

二　欧洲国家海洋环境治理制度与经验

欧美国家对于环境治理、海洋环境治理的普遍机制就是形成一个“立法、司法、行政”相互支撑的治理机制。首先，依靠较完善的立法体系作为执法和司法的依据。其次，司法介入环境治理。以瑞典为例，它设立了国家最高法庭来审理环保案件，不少英美法系的国家的司法部门直接依照那种程序处罚环境施害者。再次，建立较完善的环境行政执法机制，通过建立多元的管理组织，如吸收民权组织的代表、劳工、政府、工业界组成决策委员会，增强环境决

---

① 高锋：《我国东海区域的公共问题治理研究》，博士学位论文，同济大学，2007 年，第 12—13 页。

② 郭勋：《古美加强海洋环境保护合作》，《中国海洋报》2017 年 1 月 13 日。

策的科学性和民主性，在法律上确定环保执法机构的职权，提高环境管理机构的地位。最后，形成立法、司法和行政等部门相互合作机制。立法直接授予行政机关环境保护的强制权，司法部门授权行政执法部门履行一定的司法程序权，环境司法权与环境执法权实现跨部门合作等。[①]

近年来，欧洲在海洋合作领域推进迅速。欧盟陆续制定一系列规划和计划来促进海洋生态环境保护和海洋可持续发展，例如2001年启动的“波斯尼亚湾生命计划”；欧盟还推动建立了欧洲水域空间规划系统，除此之外，欧盟成立了欧洲海洋和渔业基金作为五大欧洲结构和投资基金之一。欧洲的北海、波罗的海、地中海都较为封闭，海洋污染严重、富营养化问题突出，其中地中海行动计划是当前联合国“区域海洋项目”中最早的一个之一，根据其经验可知在环境问题上开展功能性合作可以与海域管辖权问题并行不悖。欧盟认为一项区域行动计划若能包括整体规划、监测与评估、法律、制度与财政支持四个部分则更为完整，区域合作的发展应反映全球性海洋环境法的发展。另外，欧盟将《塑料战略》作为政策文件，该战略预计将在多个经济领域采取一系列具体措施，主要是监管性措施，欧盟表现出在改变全球塑料处理过程和解决全球海洋垃圾方面具有决定性的雄心。这一欧盟内部文件可能刺激各个国家采取更严格的方法，影响解决海洋垃圾的全球政策流程，并在整个供应链中实现转型。同时，《“蓝色经济”创新计划》在2014年5月8日被欧盟委员会推出。计划的推出秉承“蓝色增长”战略提出的在促进海洋资源可持续发展利用的同时，又带动就业扩大和推动经济增长。计划还基于地中海、北海、波罗的海、黑海、东北大西洋、北极圈等海域的地理环境、社会经济发展潜力和地理环境分析，展望

---

① 郭瑞雁：《外国环境治理经验及其对中国的启示》，《山西高等学校社会科学学报》2008年第7期，第44—47页。

了各海区重点开展的经济活动的未来。但不可忽视的是，蓝色经济发展也面临着重重困难，和沿海国家共同面临着海洋酸化的问题一样，这一问题只有加强国家之间的合作才能解决。此外还要倚靠国际合作来进行一些基础研究，如北半球发达国家间通过“地平线2020”的支持，促使了欧盟海洋科技领域国际合作的广度和深度不断加强，成员国共同为海洋研究项目提供信息，分享研究成果。[①]

波罗的海地区是欧洲国家在跨区域海洋环境治理的合作上做得最好的，该区域沿海国家经济发展状况大体相近，沿海国通过了《保护波罗的海行动计划》，对相关国家提出了减少氮、磷等化学物质排放到波罗的海的要求。沿海国还通过保护波罗的海的若干国际条例、国家协议和行动计划。其中芬兰对于本国及区域性海洋环境保护的体制机制设计比较完善，如该国自 1995 年开始，将过去分立的空气保护和水源保护机构合并，13 个地区环保中心由此组成，同时成立由专家组成的国家环保中心，负责监测全国的环境状况[②]，建立了区域监测、中央监测统一的立体式环境管理体系。

在众多欧盟国家中，以德国为代表的国家对海洋环境的内部治理和外部合作十分重视，不仅制定了一系列海洋保护相关的国家战略，还与欧盟在海洋保护战略上的内容密切关联，与此同时，注重在相关领域开展区域和国际合作。德国与相关缔约国就减少有害物排放、提高航运安全以及将海面划定为特别保护区等问题进行谈判，提出在波罗的海和北海区域划定保护区，设立海域保护区以保护典型海洋生态系统和海洋生物多样性资源，并且在专属经济区严格按照欧盟海洋保护标准进行保护。

---

① 刘堃、刘容子：《欧盟“蓝色经济”创新计划对我国的启示》，《海洋开发与管理》2015 年第 1 期，第 64—68 页。

② 刘霜等：《芬兰湾海洋环境保护与管理及其对我国的启示》，《海洋开发与管理》2012 年第 3 期，第 79—86 页。

三 日本、韩国海洋环境治理制度与经验

日本由于国家地理的特殊性对海洋依赖性极大。日本十分重视对海洋环境治理研究和管理以及国际合作的推进，掌握了最新的国际和区域海洋技术和海洋信息，为日本政府开展系统性的海洋环境治理措施提供技术支持，并制定海洋战略规划和海洋环境的政策建议。[①] 日本的海洋行政管理体制也在逐渐完善。2001 年，日本政府进行了大规模的行政机构缩编改革，与海洋有关的省厅经过重组合并后，主要由内阁官房、国土交通省、文部科学省、农林水产省、经济产业省、环境省、外务省、防卫省等 8 个行政部门承担。[②] 除了政府管理部门之外，日本政府内部还设有以下专门的协调机构，统筹协调各省厅海洋管理部门间的政策推进情况，并制定相关海洋开发规划，包括：海洋权益相关阁僚会、海洋开发审议会、大陆架调查及海洋资源协议会。日本的这种松散型管理体制制约了日本海洋事业的发展，2007 年，日本政府宣布正式实施《海洋基本法》，同时成立以首相安倍晋三为本部长的海洋政策本部，这标志着日本已经基本完成了向海洋大国迈进的立法、机构设置和人员配置等基础工作。

基于《联合国海洋法公约》的框架，较为完善的海洋法律体系在日本逐渐建立。《联合国海洋法公约》于 1996 年生效，此后，日本在海洋环境保护领域先后颁布了《养护及管理海洋生物资源法》，修订和完善了《无人海洋岛的利用与保护管理规定》《海岸带管理暂行规定》《防止海洋污染和海上灾害法》以及《核废料污染法》

---

① 闫枫：《国外海洋环境保护战略对我国的启示》，《海洋开发与管理》2015 年第 7 期，第 98—102 页。

② 姜雅：《日本的海洋管理体制及其发展趋势》，《国土资源情报》2010 年第 2 期，第 7—10 页。

等法律法规。[①] 日本先后建立了700个检测点来加强环境调查与监测的投资，成立环境保护协会以及“濑户内海水质监测研究会”。期间，政府发挥主导作用，积极切断污染源头，将污染工厂逐渐搬离濑户内海沿岸，建立国家生态保护区，减少填海造地面积。[②]

日本的濑户内海海洋治理经验值得借鉴。其主要做法包括：其一，完善制度体系。制定健全海洋管理体制，制定区域性法律《濑户环境保护临时措施法》，加强立法强化区域性海洋管理。其二，推进社会参与。发动社会各界参与保护濑户内海，由渔业联合会、府县市联合会、卫生自治团体等各类民间团体组成了濑户内海环境保护协会。其三，完善治理机制。由市长和知事参加的环境保护工作会议制度，定期开例会，开展区域环境调查和监测等的组织结构在濑户内海沿海的各府县和各市建立。[③]

近年来，为了合理利用海洋，规范海洋资源开发，韩国制定了各类海洋资源开发利用方面的法律（见表4—1），为海洋各产业健康发展提供法律保障和依据。

表4—1　　韩国颁布的海洋环境和资源法律

年份	法律
1999	《沿岸管理法》
2000	《渔场管理法》
2002	《渔业培育法》
2004	《南极活动和环境保护法》

---

① 杨洁、黄硕琳：《日本海洋立法新发展及其对我国的影响》，《上海海洋大学学报》2012年第2期，第265—271页。

② 李春雨、刁榴：《日本的环境治理及其借鉴与启示》，《学习与探索》2009年第8期，第164—168页。

③ 高锋：《我国东海区域的公共问题治理研究》，博士学位论文，同济大学，2007年，第12—13页。

续表

年份	法律
2005	《渔村和渔港法》《独岛持续利用法》
2006	《海洋生态系统保护和管理法》
2007	《海洋环境管理法》《海洋深层水开发和管理法》《船舶压舱水管理法》《水产动物疾病管理法》《远洋产业发展法》（2019 年修订）
2008	《水产资源管理法》（2019 年修订）
2009	《农林水产食品科学技术培育法》
2013	《海洋生命资源的获取、管理和利用法》《海洋矿产资源开发法》《海外资源开发事业法》
2018	《海洋空间规划和管理法》、《关于海滩的使用和管理法》 修订
2019	《渔业和渔村发展基本法》 修订、《渔业资源管理法》 修订、《海洋和渔业发展基本法》 修订、《海洋环境保护与利用法》 修订
2020	2020《关于海洋生物资源的安全，管理和使用等法》、《盐业促进法》、《南极活动和环境保护法》、《海洋环境管理法》、《海洋渔业科学技术促进法》、《海洋生态系统保护和管理法》 和《支持渔村专业发展特别法》 等法律的修订

另一方面，韩国制定并实施了一系列的国家规划来促进各类海洋资源的开发利用，例如：《环境管理海域环境管理基本规划》《沿岸综合管理规划》《海洋生态系统保护和管理基本规划》《海洋环境管理综合规划》《独岛可持续开发基本规划》《沿岸整治基本规划》《海洋深层水基本规划》《沿岸湿地保护基础规划》《无人岛屿综合管理规划》《废弃物海洋收集和处理规划》 等。这一系列的规划不独立且相互关联，并随着不同时期、根据不同情况修改甚至重新制定，以达到与海洋环境的变化相适应的目的。[①]

① 丁娟、朱贤姬、王泉斌、张志卫：《中韩海洋资源开发利用政策比较及启示研究》，《海洋开发与管理》2015 年第 6 期，第 26—29 页。

第三节　海洋环境跨区域治理的制度比较分析

海洋环境跨区域治理的模式与制度是相互依存的，模式的确立需要制度的支持，而制度的设计也需要治理模式框架内确定。世界范围内海域状况不同、海洋周边国家经济文化历史发展也不一样，必然存在全球海洋环境治理的模式不统一性，制度差别性。我国的海洋环境治理是以中央集权制的国家体制为支持，与美国等联邦制国家有一定的区别。同样世界范围内的区域海洋，环境治理模式和制度也有一定区别。进行相应的比较，有助于形成一定的制度设计认同、理念和经验的借鉴，提升治理的效果。

一　治理模式比较

按照地理单元设置，海洋环境的跨区域治理可以分为两大类四小类，即属于我国国内管辖和跨国界的海洋环境治理两大类，其海洋跨区域治理又分为跨功能区域、跨行政区域环境治理两类，跨国界的又分为跨“区域海”的环境治理、“区域海”模式的环境治理。因环境治理属于社会公共事务，故国家治理范畴包含了环境治理，由政府主导的治理框架契合于治理的要求。因此，在治理模式上，“区域海”模式下的环境治理、国内的海洋环境治理均可采用根据“综合+分立”治理模式或整体性治理理念的“综合”治理模式，而跨国界且无法形成集体治理行动的跨“区域海”环境治理，则应采用“分立”治理模式，但因海洋环境治理需要全球行动的一致性和利益的统一性，其治理基础仍应是整体性治理（见表4—2）。

表 4—2　　　海洋环境跨区域治理的各类型治理模式比较

	区域范围	区域类型	治理理论基础	治理模式
海洋环境跨区域治理模式	国内	跨行政区	整体性治理	综合、综合 + 分立
		跨功能区	整体性治理	综合、综合 + 分立
	跨国界	“区域海”	整体性治理	综合、综合 + 分立
		跨“区域海”	整体性治理	分立

二　治理制度比较

海洋环境跨区域治理的制度化也应在模式选择和行为逻辑的基础上，形成以公约、条约、国内立法等表现形式。但是制度化是一个十分复杂的问题，体现在由于跨区域治理还存在国家管辖海域的环境治理制度问题以及存在和国际性的海洋治理制度的统一或冲突，制度的比较也是环境治理制度化的重要途径。

其一，比较全球海洋环境治理与跨国界的区域海洋环境治理制度的区别。全球性的环境治理较多兼顾所有海洋国家共同适用的规则，更多考虑治理的原则性。如《联合国海洋法公约》第一百九十四条表明：“各国应在适当的情形下个别或联合地采取一切符合公约的必要措施，防止、减少和控制任何来源的海洋环境污染。并应采取一切必要措施，确保在其管辖或控制下的活动不致污染其他国家的环境。”这类公约可为其他多边条约的签署做指引，但难以作为具体管理的参照。而跨国界的区域海洋环境治理的制度形成的区域性的双边或多边公约，因考虑具体参与国的环境利益考量，往往比较具体、可行。

其二，比较全球性海洋环境治理与国内跨区域环境治理的制度的区别。以《联合国海洋法公约》为基础的全球性海洋环境治理尽管在跨区域治理领域也强调“合作”，考虑相关各方的利益平衡，但很难通过国际条约方式直接穷尽任何海洋环境治理的情形。国内更多以本国的跨区域各方的利益统筹为主，其次再考虑立法规制海洋环境的跨区域治理。之所以制度的设计仍兼顾海洋环境和陆域区域环境的关系，通过陆地环境或陆海统筹治理的思维进行管理，是因国内的海洋污染来源主要来自陆源。[①] 针对跨区域治理的海洋制度导向是一致的，因为身为多数海洋公约和协定的参与国，沿海国家的海洋环境立法必须依照国际公约的规则制定。

其三，比较跨国界的区域海洋环境治理与国内跨区域环境治理的制度的区别。以上两种情形的跨区域治理制度通常是同时存在的，有可能同时存在于一个海域之中，如东海既涉及沿海省市之间的跨行政区治理，也涉及与韩国、日本的国家间关系。但联合国所确定的 18 个“区域海”范围确不止于类似于东海这么狭小。因此，实际上的“区域海”与联合国目前的区域海计划有所区别，但可以统称为“区域海”模式，主要的治理逻辑均可基于共同的生态系统或利益取向的趋同化。跨国界的区域海洋环境治理一般可分为跨“区域海”治理模式和“区域海”治理模式。其中有关“区域海”治理模式的逻辑框架与国内跨区域环境治理的逻辑是一致的，区别在于前者是基于多方协商基础上以公约或条约的方式构建制度框架，而后者则在统一政府框架下的立法方式确定。

三　对我国的启示

比较与海洋发达国家的治理和国际环境治理制度，我国在跨区域海洋环境治理方面的制度化进程和治理模式仍较为落后。主要体现在国内海洋环境管理体制尚未健全、跨区域海洋治理的制度可操作性差、参与与主导跨国界环境治理的意识不足等。通过比较国内外环境治理制度和模式，有以下几个方面可资借鉴。

---

① 《2017 东海区海洋环境公报》以及其他海域海洋环境报告表明，陆源污染是我国近海海洋环境问题的主要影响因素。

第一，强化立法加强海洋区域性管理。以韩国、美国对海洋环境的治理方式为借鉴，细化国内跨区域的海洋环境治理的制度，并运用立法的方式理顺目前我国区域海洋管理的体制问题，设定中央及地方对于跨区域的近海海域的具体权力清单和管辖权限。将陆域的跨区域合作的相关做法与海洋跨区域治理行动有机联系，并进行制度固化。

第二，强调以海洋环境治理的国家治理为基础，寻求建立海洋治理的新型框架。以日本濑户内海的治理方式为借鉴，组成多方合作的公益法人组织和环境保护协会，动员社会各界参与保护国内跨区域海洋治理，成立类似渔业联合会等各类民间团体等，为使海洋治理和陆源治理的跨区域有机结合统一，参与和监督近海岸的海洋环境治理问题。

第三，强化跨国界区域海洋的合作主动权。一方面，与周边邻近的海洋国家就海洋环境问题主动协商设计相应的制度框架，获得跨区域海洋管理的主动权，如德国的海洋国际合作模式；另一方面，在国际海洋管理的规则设计方面不断研究，从大国视角提出相关合作方案，引领国际海洋环境治理规则的修订，获得海洋治理领域的主动权。

第五章

海洋环境跨行政区域治理的
模式与分析

第一节　海洋环境跨行政区域治理现状

一　跨行政区域海洋环境污染的表现

随着沿海区域间贸易流通的急剧上升，以及各沿海城市“向海经济”的发展，利用海洋的频率越来越高，航运贸易、海洋旅游、海岛开发、海上养殖等海洋经济形式不断出现，这种现象使沿海城市表现出活跃的海洋经济态势，也体现出人类利用海洋的能力在不断提升，根据《2019 年中国海洋经济统计公报》显示，2019 年全国海洋生产总值 89415 亿元，比上 年增长 6.2%，海洋生产总值占国内生产总值的比重为 9.0%，占沿海地区生产总值的比重为 17.1%。然而，人类在向海洋索取的同时，由于一些企业或个人不合理的利用海洋，导致海洋环境遭到严重破坏，突出表现为赤潮、海岸侵蚀、海洋溢油、渔业资源过度捕捞、不适当的围填海造成的海洋生态破坏等等。近年来，我国推进海洋生态文明建设，构建了多项海洋环境治理长效机制，治理成效逐渐显现，《2019 年海洋生态环境状况公报》显示，2019 年，我国海洋环境质量持续改善，全国近岸海域水质改善明显，优良水质面积比例提高 5.3 个百分点；渤海综合治理成效显著，近岸海域优良水质比例同比上升 12.5 个百分点，劣Ⅳ类水质比例同比减少 3.7 个百分点；入海河流水质不断提升，劣Ⅴ类水质断面比例同比下降 10.7 个百分点。2019 年，我国发现赤潮 38 次，累计海域 1991 平方千米，均有不同程度减少，东海海域发现赤潮数量多面积大，分别是 31 次和 1974 平方千米。四大海区中，受纳污水排放量最多的是东海，其次是南海和黄海，渤海最少。各项主要污染物中，除六价铬、总磷、铅和镉外，东海的受纳量均最大。沿海各省（自治区、直辖市）中，福建直排海污染源污水排放量最大，其次是浙江。具体而言，海洋污染海域主要分布在辽东湾、渤海湾、江苏沿岸、长江口、杭州湾、浙江沿岸、珠江口等近岸区域。9 个重要河口海湾中，胶州湾和北部湾水质良好，辽东湾水质一般，渤海湾、黄河口和闽江口水质差，长江口、杭州湾和珠江口水质极差。我国河口、湾区等典型海洋生态系统中，处于健康状态的是南沙、广西北海，处于亚健康状态的是鸭绿江口、双台子河口、滦河口—北戴河、黄河口、长江口、闽江口、珠江口、渤海湾、胶州湾、闽东沿岸、大亚湾、北部湾、苏北浅滩、海南东海岸，处于不健康状态的是杭州湾。可见，海洋生态环境治理特别是跨区域海域、经济发达地区的海域受到环境影响因素众多，生态状况仍不太乐观。

目前我国海洋污染来看，主要表现为以下几个方面：

（一）船舶污染

船舶在停靠期间和运作过程中，不可避免地直接或间接地把一些物质或能量引入海洋，造成不同程度的海洋污染，以至于破坏海洋生态，损害海洋资源，危及人类健康。因此，船舶污染可界定为因船舶操纵、海上事故及经由船舶进行海上倾倒致使各类有害物质进入海洋，海洋生态系统平衡遭到破坏。船舶污染表现为以下几个特征：（1）经由船舶将各类污染物质引入海洋。（2）污染物质进入海洋是由于人为因素而不是自然因素，也就是说，污染行为在主观上表现为人的故意或过失，如洗舱污水、机舱污水未经处理排入海洋。（3）污染物进入海洋后，造成或可能造成海洋生态系统的破坏。[①] 2007—2016年我国沿海0.1吨以上船舶污染事故238起，总泄漏量5883吨（部分数据见表5—1）。这些船舶事故不仅对海洋养殖渔业直接造成严重损害，而且还对区域生态环境产生恶劣影响。

我国船舶污染主要表现为：（1）船舶操作污染源，这种污染的产生主要是船舶工作人员在操作过程中，因操作不当或设备系统损坏导致污染源意外排放或故意排放。如船上的生活用水排放、洗舱水的污染、垃圾物的污染，这些污染源直接排放入海洋，将严重影响海洋生物的生产和繁殖，破坏海洋资源。（2）海上事故污染源，船舶由于发生碰撞、搁浅、触礁等海上事故，造成燃油外溢、油舱由于事故破裂造成的渗漏对海洋造成的污染。这种污染对海洋环境及沿岸经济的破坏是不可估量的。（3）船舶倾倒污染源，这种污染源的产生是由于船舶故意地将陆地工厂所产生的生产废料、生活垃圾、清理被污染的航道河道所产生的带有污染物质的污泥污水，倾倒入海洋。[②]

表5—1　　　　我国历年船舶污染事故统计

年份	船舶污染事故（起）	总泄漏量（吨）	事故主要发生水域	备注
2016	0.1吨以上船舶污染事故10起	11.96	渤海、长江口等水域	全年共15起
2015	0.1吨以上船舶污染事故8起	190	渤海、黄海西部、宁波等水域	

① 徐帮学、袁飞主编：《生命之水在哪里》，北京燕山出版社2011年版，第129页。
② 同上。

续表

年份	船舶污染事故（起）	总泄漏量（吨）	事故主要发生水域	备注
2014	0.1吨以上船舶污染事故11起	0.162	长江口、渤海湾水域	全年共26起，总泄漏量约为35吨
2013	0.1吨以上船舶污染事故19起	881.63		
2012	水上船舶污染事故40起	334.935		
2011	0.1吨以上船舶污染事故30起	196.73	环渤海以及长三角水域	全年共53起
2010	0.1吨以上船舶污染事故38起	1964.983		
2009	0.1吨以上船舶污染事故23起	1250		

资料来源：2009—2016年近岸海域环境质量公报。

（二）工业企业污染

随着我国工业经济的发展以及工业区与生活区的分离，很多工业企业移入沿海地区，一些污染较大的企业对工业垃圾未经处理直接入海，工业企业对海洋的污染主要表现在：（1）与海相通的河流两岸的造纸厂、化工厂等利用河道排放污水而流入海洋。（2）含有污染物质的工业垃圾、生活垃圾倾倒河岸或河道，随河水或涨落潮流入海洋。例如，2013年11月22日3时，青岛市经济开发区的中石化输油储运公司输油管线发生破裂，造成原油泄漏。事件发生后，企业于3时15分关闭输油，泄漏原油沿雨水管线进入胶州湾边的港池。22日10时左右，雨水管道内原油发生爆炸，造成海面原油燃烧，将两道围油栏烧毁。事发后，青岛市成立应急指挥部，在海面重新布设3道围油栏，组织打捞入海原油，并及时开展了应急监测工作。此次事件造成大约1万平方米的海面污染，累计收集含油废水约100吨，废吸油毡71吨。这些入海的工业垃圾或企业不恰当运作造成的泄油对区域内的养殖户造成了极大的损害，造成大面积海洋生物资源的破坏，直接表现为赤潮发生频率的增加，海水水质的标准度降低。

（三）不合理的海洋开发和海洋工程兴建

我国曾在20世纪50年代和80年代分别掀起了围海造田和发展养虾业两次大规模围海建设热潮，使沿海自然滩涂湿地总面积缩减了约一半。其后果是滩涂湿地的自然景观遭到了严重破坏，重要经济鱼类、虾、蟹、贝类生息繁衍场所消失，许多珍稀濒危野生动植物绝迹，而且大大降低了滩涂湿地调节气候、储水分洪、抵御风暴潮及护岸保田等能力。如2011年3月由于唐山湾国际旅游岛的吹填工程挖沙船施工影响，造成石油类污染，导致唐山市乐亭王滩镇浅水湾以北池塘养殖海参死亡。

总之，我国近年来发生的海洋污染事故多因船舶、工业企业排放、海洋一切等原因引起，对海洋生态和自然资源的损害日益加剧（表5—2）。这些事故多数属跨区域状态，需通过协同治理的模式合作推动海洋环境治理的有效性。

表5—2　　我国近年来发生的主要海洋污染事故

序号	海洋污染事故
1	2016年7月，广西壮族自治区钦州外海浅海养殖区发生渔业污染事故，造成钝缀锦蛤、缢蛏、象皮螺大量死亡，污染面积达1333.3公顷，经济损失达1000万元。
2	2015年，在福建福州罗源湾网箱养殖区，因“JASMIN JOY”船油泄漏，造成鲍鱼等养殖生物死亡约300吨，经济损失达1300万元。
3	2013年，在山东日照北部山海天养殖区，因港口施工倾废污染，造成贻贝、扇贝、牡蛎、海参等死亡约20万吨，经济损失达15574万元。

续表

序号	海洋污染事故
4	2013 年 3 月，在东海因“达飞佛罗里达”轮碰撞发生溢油事故，污染面积达上千平方千米，致使鱼、虾、头足类等幼体死亡，造成重大经济损失。
5	2012 年 1 月，“大庆 75”轮在渤海中部海域，因发生碰撞事故导致溢油，致使烟台北部 10 个县市区管辖海域发生油污染，污染面积约 1.23 平方千米，造成人工养殖、天然渔业资源损失约 5000 万元。
6	2012 年 3 月，新加坡籍“BARELI”集装箱船搁浅，造成海洋渔业生态环境污染事故，对福建莆田、平潭等地的龙须菜、海带、鲍鱼、海参等养殖业带来严重影响，初步估算造成经济损失约 3562.3 万元。
7	2011 年 3 月，因唐山湾国际旅游岛吹填工程挖沙船施工影响，造成石油类污染，导致唐山市乐亭王滩镇浅水湾以北池塘发生养殖海参死亡，造成经济损失约 973.5 万元。
8	2011 年 6 月 4 日，渤海海域发生了蓬莱 19—3 油田溢油事故，造成 6200 平方千米海面遭受污染，劣四类水质海面超过 870 平方千米，致使渤海域天然渔业资源受到了严重破坏，对沿岸海水养殖生产造成了严重影响。
9	2011 年 6 月 4 日—5 日，福建省长乐市松下镇大祉村海域，受未经处理养猪废水影响，致使养殖文蛤大量死亡，造成经济损失约 1200 万元。
10	2010 年 2 月 5 日，烟台长岛海域发生油污染事件，长岛县 32 个岛屿和 146 千米海岸线均遭受不同程度污染，污染面积约 13000 公顷，对海水养殖造成巨大经济损失。
11	2010 年 3 月 4 日，广东珠海桂山锚地发生货轮甲醇泄漏事故。
12	2010 年 4 月 12 日，澳门机场东南海域发生货轮乙烯焦油泄漏事故。
13	2010 年 7 月 16 日，大连新港海域发生溢油爆炸事故，对大连市近岸海域造成了大面积石油类污染，海洋渔业受影响范围超过 80000 公顷，天然渔业资源总经济损失超过 6000 万元。
14	2009 年 1 月 6 日，受浙江省宁波市红胜海塘工程建设龙口合龙施工影响，导致奉化海水网箱养殖户养殖鱼类死亡，养殖产量减少，直接经济损失 213.7 万元。
15	2009 年 4 月 8 日，在连云港以东海域发生中国籍油轮“利华 6 号”与巴拿马籍集装箱轮“EVER RESULT”碰撞事故，约 40 吨燃油泄漏入海。

续表

序号	海洋污染事故
16	2009 年 5 月 2 日，威海刘公岛附近海域一艘伊朗 25768 吨级的“AFFLATUS”货轮与一艘 2800 吨级的“WENYUAN”货船发生碰撞事故，“WENYUAN”货船沉没，舱内所载燃油大量外泄，造成威海周边约 50.59 平方千米渔业海域的天然渔业资源遭受大量损失，总经济损失 251.92 万元。
17	2009 年 5 月 7 日，在温州外海发生“DESH RAKSHAK”与“闽龙渔 2802”船碰撞事故，约 41.3 吨柴油泄漏，造成温州外海海域较大面积污染。事故发生在鱼、虾、蟹的产卵季节，造成鱼卵的损失量约为 33000 万个，仔鱼的损失量为 102894 万尾，幼鱼的损失量为 15.7 万尾。

资料来源：2009—2016 年近岸海域环境质量公报。

二　跨行政区域海洋环境管理的现状

（一）跨行政区域海洋环境管理机制

西方经济学家依据环境外部性问题，提出了三种环境治理机制的理论：市场失灵与政府规制、产权理论与排污权交易、自主治理等理论，由此形成了环境治理的三种机制，即行政调整机制（或称国家机制、政府机制）、市场调整机制、社会调整机制。[①] 现实中，我国环境跨行政区域治理主要采用政府主导机制，充分发挥政府强大行政权力的执行效率，调整地方政府环境治理间的问题。近年来我国在跨行政区域环境管理中取得了很好的成就，主要在流域水环境管理、大气污染环境管理上，比如我国已经建立了长江流域跨行政区域合作治理机制、珠江流域跨行政区域治理协调机制以及京津冀大气污染协同治理机制等，这些跨行政区域环境管理大多是中央统一协调或形成跨省域的政府合作机制，如浙江省建立了跨地级市的河流管理机制。这些管理机制对有效保护环境起到很好的作用，

① 欧阳帆：《中国环境跨域治理研究》，首都师范大学出版社 2014 年版，第 64 页。

也为我国跨区域海洋环境治理提供很好的政策借鉴。在海洋环境治理领域，目前也初步建立起了中央统一协调机制和地方政府跨域管理机制、地方政府自发合作机制，但是相关的操作程序仍不完善。

1. 中央统一协调管理机制

在科层治理理论中，中央政府是国家治理的绝对性权威，是制度执行力的有效保障。因此，由中央政府统一协调相关问题，往往能够起到很好的效果，如目前我国正在实行的京津冀大气污染协调机制就是中央发挥协调者的作用，对大气进行综合性治理。在海洋环境领域，中央作为一级政府，其对海洋环境管理具有首要责任，2018 年的机构改革也是出于对环境的有效保护，成立了生态环境部，强化中央政府在环境保护中的作用。目前，我国中央统一协调机制主要体现在三个方面：一是国家通过制定法律来统一协调；二是制定跨区域的规划来统一协调治理；三是生态环境部的统一行政监督。

我国法律中对海洋环境跨行政区域管理有一些“柔性”规定，如 2014 年修订的《环境保护法》第二十条规定：“国家建立跨行政区域的重点区域、流域环境污染和生态破坏联合防治协调机制，实行统一规划、统一标准、统一监测、统一的防治措施。前款规定以外的跨行政区域的环境污染和生态破坏的防治，由上级人民政府协调解决，或者由有关地方人民政府协商解决。”2017 年 11 月修订的《海洋环境保护法》第九条规定：“跨区域的海洋环境保护工作，由有关沿海地方人民政府协商解决，或者由上级人民政府协调解决。跨部门的重大海洋环境保护工作，由国务院环境保护行政主管部门协调；协调未能解决的，由国务院作出决定。”与此同时，《渔业法》《规划环境影响评价条例》等法律法规也有所涉及。这些规定为跨行政区域治理起到很好的引领效果，但是“柔法”也存在一些问题，例如，如何具体开展跨行政区域治理，地方政府之间如何建立合作机制，权利与义务如何分担；协调如何开展，各主体责任方的权利和义务也没有规定；对跨行政区域海洋环境污染的责任认定方面也没有具体规定，导致追究相关单位和个人法律责任的依据缺失。

中央政府以及有关部门制定了有关海洋环境跨行政区域治理的一些整体规划，统筹行政区之间的海洋环境政策、海洋产业布局、海洋生态红线等，从整体上确保其海洋环境管理工作能够相互衔接。2017 年 5 月国家发展改革委、国家海洋局联合编制的《全国海洋经济发展“十三五”规划》提出：“加强泛珠三角区域海洋污染防治，完善跨区域协作和联防机制。”可以看出，中央政府以及有关部委对重点海域跨行政区域海洋环境治理开始有一定认识，但规划是宏观目标为主，实际可操作的内容并不多。同时，如何进行部门间的统筹协调，人财物等方面对其有怎样的支持和保障都没有具体的规定，导致规划内容无法落地。

2018 年我国开展了政府机构改革，成立了生态环境部，其职责更加明确化，在已公布的生态环境部的职责就有：“牵头协调重特大环境污染事故和生态破坏事件的调查处理，指导协调地方政府重特大突发环境事件的应急、预警工作，协调解决有关跨区域环境污染纠纷，统筹协调国家重点流域、区域、海域污染防治工作，指导、协调和监督海洋环境保护工作。”可见，生态环境部代表中央对重点海域污染防治和监督有重大职责。2016 年 12 月国务院批准同意《海洋督察方案》，按照《方案》的部署和要求，国家海洋局将健全完善国家海洋督察工作领导机制，成立全国海洋督察委员会，负责组织开展海洋督察工作。2017 年国家海洋局组建了第一批国家海洋督察组先期进驻辽宁、海南，开展以围填海专项督察为重点的海洋督察，重点查摆、解决围填海管理方面存在的“失序、失度、失衡”等问题。到 2019 年止，国家海洋督察组已对所有省市开展了专项督查，起到了很好的效果，对海洋环境治理起到积极作用。

2. 地方政府跨域管理机制

从目前的法律和规划来看，国家对海洋环境跨行政区域有了相对明确的要求，尽管这种制度相对柔性，有些还是缺乏操作的可行性，但是地方跨行政区域治理已经成为一种趋势和现实需要。对照水域和大气跨行政区域的环境治理来看，目前主要采取两种模式：设置相对宽松的多省市（部）参加的协调机制和由省级海洋行政主管部门协调的多个地级市参与的管理机构。

多省市（部）协调机制。这种管理模式是相对比较宽松的，组建协调小组或联席会议，但由于协调小组的参与方是各省市的主要负责人，能够对区域内的海洋环境问题作出重大协调。同时，这些机构也往往会设置固定性的协调机制，落实重大问题。这种模式具体又分两种形式：一种是省市参加的协调形式，另一种是省部联席的协调形式。2001 年首届苏浙沪合作与发展座谈会召开，会议提出要加强长三角区域生态环境治理合作，开展东海近海海域环境保护治理。2007 年在长沙召开的第四次泛珠三角会议第四次会议原则通过了《泛珠三角区域跨界环境污染纠纷行政处理办法》。这是典型的省市参与协调机制，有助于有关方直接对话，处理一些敏感性问题。2009 年渤海环境保护省部联席会议第一次会议召开，会议就当年渤海环境保护工作的重要问题及主要任务开展工作，并达成共识。[①] 这是典型的省部联席机制，对重大区域性海洋环境污染事件发生，中央生态环境部门所发挥的综合协调作用是最为显著的。但是这种形式往往是事后防范或事后处理，而且部门的职权也容易交叉，因此不适用于平时的督查和防范。

---

① 茹媛媛：《渤海、长三角及泛珠三角三大区域海洋环境污染合作治理现状与比较分析》，《环北部湾高校研究生海洋论坛论文集》2013 年，第 716 页。

省级政府管理机制。对于省级政府海洋环境管理上，各地区作出了一些尝试，如《浙江省海洋环境保护条例》（2017 年修订）第七条规定：“省人民政府应当加强与相邻沿海省、直辖市人民政府和国家有关机构的合作，共同做好长江三角洲近海海域及浙闽相邻海域海洋环境保护与生态建设。行使海洋环境监督管理权的部门根据本省与相邻省、直辖市的合作要求，建立海洋环境保护区域合作组织，做好海洋环境污染防治、海洋生态建设与修复工作。”这些规定从原则上规定了处理跨省级行政区域问题的协调机制。但是对一些具体的海洋环境事务往往落实到地级市层面，由于各地级市以自身利益为出发点，对跨区域海洋环境污染往往是“视而不见”，这就需要省一级层面制定相关条例以及牵头协调各种关系。《浙江省海洋环境保护条例》对沿海各地区在跨行政区域管理上作出一些具体性规定，如对海洋功能区、海洋环境保护规划制定等，还提出“沿海市、县人民政府应当建立重点海域海洋环境保护协调机制，做好海洋环境污染防治、海洋生态保护与修复工作。”这些规定从制度上保障了海洋环境跨行政区域治理的实施。《浙江省海洋生态保护“十三五”规划》还就省级层面构筑全省海洋环境保护机制做了探索，如浙江、海南等省份还探索建立“湾长制”“滩长制”“海洋生态补偿机制”，对区域范围的海洋环境保护实行责任制形式加以规定实施。可以看到，在地方政府的海洋环境跨行政区域管理实践中，各级地方政府进行了积极的制度创新和探索，根据地方发展的实际情况，以及海洋环境管理的实际需求，探索出了许多富有成效且符合因地制宜原则的制度或机制。

3. 地方政府自发合作机制

随着区域经济的快速发展，海洋环境合作日益成为区域合作的一个重要组成部分，沿海地方政府之间逐渐自发性地寻求海洋环境治理合作。大体上看，沿海地方政府现阶段的合作方式主要有召开合作会议制定海洋环境合作协议、制定区域海洋环境保护规划、实施区域海洋环境生态补偿机制以及区域内海上环境联动机制。

召开合作会议制定海洋环境合作协议。早在20世纪70年代，渤海湾三省一市就成立协作组对渤海环境的污染状况进行联合调查。2002年苏浙沪海洋主管部门首次就长三角海洋生态环境保护合作事宜进行商榷和研讨。2004年11月苏浙沪海洋主管部门签订了《苏浙沪长三角海洋生态环境保护与建设合作协议》，成立了长三角"海洋生态环境建设工程行动计划领导小组"。2004年成立的泛珠三角区域环境保护合作联席会议经常就海洋环境进行协调处理。

制定区域海洋环境保护规划。2001年国务院批准了由国家环保局、国家海洋局等部位以及天津、河北等四省市联合制定的"渤海碧海行动计划"。2009年国务院批准了《渤海环境保护总体规划(2008—2020)》，同时为更好推进该规划实施，同意建立由渤海周围省市及国家部委共同组成的渤海环境保护省部际会议制度。2007年苏浙沪政府合作修订完成《长三角近海海洋生态环境建设行动纲要》。2006年，环保总局正式启动了长江口及毗邻海域碧海行动计划。2018年7月生态环境部召开会议，审议通过《渤海综合治理攻坚战行动计划》。

区域内海上环境联动机制。2006年渤海三省一市交通部直属海事局签订了《渤海海域船舶污染应急联动协作备忘录》，环渤海各海事机构将会联动应对辖区范围内的船舶污染事故，为海上船舶污染的防治起到积极作用。2012年，苏浙沪边防总队召开海上勤务协作会议，推动长三角地区的海上联合执法活动。2019年《长三角区域一体化发展规划纲要》提出"健全区域环境治理联动机制""创新跨区域联合监管模式""建立重点区域环境风险应急统一管理平台""探索建立跨行政区生态环境基础设施建设和运营管理的协调机制"等等。

（二）目前海洋环境管理中的缺失

1. 地方政府在海洋环境治理中的责任不明确

由于海水的流动性，面对跨界海洋污染时，污染原因复杂，责任主体以及主体之间责任分担等问题往往难以确定，从而导致各级政府相互之间推诿，到最后无人负责，这显然不利于跨界海洋环境污染的治理。另外，地方政府之间缺乏有效的沟通、信息交流，资源缺乏有效而系统的整合与利用，海洋环境污染跨区域转移，结果造成了资源的消耗与海洋生态环境的日益恶化。同时行政体制的分割性还造成各地方政府各自为政，这在本质上使海洋生态环境保护区与政府行政管理之间不相耦合关系的典型表现。

2. 跨区域海洋环境合作治理的保障性不足

从区域内地方政府现阶段的合作方式，即制定区域海洋环保合作协议、制定区域海洋环境保护规划、实施区域海洋环境保护联控协调机制、区域海上执法联动机制等等来看，海洋环境保护合作以短期的为主，例如，《长江三角洲地区环境保护合作协议（2009—2010）》，有效期只有一年。而区域海洋联防联控协调机制则多数是针对区域内某项重大事件。但由于这种合作的持续性不够，在很大程度上弱化了其效果。另外，无论是区域海洋环境保护合作协议、区域环保联席会议等，还是区域环保联动执法机制，大多以不定期的形式为主。

3. 地方政府开展区域内海洋环境协作治理有赖于上一级政府

尽管地方政府已经采取了一些主动的措施来进行横向的协调以利于区域的海洋环境跨区域治理，但是这种协调、合作主要集中渤海、长三角和珠三角三大海洋经济区，而在其他海域处理跨区域的海洋环境问题上，仍然主要依靠上一级政府来协调解决相互之间的矛盾，而较少采取主动的协调措施。另外，由于跨区域海洋污染主体确定、如何处理跨区域海洋污染等问题难以充分解决，在地方政府之间，往往会出现互相推诿的现象，这样上级环保部门成为协调的主体和重要角色，但这往往会贻误污染事故的防治时机，从而造成更大的污染损害。

三　海洋环境跨行政区域治理不足的现实分析

（一）海洋环境跨行政区域治理相关法律不健全

从宏观上看，我国已构建了相关的法律法规体系，但是，在实际操作中，可以适用的法条却寥寥无几，相关法律不健全对海洋环境跨行政区域治理是非常不利的，具体表现为：

1. 缺乏明确的跨行政区域海洋环境法律规定

《环境保护法》作为环境保护的根本法律。没有将监管的行政机关本身作为一个调整对象，其主要的调整对象就是企业事业单位，没有设定行政机关在跨区域环境保护中的权利义务和责任。近年来，我国海洋环境法治化逐步加强，在探索海洋环境治理的制度化进程上逐渐向制度规范和工具理性结合的路径上发展，如提出环境影响评价制度、排污登记申报、污染物排放控制、污染损害赔偿等制度与实施规定。但对于跨区域的环境治理，我国《海洋环境保护法》第八条规定，毗邻重点海域的有关沿海省、自治区、直辖市人民政府及行使海洋环境监督管理权的部门，可以建立海洋环境保护区域合作组织，负责实施重点海域区域性海洋环境保护规划、海洋环境污染的防治和海洋生态保护工作。第九条也规定，跨区域的海洋环境保护工作，由有关沿海地方人民政府协商解决，或者由上级人民政府协调解决。跨部门的重大海洋环境保护工作，由国务院环境保护行政主管部门协调；协调未能解决的，由国务院作出决定。这在现实中的可操作性较差，合作治理的制度工具欠缺。上述问题的根源就是因为没有形成“强制度”的支撑，而有效的治理恰恰需要“软硬相辅”和“软硬兼施”。只有将海洋环境跨区域治理行为制度化，通过明确的制度规范海洋跨区域治理中各利益相关主体的行为才是确保海洋环境跨区域治理实现的前提。同时，跨区域海洋环境管理的基本权能和执法手段，在跨区域海洋污染事故发生之后的责任如何认定，赔偿标准如何，对事故责任人的处罚措施如何等等，都没有明确的规定。

2. 海洋环境污染违法成本过低

现有的与跨区域海洋环境问题有关的法律中，对违法的法律责任的处罚措施的标准都相对较低。《海洋环境保护法》第七十三条规定："违反本法有关规定，有下列行为之一的，由依照本法规定行使海洋环境监督管理权的部门责令停止违法行为、限期改正或者责令采取限制生产、停产整治等措施，并处以罚款；拒不改正的，依法作出处罚决定的部门可以自责令改正之日的次日起，按照原罚款数额按日连续处罚；情节严重的，报经有批准权的人民政府批准，责令停业、关闭：（一）向海域排放本法禁止排放的污染物或者其他物质的；（二）不按照本法规定向海洋排放污染物，或者超过标准、总量控制指标排放污染物的；（三）未取得海洋倾倒许可证，向海洋倾倒废弃物的；（四）因发生事故或者其他突发性事件，造成海洋环境污染事故，不立即采取处理措施的。有前款第（一）（三）项行为之一的，处三万元以上二十万元以下的罚款；有前款第（二）（四）项行为之一的，处二万元以上十万元以下的罚款。"这条规定对违法行为作出的处罚额度明显较低。这部分的罚款与其获得的利益不相对称，导致了许多企业或者其领导人敢于"以身试法"。大多数环境违法行为仍然是依靠行政手段来解决，行政手段的效力明显不如刑罚的效力。

3. 政府海洋环境法律责任不明晰

我国《环境保护法》《海洋环境保护法》对政府环境管理、海洋环境管理的责任是不明确的，《海洋环境保护法》第五条对地方海洋环境保护的管理责任是模糊的。该条除了对国务院环境保护行政主管部门的职责作了一些原则性规定外，对地方政府的职责作如下规定："沿海县级以上地方人民政府行使海洋环境监督管理权的部门的职责，由省、自治区、直辖市人民政府根据本法及国务院有关规定确定。"这一条款规定了各部门对海洋环境监督管理、职责、和污染处理有概念性的规定，但是对于地方政府的约束力是不明确的，地方政府的具体法律责任也有没有规定。本研究通过对有关地方的海洋环境监督管理权进行了调查，多地规定对这一责任是不明确的，特别是对跨区域的海洋管理监督责任也认识不足。同时，对于区域性海洋环境问题，大多数地方政府往往不愿主动积极承担责任，而是"理性地"选择逃避和不作为，在区域内各地政府容易互相效仿形成集体的非理性选择，造成海洋环境问题的"公地悲剧"、陷入环境治理的"囚徒困境"，致使区域海洋环境治理走向恶性循环。

（二）海洋环境跨行政区域治理中府际失衡

府际关系也叫政府间关系，是指不同层级政府之间的关系网络，它不仅包括中央与地方关系，而且包括地方政府间的纵向和横向关系，以及政府内部各部门间的权力分工关系。府际失衡表现为合作的失衡、利益的失衡等，这种失衡使跨行政区域海洋环境治理缺少协同治理的基础。

1. 部分地方政府跨行政区域合作治理观念严重滞后

地方政府间跨区域合作，是指若干个地方政府基于共同面临的公共事务问题和经济发展难题，依据一定的协议章程或合同，将资源在地区之间重新分配组合，以便获得最大的经济效益和社会效益的活动。这种地方政府间的跨区域合作，一方面能够有力地改变传统的通过地方政府间竞争达到经济发展这一目的的制度安排，另一方面能够改变各地方政府通过"跑部钱进"、中央政府通过货币和财政政策拉动实现地区发展的格局，而开启一种扩大开放、横向合作、共谋发展的“双赢”之路。但是，地方政府普遍存在着合作治理观念的滞后问题。究其原因，一是认知偏差。一些地方政府依然存在封闭式发展思维，一些行政领导乐于做一方之主，不愿意外界干预区域内经济社会的发展。二是信用匮乏。地方政府间开展的跨区域合作治理必然需要建立在地方政府的信用基础之上，但是部分地方政府却面临着严重的信用危机，一个普遍性的问题是“新官不理旧事”“一届政府一朝政策”，这些都直接阻碍了跨区域合作治理海洋生态环境的顺利进行。

另外，实现区域海洋环境治理必然需要依托强有力的组织机构及制度规范，然而目前的跨行政区协调机构仅停留在会议、协议等不具权威效力的形式上。有些虽然是由中央任命成立的正规协调机构，但由于建制地位不高，在协调区域环境事务时仍显得捉襟见肘，目前大多是建立联席会议制度，这些机制缺乏约束力，这不利于治理工作取得实质进展。另外，区域环境立法及协作制度规范等都是目前十分缺乏但又急需制定的。

2. 海洋环境治理中的利益失衡

海洋环境治理最终需要解决人类的生存和发展的问题，如在同一片海域，则同时存在环境生态安全权、渔民的渔业权、海域使用权、航行权等多种权利。为了解决这种冲突，部分学者从权利的位阶视角认为环境生态安全权、渔业权是基本权利，是生存权，是沿海居民所具有的固有权利。[①] 从一般法理意义分析，生存权处于权利位阶的第一层次，也就是自然人最重要的权利。以上观点通过某一角度充分体现出两种权利依存的法律背景与社会基础，包含较大

---

① 孙宪忠：《中国渔业权研究》，法律出版社 2016 年版，第 73 页。

的相关立法参考价值和现实指导意义。[①] 但法律位阶在现实冲突解决过程中仍带有对权利性质判断的恣意，即何种权益属于位阶靠前还需要通过分析比较，带有不确定性。因此仍未能完全解决海洋治理中利益主体间的实际矛盾。在利益衡量理论国内外兴起后，基于立法与制度两个层面对海洋利益和权利进行权衡，进一步对利益作出判断和抉择，必然是解决利益矛盾的一个有效办法。

海洋管理中各类利益的矛盾和冲突究其根源为立法上和制度设计上的冲突。在制度制定中，海洋环境跨区域治理中涉及各个利益的权衡则需立法者抑或是管理者为使利益平衡得以实现，基于相关的程序与原则，在进行判断多元化利益的基础上，对各项利益采取评价与比较的方式，运用利益选择方式开展系列活动。利益衡量方法须进行价值的抉择，价值判断问题是利益权衡过程中无法避免的。[②]

海洋环境治理利益的失衡是对整个过程的区域海洋环境控制、利益在主体之间的管理和利益的失衡。在海洋管理平衡关系的过程中需注意地方政府对海洋环境的诸多利益的排序。基于整体性考量的立法价值导向，即《海域使用管理法》《海岛保护法》《海洋环境保护法》等相关立法当中的海洋环境治理缺乏立法指导思想的统一性；同时，制度化设计缺乏程序性、透明性，尤其涉及多元利益冲突中的利益平衡制度缺少社会参与。

在激烈的竞争与利益博弈中，地方政府在海洋环境治理领域的合作是很难深入的，这也是造就区域海洋环境治理陷入困境的深层次原因。这种情况在各个地区的交界海域或者涉及跨区域的海洋污染问题时尤为显著，多元主体往往会因法规政策、治理制度、治理

---

① 全永波：《海域使用权与渔业权冲突中的利益衡量》，《探索与争鸣》2007 年第 5 期，第 50—54 页。

② 郭济环：《标准与专利的融合、冲突与协调》，博士学位论文，中国政法大学，2011 年，第 23 页。

标准、经济实力等差异，更容易形成生态分割和跨区域海洋环境治理碎片化，使得跨行政区域整体生态环境污染日趋严重，且治理效率低下。

3. 海洋环境跨区域治理面临体制性障碍

按照制度经济学的要求，基于“软法”和与之相应的“柔和”的海洋环境跨区域治理体制较为经济可行。但是，这种“柔和”的治理体制无法快速解决因经济、政治等因素累积起来的环境污染的影响。例如，我国现行的《海洋环境保护法》对于跨区域的海洋环境治理仍采用“弱政府”的模式，如规定“毗邻重点海域的有关沿海省、自治区、直辖市人民政府及行使海洋环境监督管理权的部门，可以建立海洋环境保护区域合作组织，负责实施重点海域区域性海洋环境保护规划、海洋环境污染的防治和海洋生态保护工作”（第八条）。“跨部门的重大海洋环境保护工作，由国务院环境保护行政主管部门协调；协调未能解决的，由国务院作出决定”（第九条）。

在我国，环境管理部门管理理念和体制存在缺陷，对海域环境长期以来按照陆域模式和理念进行管理，且重“管理”而非治理，从事管理的政府部门职能交叉、权责脱节、重复建设情况严重，虽经多次海洋管理体制改革，但碎片化监管现象依然突出。污染防治大多以污染源的产生地为管辖基础，管辖部门除生态环境部门外还包括自然资源、渔业、海事、港航等部门，发改委、财政、自然资源等部门还可行使综合调控功能。这使得我国在跨区域海洋环境治理中常因权责不明、相互推诿而不了了之。再如，尽管我国在海洋管理体制上已经进行了一定程度的改革，国家海洋局的职能，归入了自然资源部和生态环境部，综合职能进行了强化，但这种表面上追求“强政府”的治理模式仍需要较长时间的磨合。

（三）跨区域海洋环境治理缺乏完善的参与机制

跨区域海洋环境治理中，政府间组织无疑是环境治理活动的主要行为者，目前我国各沿海省市尤其是使长三角、珠三角、渤海湾都建立不同层级的区域内海洋环境协作治理机制。然而，仅靠政府的治理是不够的，也是不全面的，必须建立企业、社会组织、个人等在内的多渠道海洋环境治理机制。这些组织有助于弥补政府间因偏执于绝对的地方利益，或者固执于本行政区划内的个体利益，从而使多元主体参与海洋环境治理成为治理的主要方式。

1. 缺乏企业参与海洋环境政策制定机制

海洋环境治理中企业的参与是十分重要的一环，当前海洋污染的很多源头来自于工业企业的污染，同时也包括船舶企业操作中的泄油事件、海洋工程建设的污染事件等，可见，企业组织的参与在海洋环境政策制定中具有十分重要的作用。作为社会公共利益和生态利益的海洋环境，当它与营利性企业的私人营利目的发生矛盾与冲突时，如果以政府为代表的权威部门没有引导或者关注，企业往往以牺牲海洋生态环境为利益取向。当前一些地方政府囿于自身的利益或者权威，对企业组织的参与不屑一顾，导致政策的失当。在这一意义上，建立企业参与海洋环境政策制定机制显得十分必要。

2. 缺乏有效发挥涉海非正府组织的作用

海洋环境治理中的非政府组织是指第三部门参与海洋环境公共政策的制定者，海洋环境治理的监督者，如国内的北海红树林关爱与发展研究会、大海环保公社，也包括国际上的海洋守护者协会、太平洋环境组织（国际组织参与我国海洋环境治理不能以干涉政治为目的）。根据《海洋环保组织名录》（2018 年版），目前我国已建立 224 家海洋环保组织，包括 39 家国内海洋环保社会组织、8 家国内海洋环保学生社团、14 家国内涉海环保基金会、22 家国际涉海环保非政府组织、95 家国内涉海环保社会组织、18 家国内涉海环保学生社团、4 家国内支持类社会组织以及 24 家其他海洋环保组织。然而，如何发挥这些组织的作用，同时建立环保组织与政府在环境价值取向上的一致性也是十分必要的。因此，政府必须为海洋环境非政府组织的成长提供支持和帮助，并积极引导海洋环境保护组织参与海洋环境公共政策的制定中来。

3. 缺少公众参与海洋环境治理的渠道

海洋环境治理是一个系统工程，涉及的利益层面很多，政府难以顾及全面，也难以监控全面。同时，海洋污染对民众的影响也是最大的。民众对海洋环境治理的意见和治理方式应该得到政府的重视，以促进海洋环境管理主体多元化。然而，政府出于对海洋环境政策反馈意见的冗杂性等原因，往往在海洋环境治理政策和治理决策中不考虑公众的参与度，导致信息闭塞、政策失当等问题，也影响了海洋环境保护政策落实和海洋环境治理的最优化。

第二节　海洋环境跨行政区域治理模式

一　海洋环境跨行政区域治理模式："海区+整体性治理"

（一）"整体性治理"模式分析

海洋跨区域治理在根本上受公共治理理念的指引和公共政策的影响。当前的区域治理理论主要包括网络治理、区域协同治理、多中心治理、整体性治理等。[①] 这些治理理论均涉及海洋治理的各类主体，而主体间的关系是海洋跨区域治理的逻辑基础，其核心议题为合作或协作。公共治理模式在性质上是合作的，在主体构成上是多元的，在合作范围上是广泛的，在治理手段上是多样的，其运行逻辑是"参与+合作"，有别于权威模式下的"权威+依附"。[②] 跨区域性在治理合作过程中必然存在利益的冲突和博弈，其制度的

① 高明、郭施宏：《环境治理模式研究综述》，《北京工业大学学报》（社会科学版）2015年第6期，第50—56页。

② 杜辉：《论制度逻辑框架下环境治理模式之转换》，《法商研究》2013年第1期，第69—76页。

建设应基于利益平衡的制度逻辑展开。部分学者基于建构主义的视角认为多边合作的国际规范以及全球环境的整体性观念的发展是推动一些国家克服利益阻力参与全球治理的重要因素，这种不完全以主体利益而以国际规范为制度基础的治理政策在大国的海洋事务参与上较为多见。还有一部分学者基于利益分析的视角认为一国的海洋战略取决于其对国家利益的考虑，这部分学者往往倾向于采用利益分析方法，根据海洋问题造成的影响以及对比分析来判断一个国家参与的态度。而这一类以利益为基础的国家公共政策考量正是当前海洋治理的制度合作难点。

基于同一海区的地理存在，各行政单元海洋问题上的共同利益取向与现实间追求各自利益最大化，这种现实困境使得各自走向整体性治理。基于此，海洋跨区域治理可探索实行“海区”治理，即将生态系统相同和国家对海区的划界范围的海域视为一个整体构成“海区”，按照整体性治理理念构建区域海洋治理的基本架构（图5—1）。其基本内涵与逻辑为：

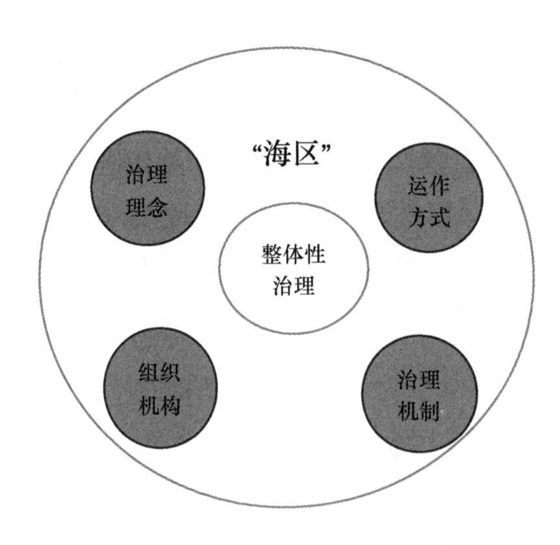

图5—1 “海区+整体性治理”模式

第一，“海区”是以自然地理和生态条件形成和国家对海洋地域划界标准为基础的海域划分，我国主要有渤海、黄海、东海、南海四大海区。在对海洋区域进行划分之后，“海区”划分中的“区域”打破了原有行政管理区域的范围管理限制，减弱了对陆地行政区域有效的行政区域划分对原本没有固定地理边界的海洋的影响。但是不可否认的是，“海区”之间还是有着新的界限，而管理主体受陆地行政区域划分，想要参与到区域海洋中的管理中来，就必须跨越这种固有的界限。

第二，“海区”机制运行的基本逻辑是建立在整体性治理理念的基础上。整体性治理以整合、协调、责任为治理机制，对治理层级、功能、公私部门关系及信息系统等碎片化问题进行有机处理，运用整合与协调机制，持续地从分散走向集中、从部分走向整体、从破碎走向整合。在国内的跨区域海洋环境治理上，整体性治理被广泛认同，基于整体性治理要求政府整合管理职能，增设跨区域海洋治理机构，建立政企合作伙伴关系，解决海洋治理中所存在的部门分立、多头管理及数字信息化发展不完善等困境。

第三，“海区”机制需要完善多元主体的利益平衡。尽管从陆地行政单位僵硬移植过来的海洋管理制度积弊难返，人们还是自发地对海洋区域新的划分有了自己的看法，这是因为更加科学的管理方法能够带来更多的满足人类需求的利益，这利益包括经济利益与生态利益。而顺应“海区”划分的规律，寻求不同主体间治理海洋的平衡，无疑对于不同主体间不平衡的发展治理模式来说能够带来更多的利益。区域海洋治理中利益和制度的二元争论最终在国内的政策体现为立法或法规、规划和区域功能，而区域海洋治理的重要目标或内容就是规范跨区域海洋管理主体间的利益关系，平衡或规范区域海洋治理各主体在海洋利益上的公正性。在秩序价值上，区域海洋治理规定了区域整体利益高于区域内个体或企业的利益的秩序价值，规范自然区域之间、行政区域之间，以及自然区域和行政区域之间的价值秩序，[①] 简言之，就是实行“陆海统筹”基础上的“海区”环境治理模式，这种观点基本成为学界公认的区域海洋治理的制度逻辑基础。

(二)“海区 + 整体性治理”模式的实现路径

治理需要引入非政府组织和非政府权威，优化非政府的激励结构以及创新社会公众的参与制度。[②] 区域协作治理主体的复杂性，在海洋治理主体界定上更为特殊，以政府为主导的跨行政区域治理的模式常采用政府主导、多元主体参与的模式，为实现区域海洋合作行为的良性互动和善治的目标，应构建由政府、企业、社会公众多元主体构成的开放性治理结构，并以公共权力、货币、文化政策法规作为控制参量。[③]

第一，推进“海区”治理以合作为导向的制度建设。从区域合作的价值出发，可将跨区域海洋治理视为一个“社会建构”过程，因此，应在提高效率的同时强调公平正义等终极价值，强调区域海洋治理主体之间的平等性、互赖性、互构性，承认海洋治理主体之间的多元性和差异性，倡导区域组织的对话、沟通、学习、理解过程及其担负的伦理责任。[④] 政策设计上，主张从合作政府范式的高度来促成海洋环境合作政府的建设，在立法和政策工具上突出应用性，提出应注重环境治理合作的程序性机制建设。[⑤] 跨行政区域治

---

① 曹树清：《区域环境治理理念下的环境法制度变迁》，《安徽大学学报》(哲学社会科学版) 2013 年第 6 期，第 119—125 页。

② 俞可平：《治理与善治》，社会科学文献出版 2000 年版，第 6 页。

③ 余敏江：《论区域生态环境协同治理的制度基础——基于社会学制度主义的分析视角》，《理论探讨》2013 年第 2 期，第 13—17 页。

④ 全永波：《基于新区域主义视角的区域合作治理探析》，《中国行政管理》2012 年第 4 期，第 78—81 页。

⑤ 徐艳晴、周志忍：《水环境治理中的跨部门协同机制探析——分析框架与未来研究方向》，《江苏行政学院学报》2014 年第 6 期，第 110—115 页。

理模式应以统一的政策和立法规制各治理主体的利益关系，建立具有执行力的跨区域管理机构。同时，政府组织应该从传统的金字塔形转变为扁平化结构，淡化政府对区域海洋问题的包办式管理，通过立法提倡和鼓励企业、公民、社会团体的民主参与。

第二，明确“海区”治理主体的定位。“海区”的实体性制度与机制建设需要关注制度主体、制度设计、制度环境、运行机制等层面的建设问题。海区涉及的各主体参与的基本要求，明确主体参与的资格。整体性治理的要求是“权威 + 依附”，以政府为主导、其他社会主体参与的区域海洋治理仍将是主要治理模式，而跨国界的区域海治理则应以多中心治理作为原则，考虑国家、企业、市场等多元参与，即“参与 + 合作”的模式。

海洋跨区域治理制度的治理手段应该是提升治理决策能力的科学性与开放性，在某一个治理主体中，内部的不同职能部门之间，可以按照产业链、价值链或服务链的原理，实行跨部门、跨职能边界的分工协作与协商配合，当然这需要遵循治理活动流程的连续性和整体性。完善公私之间参与合作机制的有效性也是非常重要的，通过公众参与和协商手段，建立健全多元主体参与和协商机制，开拓利益观念传递渠道，让公共部门、私营部门、非营利组织都参与到治理过程中来，实现涉海公众和相关利益主体参与，让真正和直面利益的受益人表达自己的观点，贡献自己的经验。这样能够促进海洋治理的成果产生，促进沿海社会和谐发展。

第三，建立健全海洋跨区域治理的规则体系。整理性治理是将碎片化的治理手段整合为一个整体性的制度，必须通过立法或政府间一致性的具有法律约束力的行动，实际也是整体性治理的延伸。不管是跨职能部门、跨公私合作领域还是跨行政边界的任何一种治理过程，大多数行动都具有一定的长久性和连续性，需要有共同约束力的规则体系和制度框架，以降低多方海洋跨区域合作和治理的管理成本，提高相关利益群体参与治理的牢固性。这种规则体系中最重要的就是制订或完善“海区”制度立法，明确治理工具即国内立法。如我国《海洋环境保护法》第九条规定：“跨区域的海洋环境保护工作，由有关沿海地方人民政府协商解决，或者由上级人民政府协调解决。”该条虽规定了跨区域海洋环境治理由政府协商或上级部门协调，但存在着“协商”在先还是“协调”在先的适用问题，海洋环境主体是否有申请政府“协调”的权利等，均需要细化后可操作。另外，尽管治理这种管理行为是多元参与倡导合作的，但是在实际操作过程中往往会因为利益分配矛盾或者其他的制度不合理原因导致治理主体破坏规则和合作关系，这就需要建立一个有效的监察保障制度，并尝试构建一个可评估海洋跨区域治理是否处于平稳健康发展状态的利益发展指数，来保障“海区”制度的有效实施。

二 海洋环境跨行政区域治理模式：“基于生态补偿的利益平衡模式”

海洋管理过程中的矛盾存在是客观的或者制度的设计造成的，因此需要分析这些矛盾之中形成的各种利益分类，进而在完善海洋管理体制和制度中进行借鉴。海洋污染治理作为海洋管理的延伸与发展，突破了管理概念上自上而下的单向度关系，环境治理的基础不是控制，而是协调，包括各参与主体之间持续的互动。[①]

（一）海洋环境治理中逻辑要素间面临的利益困境

第一，政府管理中的利益冲突。就海洋环境而言，由于水体的流动性、海洋环境要素之间的关联性，海洋污染涉及的许多问题需要多个部门、多层政府、多元主体之间的互动和解决。其中涉及的

① 俞可平：《治理与善治》，社会科学文献出版社2000年版，第3页。

政府管理就存在上下层级政府之间的管理冲突、平行行政管辖区域之间的利益冲突等。

通常说来，中央政府与地方政府在多年的经济发展的过程中，基本仍以经济总量作为导向来评价地方业绩，虽然近年来逐渐提出生态文明作为国家发展的重要指标，但由于生态环境的不可量化性质，以及环境的多元因素的影响，使政府和企业的积极性不高。而海洋本身作为公共产品，具有较强的公共性，使所有人都可以获取海洋所带来的利益而不用承担成本，如奥尔森认为的“寻求自我利益和有理性的个人是不会采取行动以实现他们共同的或集团的利益，而要使个人按照他们的共同利益行事，除非一个集团中人数很少，或除非存在强制或其他某些特殊手段才能促成这种情况的发生”。“搭便车”坐享其成就是这种性质促成的产物。[①] 由于我们日常的海洋污染治理划分主要以行政区划作为标准，因此行政区划间的参与个体越多，为实现共同利益而进行活动的个体分享份额就越小。海洋环境问题因海洋的非封闭性，存在陆地与海洋、海区与海区、国家与国家之间在环境问题上的复杂交织，污染从来不是单纯地在一个行政区域内或国家管辖海域内静静地存在，因此，当大规模海洋污染发生时，独立治理的成本极高，所以作为理性的地方政府很难会采取行动来实现他们的公共的或集体的利益，即不会采取行动来首先治理环境。

第二，政府、社会组织以及公众等各要素间的利益冲突。海洋环境治理遵循一般集体行动的逻辑，但在经济与社会转型时期，建立在资源分配不公和社会多领域竞争基础上的海洋污染治理，必然也带来了海洋环境利益的多元化，基于经济利益的冲突在所难免。政府、社会组织以及公众是治理所涉及的主要主体，主要问题不仅

---

① ［美］曼瑟尔·奥尔森：《集体行动的逻辑》，上海三联书店 1995 年版，第 2 页。

有政府和社会公众的冲突、相关企业和政府之间的冲突、相关企业和社会公众的冲突以及政府和政府之间的冲突。涉及经济利益的冲突多源于政府与企业之间、企业和公众之间的冲突。

营利是企业的本质特征，而其成立的目的则是追求利润的最大化。损害环境、向海洋排放污染物、海洋倾废、海洋工程建设中破坏生态、养殖中过度富营养化等是企业常常会为经济利益驱动而实施的伎俩，如果企业采用大幅投入净化排放物入海可能大幅增加开支。当前，企业的社会责任不足、违法的惩罚不到位致使企业铤而走险而代价极低。政府作为在海洋污染治理中的监督、管理角色，既需要企业繁荣发展，提供劳动力就业、获得税收，又要监管企业开展治理合作、规范运行。但如果政府不监管或少监管，则企业污染扩大影响环境，环保社会组织和公众利益受损。政府对企业的排污行为惩罚越厉害，企业运行成本会上升，难度加大，进而社会就业不足，影响税收。这种政府和企业的管理博弈都围绕着利益展开。而现实中往往呈现的“你情我愿”的治理景象多以这样的方式出现。

其一，隐瞒污染事实。企业通常预测相关环境管理者可能做出的行动，且采取相应的一些措施和方案同政府进行博弈。政府许多时候基于多种原因考虑，既不想企业排放污染物，也不想制约企业发展，尤其地方政府许多的支持来源于企业的存在。因此，类似于隐瞒污染事实这些措施和方案，却因“查实和举证的困难”，往往会形成“皆大欢喜”的结局。

其二，拖延治污时间。许多企业为了尽可能减少治理环境污染的投入，通常找出种种理由或者借口与公众和环境部门进行周旋，从而顺利地将本应属于企业支付的环境成本转移了出去。另外，企业在面对公众的众多诉求面前，还尽可能采取和被害人谈判的方式，以此延误时间并有机会使得其经营由“不合法”向“合法化”

的转变。

第三，公众与其他要素的利益冲突。公众既是环境污染的受害者，也可能是污染的加害人。更多知识、信息的获取使得社会公众成为了能够影响国家在国家政策领域包括环境制度化过程中影响立法的巨大社会力量，公众更理应在维护自己的环境权益方面有所作为。海洋污染治理中，公众往往是不特定的，使得任何消费者都可能成为海洋污染的受害者。而在许多时候公众往往也是对海洋环境有破坏的成员之一，这也使环境问题的社会结构更为复杂，也使海洋环境治理模式的转化产生出新的难点。

海洋环境污染的公众群体从来不是固定的，因海洋的流动性、跨区域性、跨海陆性特征，公众的范围应是跨行政区，因此海洋污染治理理应也是以区域海洋为基础的整体性参与。

第四，政府对其他主体的利益补偿规定不完善。在海洋污染协同治理过程中，当企业或者个人为保护和恢复生态环境而付出代价时，政府与这些社会主体之间的利益补偿与平衡仍存在着缺乏明确法律依据及权力边界、补偿主体和受偿主体不清晰、权责落实不到位、补偿标准偏低、多元补偿方式尚未形成、生态补偿实施程序不明确、缺乏相关监督管理以及行政救济程序不畅通等问题。

（二）“基于生态补偿的利益平衡”模式分析

如上所述，海洋是一个有机联系的整体，海水的流动性、海洋的整体性等特性，导致的利益相关主体及利益分配的跨区域性，这些逻辑要素的利益不平衡导致治理的失效。平衡各种利益关系是实现公平价值的需要，也是完善海洋环境治理不可避免的议题。这就需要建立一种以平衡各主体利益的治理模式，我们认为确立基于海洋生态补偿的利益平衡模式是现实的，也有助于增加政府、企业维护区域海洋生态的积极性，构筑中央政府—海区—地方政府联动的海洋生态补偿治理模式。

1. 确立“海区”的生态补偿范围

海洋管理的各级行政部门基于海洋行政管辖权管理海洋事务，这就必然导致在行政垂直管理过程中权责的分散和行政区分割而导致“海区”的分割，以及“陆海统筹”环境管理体制并没有完全改革到位，存在海洋生态补偿上的“跨区域困境”。因此，建立海区治理的体系就显得很重要，确保区域化海洋生态补偿机制的运行。以生态系统为基础的海区治理有利于打破跨行政区的治理困境，迎合原先由国家海洋局体系下建立起来的海区制度，同时宜将海区与陆源治理联动和统一，实现真正的“源头治理”。

2. 明确海洋生态补偿主体

从现实来看，海洋治理主要有三个层面：政府、企业和公众，相应地海洋生态补偿中也是需要维护者三个层面利益者的补偿问题。一是政府。我国法律明确了政府是具有海洋环境资源及生态保护的职责与职能，我国相关法律规定国家对自然资源的管理需要通过政府的行政职能来实现。显然，借助政府的职责职能，更易于集中优势对海洋资源进行管理，政府通过财政转移支付、开征生态税收等手段，实现对海洋生态补偿，矫正失衡的海洋生态利益分配。[①]二是企业。这里主要包括基于海洋资源环境开发利用（如沿海周边作业、企业排污、石油泄漏等），对海洋环境资源及生态带来损害或破坏结果，而应承担海洋生态补偿责任的相关企业其他组织。三是公众。他们是海洋环境污染的受害者，也是海洋生态的直接受益者。因此，公众应承担海洋生态补偿责任。

3. 海洋生态补偿的三级利益平衡

构筑中央政府—海区—地方政府联动的海洋生态补偿治理模

---

① 黄秀蓉：《海洋生态补偿的制度建构及机制设计研究》，博士学位论文，西北大学，2015年，第122页。

式，海区是一个区域体，需要对关注共同理性意识，以集体行动应对非理性状态。另外的两头——中央政府和地方政府是三级利益平衡的核心环节，对海洋生态补偿需要关注这两头的利益措施。中央政府作为海洋环境治理的统筹者、协调者，其职责更多的是制定海陆统筹的战略措施，使之与海洋自身特征与海洋补偿措施相对应，因此，需要借助中央统筹力量。中央对海洋管理的统筹主要表现在编制海洋发展规划、制定海洋生态补偿政策、法律和法规、颁布海洋发展工作指南、海洋环境监测报告的发布、确定海洋生态补偿标准化等。[①] 地方政府在海洋生态补偿中需要协调地方利益与中央利益的平衡，使中央战略得以严格落实。地方政府在海洋生态补偿及其机制的运行中的职责包括：海洋生态补偿的直接实施主体。一方面，对于海洋生态活动的正外部性而言，主体的活动导致海洋生态效益增益，作为利益所有者的国家应当承担起补偿义务，地方政府当以国家财政或者生态补偿专项资金对导致海洋生态效益增加的主体进行补偿，鼓励其保护海洋生态的行为。另一方面，对于海洋生态活动的负外部性而言，如果是由于地方政府的决策不当，或者是虽然政府决策在当时看来并无不当，但由于海洋资源开发过程中的科学不确定性因素，导致海洋资源开发与利用行为造成海洋生态价值减损及相关利益主体的利益损失，由此地方政府应当承担直接的补偿责任。[②] 地方政府是海洋生态补偿的直接参与者。地方政府需要将海洋补偿资金受让给企业或个人，补偿企业或个人参与海洋环境治理的利益缺失。同时，政府直接向企业或个人收取排污费、倾倒费、资源税（费），征收资源税（费）是“使用者付费”原则的体现，排污收费是“污染者付费”原则的体现，使污染防治责任与

---

① 黄秀蓉：《海洋生态补偿的制度建构及机制设计研究》，博士学位论文，西北大学，2015年，第118页。

② 同上，第119页。

排污者的经济利益直接挂钩，促进经济效益、社会效益和环境效益的统一。

（三）“生态补偿的利益平衡模式”的实施路径

1. 确立海洋生态补偿的法律依据

目前，我国对江河湖流域、森林、矿产等领域生态补偿制度的建设已经取得了较大进展，但海洋领域的生态补偿机制尚未健全。从海洋的流动性、整体性出发，海洋环境要素间具有跨区域特征，要确保海洋环境治理的有效落实，确立地方间海洋生态补偿制度十分必要。但建立区域性海洋生态补偿制度是十分复杂的，由于海水跨区域流动，导致海洋污染责任难以确定，目前我国对排污入海口的监测尽管起到了很好的监督作用，但是难以明确处罚主体，且存在多重利益主体，需要有更权威的机构、更有效力的制度来保证这项庞大且复杂的系统工程的落实。对此，我们认为，应借鉴日本、美国的做法，将生态补偿制度的一些原则、制度规定纳入到法律中，同时根据区域海洋生态特征，制定海区为单位的海洋生态补偿制度，明确各方主体的权利义务及责任分配问题。

2. 加快推进地方政府间海洋生态补偿横向转移支付制度建设

明确海区范畴内沿岸不同城市的定位，功能区定位，一些地区被定位为海洋保护区，对海域的利用以保护为主，难以发展海洋经济，导致经济发展与生态保护的矛盾更加突出。另外，由于我国实行中央和地方分税制，地方政府间通常存在着因地方税收利益而在项目、产业方面进行竞争，不同地区间也存在着较大的利益冲突。因此，建立规范化的生态补偿横向转移支付制度，既是协调好各地方利益分配机制的关键因素，也是缓解中央财政压力及保障区域生态保护可持续性的重中之重。

3. 探索多样化的生态补偿模式

从渤海的治理实践来看，单纯依靠资金的支持与投入不能持续有效地达成海洋污染治理目标，而且长期的资金投入也极大地增加了资源输入方的经济负担，所以，实行多元化、多渠道的生态补偿方式与措施，促使资源输入方在项目、技术、人才等方面向资源输出方进行补偿，不仅有利于缓解长期资金补偿对资源输入方的财政压力，也有利于促进资源输出方做好生态恢复、产业升级等工作，进而推动资源输出方在经济、社会、生态等领域获得全面、可持续发展，实现资源输入与输出方的双赢。[①]

4. 建立对企业及公众的海洋生态补偿规定

对于企业，由于需要落实海洋生态规定，降低海洋排污，提升产业水平，这中间需要巨大投入和利益损害，按照利益损失比例，政府应该对企业的海洋生态保护给予必须要的生态补偿，以鼓励其更大的投入产业提升，避免“躲猫猫”现象。对于公众，生活污水直排入海或者因保护海洋生态使公众的生产利益受到损害，这也需要政府对其进行生态补偿。公众往往是生态利益直接损害者，而通过行政手段来解决自身利益的途径和手段较少，如不采取生态补偿，公众还是会以不同形式污染海洋，对海洋生态造成不同程度的影响。

因此，建立以海区为单位，构筑中央政府—海区—地方政府三级联动的利益平衡模式是具有现实意义的，其保证了中央政府在海洋环境管理中的统筹作用，也有利于中央政府对海洋生态保护的目标得以实现；地方政府也能够兼顾自身发展与生态保护的关系，积极落实中央政府对海区的生态治理要求，对企业及公众的生态保护进行有效监督。

三　海洋环境跨行政区域治理模式：“府际合作治理”

我国海洋环境治理的碎片化与海洋生态系统的整体性并不是绝

---

① 刘一玮：《京津冀区域大气污染治理利益平衡机制构建》，《行政与法》2017 年第 10 期，第 32—38 页。

对对立的，流动的海水污染是可以治理好的，这需要构建一套完善有效的跨区域海洋环境治理体系。各行政区之间的府际合作，有助于提升跨区域海洋环境治理的正外部性。

(一) “府际治理合作” 模式分析

我国跨行政区域海洋环境治理的困境出现与现有的海洋环境管理体系有一定的关系。我国海洋管理机构设置实行的是海洋环境保护和海洋资源管理分割管理的体制，导致整体性的海洋环境治理被专业化的行政机构所割裂。加上我国目前的海洋环境管理基本属于“行政区生态”或者说“属地主义生态”：海洋环境治理被行政区划所分割，各地沿海政府只对本辖区的海洋环境负责。这种“部门分割”“区域封闭”的海洋环境管理体制显然难以满足跨区域海洋环境协同发展的要求。

在一个区域范围内，各行政区之间存在发展的差异，发展程度的差异使得各行政区对于海洋环境的监管和海洋环境质量的需求也存在差异。例如，经济发达的区域往往更倾向于投入更多的力量来保护海洋环境质量，而经济欠发达区域则通常更倾向于发展经济。如此，在区域发展过程中容易造成“地方保护主义”和“搭便车”的状况。海洋环境行政区治理模式或属地治理模式忽略了排放入海的污染物易转移至相邻地区，也忽略了多元主体参与区域海洋污染防治和区域海洋环境治理的巨大力量。对区域海洋污染进行属地治理很容易助长地方保护主义。在地方经济利益的驱动下，以行政区划为基础划定海洋污染防治范围，以行政区经济为中心，以行政区政绩为导向，在行政区内组织生产要素和安排资源，使得地方政府缺乏治理海洋环境污染的积极性，很容易产生地方政府“搭便车”行为。仅仅依靠污染物排放地人民政府的污染管理，既无法应对海洋污染的流动和累积，也无法发动民众和公众的力量参与区域海洋污染防治和区域海洋环境治理。对于区域海洋污染防治需要统筹考虑区域内各个行政区的经济发展状况、产业结构特点，进行统一协商和统一规划，建立协同合作机制。

府际治理是指在现有体制下，通过不同政府、部门之间充分的协商、博弈，最终达成集体治理共识，进而实现公共事务的合作、协同治理。因为府际治理依据的是主体之际的行动共识，各方利益实现最优化，因此参与者具有较高的行动积极性，治理的目的较为容易实现。而且，传统的国家治理体系很难对层出不穷的跨行政区域海洋环境问题做出具体规范，而且无论生态行政、生态立法还是司法裁决，都需要花费较大的人力、物力、财力，还有付出高昂的时间成本，往往治理的结果并不如人意。跨行政区域海洋环境治理更多依赖于省、市际政府间合作，以弥补传统治理的空白，这其中包括省际合作、国家海洋环境主管部门与省际政府之间的合作。

基于此，我们认为建立一种基于府际间合作治理的海洋环境治理体系是科学的也是现实需要的，这种模式可以分为两种具体模式：一种是省际间自发的合作治理模式，另外一种是国家海洋环境主管部门与省际政府之间的合作治理模式。我们认为，“府际合作治理”需要建立合作网络，发挥国家部委在海洋环境治理中的积极作用，合作网络也要由传统的“权威—依附—遵从”和“契约—控制—服从”交叉的统治控制模式，向“竞争—管理—协作”的管理型模式和“信任—服务—合作（协同）”为特征的现代海洋环境治理模式转变。即国家部委（自然资源部、生态环境部、国家发改委等）与相关省市之间、省际海洋主管部门之间建立协作、信任的治理模式。

第一，省际间自发的海洋环境治理模式。这种模式发挥省级政府的自主性和能动性，由省级政府根据海洋防治需要制定统一规划、统一生态修复、统一湾区治理以及统一的协商机制等。如2002年江浙沪就长三角海洋生态环境保护自发召开会议，商讨合作事宜。2004年11月还成立了苏浙沪海洋主管的“长三角海洋生态环境建设工程行动计划领导小组”，并设立相应的办公室。

第二，主管部门与省际政府间合作治理模式。这种模式发挥主管部门的业务指导能力，通过与海洋环境治理相关省际政府建立合作关系，协同治理海洋环境污染。目前我国采取省部联席会议建立合作关系，由海洋行政主管部门参与省域海洋环境治理工作。如渤海环境保护省部际联席会议和环渤海区域合作市长联席会等渤海环境保护省部际联席会议，前身是1986年建立的环渤海环境保护协作组，2009年由天津、河北、辽宁、山东三省一市和国家部委共同组成，旨在推进渤海环境保护总体规划实施，加快海域环境质量状况调查和防治，陆源污染物排放控制，生态修复、海洋执法和应急管理等。

（二）“府际合作治理”实现路径

跨行政区域海洋环境府际合作治理的具体实现路径包括“五个统一”，即统一规划、统一监测、统一评估、统一监管、统一协调。

1. 建立政府间协商决策机制

跨区域海洋环境府际合作治理机制，首要的是建立政府间协商决策机制。构建积极有效的跨区域海洋环境府际合作治理机制，能够有效地推动不同行政区政府之间的合理分工和高效的集体行动。这种协商机制的建立需要以特定海区为基本合作治理对象，其协商决策机制以制度化的协商、常规化的沟通制度和区域协定确定规则为主。区域内不同行政区政府间协商决策的内容主要包括：区域经济社会协同发展的目标，目标可以是综合性的也可以是某个领域的；区域整体产业结构规划；区域内不同行政区污染减排责任分配，通常根据有区别的责任原则来分配。[①] 区域海洋环境防治规划

① 张世秋：《京津冀一体化与区域空气质量管理》，《环境保护》2014年第17期，第30—33页。

和区域海洋环境质量规划的编制，应当依据区域地理、海域、海湾、人口分布、工业产业基础、城市布局、和区域海洋生态环境承载力，合理制定区域海洋污染防治规划和区域海洋环境质量规划。需要强调的是，区域海洋环境政府间决策协商过程更应当强调实质上的公众参与。公众参与程序的引入是基于重大行政决策合法性和合理性的需求，为重大行政决策活动提供更为充分的正当化资源。[①]

2. 制定区域海洋环境规划制度

区域海洋环境治理首先强调从战略高度对区域海洋环境的府际合作治理事务进行统一决策和区域环境规划，这是所有协同机制中最为基础的。区域海洋污染协同治理需要建立高效的协商机制和决策机制，如此才能推动各行政区政府及其职能部门之间的有效协作。2004 年 11 月苏浙沪联合编制的《沪苏浙长三角海洋生态环境保护与建设合作协议》以及“长三角海洋生态环境建设工程行动计划（规划）”代表了长三角区域海洋生态联防联控工作的一个成功合作，这部规范性文件的性质是区域专项规划，旨在提升长三角区域海洋环境质量。该计划的主要内容是建设苏浙沪海洋生态环境保护信息共享机制，为海洋环境监测预报、灾害防治和生态修复提供信息服务；推进区域赤潮等灾害防治合作，共同提高赤潮预防和治理的技术；促进海陆联动，共同加强对入海污染物控制；加强部门协作，建设近岸海域重大海洋环境污损应急机制和平台，健全长三角海洋重大环境污损事件通报制度，完善海洋突发性污染事故应急处理协调机制。为此，还成立了“长三角海洋生态环境建设工程行动计划领导小组”，并设立相应的办公室。近年来，我国粤港澳大湾区、长三角一体化及京津冀一体化发展过程中相应的区域协调机制纷纷构建。2019 年《长三角一体化发展规划纲要》中强化生态

① 桂萍：《公众参与重大行政决策的类型化分析》，《时代法学》2017 年第 1 期，第 44—53 页。

环境“共保联治”，推进环境协同防治和协同监管，对促进区域经济高质量发展有积极意义。

3. 加快行政立法和行政协议

行政立法是指特定的国家行政机关依法制定和发布行政法规和行政规章的行为。行政立法具有强制约束性，迫使相关海域的省市加大海洋环境防控力度。这种行政立法可以是省市之间自发建立的，相关省市共同遵守，行政立法也可以由国家部委（主要是生态环境部）指导下，相关省市联合立法。如长三角可以以东海为海区，苏浙沪联合出台《长三角海洋污染防治办法》等。除区域行政立法，还有区域之间的行政协议作为应对区域环境治理的规范。区域内各行政区之间缔结行政协议的主体是区域内各政府及其所属行政职能部门，对于公众在行政协议缔结过程中的参与容易被忽视。

4. 加大政府责任考核力度

跨行政区域海洋环境府际合作治理以政府为治理主体，强调区域内不同行政区政府之间的合作。因此，跨行政区域海洋环境联合防治和跨区域海洋环境治理效果如何，取决于区域内参与协同治理的行政区政府的履职状况。我国《环境保护法》和《海洋环境保护法》均规定了政府海洋环境质量责任，但是对于政府责任的考核和评价则主要依靠规范性文件进行。因此，需要完善基于科学目标考核的政府责任监督机制，如此才能倒逼区域内行政区政府加大区域海洋污染联合防治的力度。我国根据《环境保护部约谈暂行办法》（2014）实行行政约谈制度也是促进政府履行职能的制度之一。然而，行政约谈制度并非常态化的机制，只是在特殊情况下才加以运用。现行实行的国家海洋督察制度也作为一种常态化的海洋环境考核制度，对政府的环保绩效考核和责任承担、问题整改具有很好的作用。为了构建常态化的机制，应当以法律法规的形式确定政府环境绩效考核的要求和程序，将环境治理状况纳入政府政绩考核内容。

5. 编制海洋生态环境监测网

由区域统一发布地方政府监测海洋污染和区域海洋环境质量状况，对于跨行政区域的海洋环境污染防治具有重要作用。区域内建立海洋生态环境监测网络，构建生态环境监测大数据平台和海洋生态文明建设绩效考核机制，建立多级联动海洋环境监测与保护机制，制定海洋环境污染应急响应体制，是府际间合作的重要方式。以长三角为例，长三角建立了海洋生态环境立体监测网及动态评估专项，实施排污总量控制制度，提升生态系统稳定性和生态服务功能，推进污染物排放在线监测，健全应急响应体系，构建生态环境监测大数据平台和海洋生态文明建设绩效考核机制，建立多级联动海洋环境监测与保护体制机制的需要，有助于为科学应对长三角近岸海域海水富营养化严重、海洋生态环境质量下降、各种突发海洋环境污染事件带来的环境风险日益加大等影响长三角区域可持续发展环境问题，并控制长江口污染物入海总量，治理和改善长三角海域海洋生态环境质量，推进海洋生态文明建设提供技术支撑和服务保障。

四　海洋环境跨行政区域治理模式："微治理"

"微治理"是以"微单元"为辖区，以"微组织"为基础，以"微平台"为载体，以"微服务"为手段，以"微机制"为动力来满足基层民众公共需求的治理机制。通过把"微治理"机制应用于海洋生态环境治理中，将有效解决治理过程中边界不清，权责不明等问题，探索海洋生态环境境治理新模式。

本研究以整体性治理理论为背景依据，把协同治理和利益权衡作为研究手段，综合考虑政府与社会公众之间的关系，以及海洋生态环境治理过程中所存在的利益权衡问题，以微治理机制作为分析要点，将其与海洋生态环境治理相结合来阐述海洋生态环境微治理机制的理论逻辑。

（一）海洋生态环境“微治理”机制的功能分析

海洋生态环境微治理机制在基层治理的层次上，需要将“微”理念更进一步落实，首先做到放权于民，将治理主体“基层化”而权力不架空，加强地方和自治组织的治理权。其次明确治理对象，实现治理对象“细微化”，通过对治理区域的划分，将各个部门组织所管辖的区域进行分配。起草专门的治理方案，做到治理方案“针对化”，把治理内容落到实处，提高治理效率。

海洋生态环境微治理机制通过模式运行，能够实现治理对象细微化、治理主体基层化、治理方案针对化、管理体系扁平化、问责对象明确化的功能特点（图5—2）。

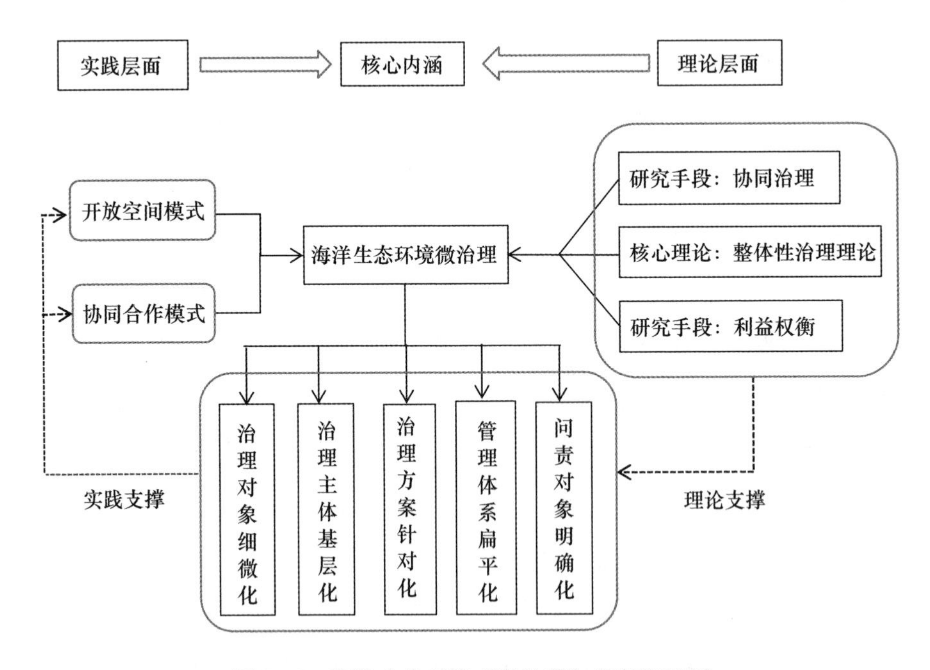

图5—2　海洋生态环境“微治理”机制框架图

1. 治理对象细微化

在海洋生态环境治理的运行过程中，政府部门是按照行政区划来进行治理区域和责任的划分，它能够将各行政区的部门责任划分明确，杜绝了由于权责不明而产生的治理主体不明确的现象，但是，由于海洋区域的流动性和异质性，同一个行政区的不同海域之间污染的问题是不同的，就行政区的治理部门来说，在治理方案的制定上或者治理成效的检验上不那么明显。海洋生态环境“微治理”机制将治理对象在行政区划的基础下再进一步细分，精确到每一片海域、滩涂等，根据不同海域之间的污染差别进行分类，统一由片区所在的行政区进行规划管理，并确定片区治理负责人对片区中的治理情况进行管理检查，制定治理方案，管理治理团队。通过治理对象细微化管理，明确不同治理对象的异质性，减轻治理主体的绩效负担，实现针对化治理，从而降低治理成本，提升治理成效。

2. 治理主体基层化

在传统海洋生态环境治理体系中，政府不仅是治理活动的发起者，也是治理活动的参与者，海洋生态环境治理仍然以政府为主导，治理结构冗长，无法实现有效的反馈机制，且未能有效动员社会公众的积极参与。海洋生态环境“微治理”通过协调政府与社会组织、社会公众之间的关系，将原来由政府主导的治理活动交由社会组织、社会公众来参与实施，积极调动社会多元力量参与海洋生态环境治理。政府作为后备力量提供技术、资金支持，治理权力开始由政府机关向治理参与者转移，为社会组织、社会公众开展海洋污染自治活动留下足够的空间，政府将自身权力凝缩在一定的区域中，在必要时参与治理。通过实现治理主体基层化，充分发挥基层主体的治理能动性，形成基层与政府之间良性沟通，发现和完成某些情况下政府无法涉及的领域治理，从而构建双向沟通、上下结合的管理结构，在一定程度上解决政府主导下治理模式的困境。

3. 治理方案针对化

传统的政府治理模式，中央政府代国家行使所有权，中央政府将所有权委托给地方政府，然后地方政府将所有权再委托给其他机构进行直接管理。在治理方案的制定与选择上受到政府部门左右，并在一定程度上不会为了某一海域专门设定特定的治理方案，而是选取的是一种通用的治理方案，虽然这样的做法对方案制定部门和实施部门来说操作简单，但是由于海洋环境问题多变，治理成效往往不是那么的明显。给予治理方案一定的自由选择性，由负责人对自己管辖的片区里的治理活动全权负责，而非统一模板式的模式治理，实现因地制宜，能够消除了由模板治理带来的治理成效不足等问题。通过治理方案针对化，能够凸显地域特色，完善在不同环境下治理方案的设计与规划，为以后治理活动的开展提供范例，有助于加快构建完备的海洋生态环境治理体系。

4. 管理体系扁平化

在以政府为主导，各级部门相互协调的治理模式中，管理体系是根据不同级别实现分层管理，上级部门对下级部门进行指派安排，下级部门直接向其上级部门负责，不能跨层级办事，这样的体系虽然在部门间的良性统筹，集权意识的强化上有优势，但是也有传达速度较慢，基层与中央之间无法形成直接的沟通等问题。海洋生态环境“微治理”以不同片区设立负责人，由负责人直接向区级管理部门进行汇报工作，减少了在治理过程中需要政府力量介入时不能形成有效沟通的现象，也是在一定程度上给予了治理主体更多的权力。实现管理体系扁平化，加强了政府对海洋生态环境治理的重视程度，积极响应国家开展治理活动的号召，完善基层与政府之间的沟通协作，健全多元共治体系，有利于建立共建共治共享的良性互动治理格局。

5. 问责对象明确化

治理后评价是治理活动最后的阶段也是最重要的阶段，它考量了本次治理活动的成效如何，需要改进的方向以及如何开展下次的治理活动。传统的海洋生态环境治理中，在一个治理区域内按照不同的治理内容就有许多治理主体，政府总揽一切的治理模式往往是以各部门间相互协调治理来实现的，这就导致到治理评价阶段时，有些部门为了政绩等原因，会出现相互推卸责任的现象。海洋生态环境“微治理”以治理主体与治理对象一对一管理为基本模式，强调了区域负责制度，将该区域治理的权力和责任都交由治理主体，由该主体负责一系列的治理事项，将治理评价纳入负责人的考核范围，建立明确的考核制度。明确治理问责对象，做到源头问题源头治理，加强片区与片区间的沟通管理，构建完备的评价机制，对海洋生态环境治理的成效有法律政策上的保障，有助于完善治理效能的体现。

（二）海洋生态环境“微治理”机制的模式分析

目前海洋生态环境微治理模式的开展，更多需要依靠政府与社会公众间的通力合作，民众不依靠政府开展治污活动缺少政策和物质保障，因为在治理技术和治理规划上，社会公众大多数都缺乏这种意识。但只凭借政府而不发动广大民众参与治理，容易产生权力架构的偏移，造成治理活力不足，当政府失灵出现时，治理效果会降低。目前主流的治理理论中，谈及的都是需要政府、市场、社会的三者作为治理主体，受层次开展治理合作。因此，本研究对开放空间参与和协同合作共建式的微治理模式进行分析探讨。

1. 开放空间参与的微治理模式

以开放空间为核心的微治理模式是在治理体系中，建立自下而上平等协商参与的合作路径，以此提升民众主动参与海洋生态环境微治理的积极性和责任感，实现治理体系结构优化，做到良治与善治并重。通过建立一种共同建言献策的环境氛围，让参与讨论者就海洋生态环境治理的问题，提出自己的想法，各抒己见以达到解决问题的目的。从一定程度上来说，“开放空间技术”能够构建有效的群众参与机制，对传统治理模式中群众参与难、合作难的现象能够产生一定冲击。

由于海洋生态环境的不可测因素较多，所以海洋生态环境治理和社区治理存在着许多不同之处。在该模式应用到海洋生态环境治理中，当地生态环境治理的部门作为发起者和协调者，在促进微治理活动的设立、进行、完成中发挥了重要的作用。相应的做法如下：首先，将治理区域按照不同社区分配，由当地治理机关工作人员通过访谈动员等方式，倡导各方群体加入，根据不同的治理程序，培育、挖掘具备领导型的人才，依次落实治理方案；其次，根据先前建立的领导型团队开展治理活动，锻炼其能力；然后组建正式的团队组织。在建立团队组织的情况下，引领其发展成社团，并促进其正规化，制定相应的章程，创建组织标识，明确组织职责；最后，在政府和有关部门的授权下，更多可能的开展和参与海洋生态环境治理，并就其负责内容做到高效治理，实现组织的良性发展。

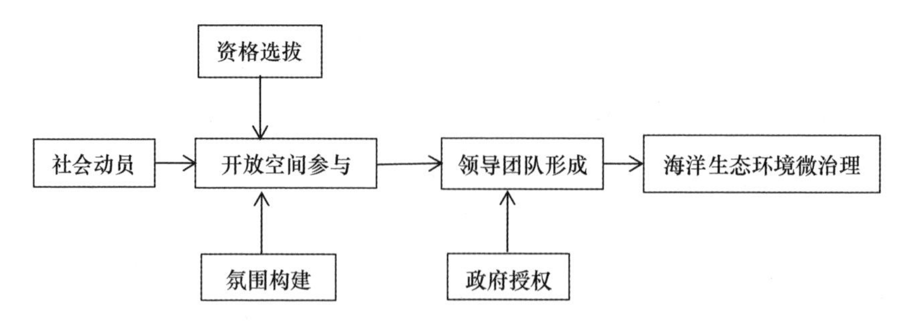

图5—3　开放空间参与的微治理模式

2. 协同合作共建型的微治理模式

协同合作模式以协同治理为理论基础，强调政民共建，以政府和社会公众合作建立治理组织为核心，充分调动和发挥民间机构、社会企业等组织和个人在资本和技术上的优势，提高对环境治理的治理效果。该模式主要通过政府的引导、孵化、培育以及各个机构的帮扶，使合作组织在其中得到较多的支持。

通过当地政府部门机关的牵头作用和有效支持，在企业和民间组织的技术资金援助下，合作组织的数量会不断增加，使海洋生态环境治理从“无序化”向“有序化”发展，由“零碎化”向“整体化”转变，从而各类合作组织在海洋污染治理、海洋生态保护等领域产生了巨大的作用。比如，在某一海滩的环境治理中，可以由当地相关社区的居民和政府机关组织成立合作组织，由政府指派专门人员在其中担任管理者，并对该合作组织成员进行环保技能培训，提高其治理成效，政府部门可以按照治理内容指派专业人员提供技术支持，政府机关与民众之间形成紧密合作，从而实现真正的协同治理。合作组织可以按照治理方向分设不同的治理小组，并确立组长管理制，由小组长与合作组织管理者进行对接，任务分派等各项活动。由此该区域的合作组织不断拓宽自身治理范围，完善治理体系，加强构建全方位多功能的治理网络。

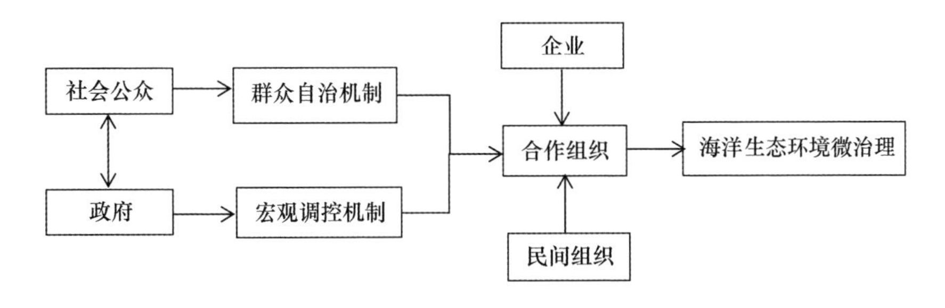

图 5—4　协同合作共建型的微治理模式

第三节 海洋环境跨行政区域治理案例分析

一 海洋环境跨行政区司法协作治理的多案例分析

跨区域海洋生态环境治理的司法协作在全国范围内呈现出多层级化，主要表现为司法领域的多元性，司法管辖的层级性，以及司法诉讼的跨区域性等，本文选择若干个治理的司法协作案例进行比较分析，研究治理跨区域环境司法协作需要的机制和模式。

(一) 海洋环境跨行政区司法协作治理的多案例阐述

案例一：渤海湾"塔斯曼海"溢油事件

2002 年 11 月 23 日，马耳他籍"塔斯曼海"原油轮于渤海海域与中国籍"凯顺一号"发生碰撞,，导致"塔斯曼海"油轮的原油泄露。由此带来的结果是溢油面积扩散至 205 平方公里，对渤海生态产生了较大的影响，造成了天津海域大面积的油污污染，严重损害海洋生态环境。

该事件发生后，受影响的当事人向天津海事法院提起诉讼，其中包括天津海洋局提起的海洋生态损害赔偿案和天津渔政监管处提起的渔业资源损害赔偿案。由于涉事部门众多，且法律依据不清晰，于2004 年 12 月 30 日，天津海事法院经过 6 次审理，一审判决天津市海洋局胜诉，然而，被告不服判决，上诉至天津市高级人民法院。从事件发生到终审判决，前后跨度经过了 7 年，于 2009 年判决天津市海洋局胜诉。

案例二：蓬莱 19—3 油田溢油事故

2011 年 6 月，蓬莱 19—3 油田发生溢油事故，造成渤海部分海域污染，且因为散播较快，至河北唐山浅水湾岸段也发现了油污污染。在溢油事故发生时，康菲公司承担该事故的全部责任，因为事件发生时的实际操作者是康菲公司。

位于河北省唐山市乐亭县也处于污染范围内，于是当地政府于2012 年 1 月开展集中赔偿活动，由各沿海乡、镇政府对养殖海域进行了核实确认和规范治理。当地居民栾树海等 21 人在乐亭县附近海域从事海参养殖，其实际操作区域在赔偿补偿范围内，但是是由原养殖权利人处有偿承包，虽然未核发养殖证，但得到当地政府认可。他们不接受行政调解，并向天津海事法院提起诉讼，天津海事法院根据《近岸调查报告》、《联合调查报告》等现有证据，结合浅水湾岸段近岸海域海水石油类浓度变化情况、溢油扩散方向、栾树海等 21 人养殖位置，可以认定栾树海等 21 人养殖海域受到此次事故的污染并遭受损失。判决栾树海等 21 人胜诉。

案例三：“加百列”轮案

2011 年 8 月 12 日，“加百利”原油轮在琼州海峡遇险，船舶及船载货物处于危险状态，威胁海域环境安全。其投资公司在事故发生后授权其上海代表处向南海救助局求助，无论是否救助成功都支付价款并同意其报价。与此同时，为避免危险局面，湛江海事局对“加百利”轮采取强制措施来避免其过载搁浅。次日，“加百利”轮由中海发展股份有限公司进行原油驳卸后，利用潮汐乘潮成功回港。

2012 年 8 月 30 日，南海救助局向法院提起诉讼，最终认定本案是海难救助合同纠纷，南海救助局与投资公司之间是救助合同关系，一审判决南海救助局胜诉。

投资公司不服判决结果，向广东省高级人民法院再次申请诉讼，认为本案存在南海救助局不顾实际情况、乘人之危的情形，广东省高级人民法院撤销一审判决结果，改判投资公司按 38.85% 的比例承担相应的责任。

南海救助局对二审判决结果采取不认同的态度，于是向最高人民法院再次提起诉讼申请，最高法院依照《海商法》的规定，本案所涉及的合同不属于“无效果无报酬”救助合同，而属雇佣救助合同，因此重新维持一审判决结果。

（二）案例分析与小结

以上三个案例中，其中两例是由于海洋环境污染产生的补偿费用导致的司法介入，其中一例是由于海难救助过程中合同费用金额明确产生的司法介入。

在由海洋环境污染所产生的司法纠纷案例中，“塔斯曼海”事件是由于权责不清，且受损害方众多，法律依据不足，社会影响巨大，导致了审理进程缓慢，处理问题冗杂的现象。在这类事件中，双方的关注点更多的是对于海洋生态价值认证的问题，也就是对于海洋环境破坏行为中民事赔偿诉讼的证据问题，这也深刻地反映了我国对于此类案件解决的制度缺乏的问题，更主要的是实体法的应用与适用问题。

在蓬莱 19—3 溢油事故中，栾树海等人虽然未有养殖证，但仍不能剥夺其接受赔偿的权利，以证件不全的理由剥夺其养殖权利并不是妥当的处理方法。在诉讼的过程中，法院认定了栾树海等 21 人养殖海域受到此次溢油事故的污染并遭受损失，这是通过逻辑推理和经验法则来推定和判断出来的，符合环境侵权案件中对因果关系成立“初步证据—举证责任倒置”的适用次序，是正当合法的。

在“加百列”轮事故中，本案是海难救助合同纠纷，而非海洋污染案件，事关海域环境安全、船员人身安全、船舶及货物财产安全，有国际条约专门规范，对于此类案件有专门的国际条约以及海商法进行规范，因为此类事故关系到涉事人员人身安全、船舶及货物安全等，强调了国际条约在法律实际应用中的地位。同时作为一起政府部门作为原告的案件，厘清了其行政责任与民事责任的界限，其判决结果体现了我国海事司法的公信力。

综上所述，在以上三类案例中，案例发生的背景都是由非本区域的涉事船只在本区域内发生事故，在案件申报时就需要不同区域的组织机构通力协作，并且在案件的处理过程中，取证、审理，事后监督都有非政府部门的各类组织协作参与，体现了跨区域司法协作的多主体性，由于多主体参与，使得案件在审理结果的判断上更具有公正性。可以说，通过跨区域司法协作，使得原本由单方处理的棘手案件变为了由多方共同参与，审理模式完备，审理程序明确的司法案件，对于跨区域海洋司法协同机制的建立逐步趋于完善。

（三）跨区域海洋环境司法协作的现状评析

跨区域环境治理的司法协同的开展需要构建相应的机制和制度，司法部门在跨区域环境治理的司法协作上也曾进行一定的机制探索。三大诉讼法都明确了案件诉讼管辖实行级别管辖，在两个以上人民法院都有管辖权的情况下，案件的诉讼选择权交由原告（《行政诉讼法》第二十一条），法律还规定了指定管辖和移送管辖的原则性内容，因此对于跨区域的海洋生态环境的司法管辖就存在以下三种情形：一是跨区域海洋生态环境案件分为刑事、行政、民事三大类，司法协作具有不同的机制。二是跨省、设区的市际、县际的海域生态环境案件，行政诉讼和民事诉讼由诉讼原告选择，或由上级法院指定管辖，或移送管辖，但刑事诉讼案件一般实行移送管辖。三是跨区域海洋生态环境治理司法协作的主体包括检察协作、诉讼协作，还应当包括司法前协作，如行政机关为司法行为作出的基础调查协作。

纵观现有的司法协作机制，分析相关案例和制度，跨区域海洋生态环境司法协作存在如下困境：第一，司法前协作机制构建不足。在《海洋环境保护法》中有明确规定，对于沿海地区，当地人民政府或者拥有海洋环境监督管理权的职能部门可以通过合作建立海洋环境保护组织来进行海洋环境保护，开展海洋污染防治、海洋生态多样性保护以及海洋环境区域规划工作。除此之外，对于跨区域海洋环境保护工作的权责利害可以交由沿海地区的地方政府相互沟通协商或由上级政府传达工作规划，国务院环境保护部门是跨领域的重大海洋环境保护工作的主要负责机构，若超出其能力范围时，交由国务院负责。该法对于区域海洋环境合作组织在海洋环境治理中的应用有明确的规定，但是关于政府在跨区域海洋环境司法协同机制的建立与保护如何参与却没有提及。第二，海洋生态环境公益诉讼机制在跨区域领域尚未建立。海洋环境公益诉讼制度一直是近年来海洋领域司法改革的重点，相应主体提起海洋环境公益诉讼的情况在《环境保护法》第五十八条以及《海洋环境保护法》第八十九条中得到明确规定，另外，《民事诉讼法》第五十五条明确“两重主体”，并设定若法律规定的机关和有关组织不提起诉讼的情况时，检察机关可以向人民法院提起诉讼。但在这些规定中，《海洋环境保护法》和《环境保护法》对于海洋环境公益诉讼的主体范围是不一致的，如果按照《海洋环境保护法》作为特别法优先适用原则时，会剥夺“有关组织”诉讼主体资格，与环境公益的立法目的相悖。在这种起诉主体多元化的制度设计中，究竟由谁提起或由谁主导海洋环境公益诉讼才最合适，出现诉权冲突时如何确立起诉顺位，亟待进一步明确。由于跨区域海洋生态环境治理在环境公益诉讼的主体设计上，公益组织相比行政机关、检察机关更具有设置的灵活性，同时在中国海域的跨区域管辖上，也只有更上层级的行政主管机关有资格成为诉讼原告主体，故三部法律对于海洋生态环境公益诉讼机制构建尚需要进一步理顺和规范。第三，跨区域海洋生态环境的检察协作机制被忽视。2016 年 2 月，最高人民法院发布《最高人民法院关于为京津冀协同发展提供司法服务和保障的意见》，在该意见中，明确了对生态环境保护案件管辖制度的建立与完善，把该制度在司法地位中提升到了相对较高的高度。《海洋环境保护法》和《环境保护法》直接排除了检察机关的诉讼权，

《民事诉讼法》对于检察机关的诉讼权有明确规定，

但是对于如何确定存在的无法提起诉讼的情况时，在司法实践上存在难度。况且《海洋环境保护法》已经明确了跨区域海洋环境保护工作的协商机制，未将司法机关列入其中，检察机关作为法律的监督机关和环境公益诉讼的主体，无法在跨区域海洋生态环境治理中构建检察协作机制。

二　海洋环境跨区域“微治理”机制的案例分析

在治理精细化的时代背景下，微治理机制在生态环境的治理应用成为一种全新的治理新模式，在很大程度上能解决传统治理模式的困境和问题。本书选取以下两类案例进行归纳与分析。

（一）海洋环境跨区域微治理“滩长制”模式

1. 浙江舟山“滩长制”模式的应用

浙江省作为一个海洋大省，海滩众多，但是近年来，由于对海洋资源开发力度加大，海洋生态环境逐渐恶劣，海洋生态环境治理碎片化现象严重，为了更好解决和治理海岸生态环境，浙江省以“海湾、海滩”等小微单元为治理对象，开始施行以“滩长制”为核心的治理模式。“滩长制”的实践基础就是“河长制”，在有制度基础的条件下，将治理对象由河域扩展至海域，由各级党政主要负责人任“滩长”一职，对其辖区内的治理问题统筹安排，监督管理，把完善资源多样性和生态完备性、保护海洋环境作为主要任务，以此实现打造美丽整洁的生态海洋、提高海洋资源的可持续利用效率这一目标。

“滩长制”是以基层治理为核心的全新生态治理模式，由于不同海滩环境千差万别，因此治理情况也不同，所以在实施“滩长制”时，不仅需要滩长的监管治理，也需要各层级治理主体建言献策，达到共同治理的态势。2017 年开始，舟山市在村级湾（滩）

雇佣保洁员制度、湾（滩）管船机制等取得了相应的治理经验，也在海滩的信息化监控、清单式管理模式、考核机制的完善等项目中实现相应的突破。

2. 山东青岛“湾长制”模式的应用

为探索建立海洋环境治理新模式、系统解决海洋生态环境问题，2017 年 9 月，国家海洋局印发《关于开展“湾长制”试点工作的指导意见》，“湾长制”的组织模式主要以领导小组结构进行运作，本湾区环境质量和生态保护由总湾长全权负责，并由总湾长按照行政层级将各项任务分配给各级湾长，且由本级地方党委来直接执行和监督海域治理活动。同时，为了加强各级的监管制度，将“建立考核督查制度，实施分级考核制度，考核结果纳入政绩考核评价体系”，加强了海洋环境治理的刚性问责。除此之外，在责任捆绑的模式下，通过建立各个领导小组和湾长办公室，问责源头也有了很好的把控，实现了权力高密度化的政治结构，整合了各级部门间的权力，能在统一领导下解决海洋环境问题。

“湾长制”把规划主体功能区作为基础，以逐级明确各级政府的海洋生态环境保护责任范围作为准绳，把持久管理机制的构建作为核心要义，从而加快实现改善海洋生态环境质量、提高海洋生态安全这两个目标，建立陆海统筹、上下联动、协调共治的治理模式。

（二）“滩长”制实施中的困境与不足

“滩长制”作为海洋生态和环境治理的机制探索，在海洋治理的实践中有其先进的逻辑思考和理念支撑，推进之初引起了各界的广泛讨论。但“滩长制”的实施因其制度支撑体系的不足，存在推进中实际治理效果的有限性，需要梳理相应的逻辑结构、分析问题根源，形成完善的制度机制，为海洋环境治理提供创新治理模式。通过对浙江省以舟山市为代表的“滩长制”推行与实践，发现这个制度仍面临着诸多现实困境与挑战。

1. “滩长”职责非法定。从我国现行的国家法律框架体系来看，“滩长制”的设立没有明确的上位法依据，属于地方政策创新。现行的“滩长制”方案仅仅是政府部门的行政安排，尚未上升到地方法规的层面。“滩长制”从设立到落实，主要是通过政府推动，以行政权力单向度地实施海滩海岸管理，可能在操作过程中存在着一定的权利和权力之间的冲突。

2. 管辖权限存在冲突。“滩长制”由地方省级政府提出，方案规定由设区市政府统筹安排全市海滩综合整治和保护工作，使治海成为了地方政府的工作重点，但也势必对现行的海洋生态治理管理体系形成一定程度的冲击，如《中华人民共和国海岛保护法》规定“无居民海岛属于国家所有，国务院代表国家行使无居民海岛所有权”，实际上涉及无居民海岛的海滩管理开发权也基本需要国务院相关部门审批，这与地方政府管理为主的“滩长制”在管理层级上存在冲突。“滩长制”还存在一定的跨区域行政权管辖的冲突，尤其在陆地海岸线邻近的省、市之间的海滩、海岸线治理上因政策目的不一致可能就存在合作治理的不足，或治理中的“搭便车”现象。

3. 治理动能不足。在浙江的“滩长制”实践中，滩长全部由现任领导干部兼任，经费主要由地方财政开支，而地方财政难有积极性去落实自上而下的“滩长制”政策。对地方政府和滩长激励机制的缺失促使滩长制推行的持续性不足。另外，治理需要公众等社会多元主体的参与，当前“滩长制”的推行大多还停留在政府层面，社会组织和公众对“滩长制”所涉及的工作不够熟悉，参与较少。

“滩长”制作为沿海地区环境治理的重要探索，有较多的机制创新空间，但海洋环境治理的复杂性，和以小微治理单位为特征的“滩长”制实施仍存在较多的现实机制的制约。主要原因归为以下两类：

一是海洋治理主体的多元化在管辖实践中的冲突尚未解决。我国以生态环境部成立为代表的自上而下的“大部制”体制逐渐形成，同时中共中央印发《深化党和国家机构改革方案》中整合组建生态环境保护综合执法队伍，包括整合环境保护和国土、农业、水利、海洋等部门相关污染防治和生态保护执法职责、队伍，统一实行生态环境保护执法，由生态环境部指导。除了海事、军队外，海洋生态环境管理的职责基本实现职能的统一。但“大环保”框架下的海洋治理在治理主体的完善方面还存在两重矛盾：一是垂直管理的主体矛盾。生态环境部虽然已经成立，但地方履行海洋环境保护的职能部门尚需要在机构改革过程中进行职能协调，在具体实施管辖的海域、海滩、无居民海岛发生重大环境污染，级别管辖如何适用仍存在一定的问题，如果海滩风景优美而成为景区，则同时存在上级政府和海滩的原使用人之间的管理矛盾。二是横向海洋管理部门的矛盾。海滩包括陆上区域、潮间带、潮下带，在海洋管理体制逐渐走向“大部制”和统一执法的前提下，管理部门逐渐统一，但作为小微对象，还有社区、居民、非政府组织的相应利益诉求是无法通过整合实现“统一管理”的，现有《海洋环境保护法》以及地方立法的规定需要进一步修改与完善。

二是海滩的海陆跨界性在现实海洋治理中存在技术难度。海洋环境治理体系跨陆地和海洋区域。因陆地与海洋在生活、生产等功能差异巨大，海洋环境治理的模式和状态也有明显区别。海洋生态系统因海水的流动性、海流因气候变化的不确定性等因素，生态破坏的外在因素强于陆地，海水污染后的影响评估等在技术上也存在相应的难度，因此陆域环境治理和海洋环境治理的模式是有差别的。海滩作为小微的环境治理对象，基层治理主体在治理技术上很难有多的人员和资金去推进。

（三）基于生态环境微治理机制的经验总结与反思

以上两种以“微治理”机制为指导的制度案例，在应对区域性治理问题上取得了很好的成效，社会与政府之间通过协同合作，将生态环境治理问题落实到基层，实现了治理主体基层化，治理单元细微化，治理方案针对化。这两个案例都是正面经验的正确反映，通过案例分析来提炼海洋生态环境微治理机制的实际应对是案例分析的主要目的。

通过对基层主体的重视，将治海任务落实到基层组织，并给予一定的自主治理权，能够对现行的海洋生态环境治理管理体制产生影响。但微治理机制推行中的诸多矛盾还需要衔接好政府与公众的权责关系，就是协调好整体性治理和微治理之间的关系，这是微治理机制的关键点。同时，海洋生态环境微治理作为多种治理方式的结合体，需要依靠社会公众的力量予以支持，公众参与既可以扩大海洋生态环境治理的治理内涵，同时也可以作为一种新生力量对海洋生态环境治理活动进行监督管理。

三　“海区＋整体性治理”的海洋环境治理模式的案例分析

（一）“渤海海洋环境污染”案例介绍

根据监测表明，渤海是我国海洋生态环境破坏最为严重的海区之一，工业废水、生活污水、工业和生活垃圾、农药、化肥等陆源污染物大量超标超量排放入海成为当前渤海环境状况恶化未能得到遏制的根本原因。而作为我国唯一的半封闭型内海和全球典型的封闭海之一，渤海自身较弱的水交换能力根本无法消解如此巨大的陆源排污压力。

相关海洋专家指出，如果不采取任何措施来遏制污染，若干年后，渤海将变成“死”海；即使现在开始不向渤海排放一滴污水，仅靠其与外界水体交换来恢复清洁，也需要至少200年①。

---

①《十年后渤海可能成为死海》，《人民日报》2006年10月18日。

近年来，渤海海洋环境质量总体保持稳定，但近岸局部海域环境污染仍然严重。《2017 年北海区海洋环境公报》显示，渤海较重污染海域主要集中在辽东湾、渤海湾和莱州湾三大近岸海域，各季节均存在超第四类海水水质标准的海域。锦州湾典型生态系统处于不健康状态，陆源污染、过度捕捞等因素是导致渤海典型生态系统处于不健康或亚健康状态的主要原因。

（二）渤海海洋环境治理的基本历程

渤海海洋环境治理是一个共同性的话题，协同治理的历史也较早。早在 20 世纪 70 年代，环渤海辽宁、河北、山东和天津出于海洋环境监测数据的获取，三省一市就成立协作组对渤海环境的污染状况进行调查。1982 年，《渤海、黄海近海水污染状况和趋势》完成。随后，面对渤海污染不断加重的态势，相应的治理措施也随即展开。1996 年，我国制定《中国海洋 21 世纪议程》，提出渤海的辽河口、锦州湾、天津毗连海域等污染比较严重，有必要进行重点整治和保护。到了 2001 年，国家环保总局、国家海洋局等部委联合三省一市共同编制了为期 15 年（2001—2015 年）的《渤海碧海行动计划》，总投资 155 亿元。为了保证计划的实施，还建立了由渤海周围省市及国家部委共同组成的渤海环境保护省部际联席会议制度，对有关渤海环境污染治理问题进行协商解决。2009 年，由国家发展和改革委员会、环保部、住房和城乡建设部、水利部与国家海洋局等五部门共同发起制定并推行的《渤海环境保护总体规划(2008—2020 年)》出台。2011 年渤海环境保护省部际联席会议第二次会议召开，就推进渤海环境保护总体规划实施，开展综合治理提出一篮子意见。2017 年又印发了《国家海洋局关于进一步加强渤海生态环境保护工作的意见》，突出生态优先、从严从紧的政策导向，研究提出加快编制和修订海洋空间规划、加强海洋空间资源利用管控等八条举措。

总的来说，目前渤海海洋治理已经形成了顶层设计、区域间合作机制两个层面的综合治理方式。一是建立了渤海环境保护行动领导小组，加强工作协调机制，还成立国家环境主管部门渤海综合治理协调小组，对渤海生态环境保护工作进行统筹协调、统抓统管，同时在主管部门内部设立具体的办事机构，集中专门力量进行细化细管、督促落实。二是定期召开三省一市及国家部委参加的省部际联席会议，就制定区域规划、加强环境监测等联合协调。

（三）渤海海洋环境污染的利益博弈

然而，目前渤海生态环境状况仍不容乐观，近岸水环境污染严重。2001—2015 年，渤海优良水质（符合一、二类海水标准）海域的比例由 95.7% 下降至 78.3%，劣四类严重污染海域的比例由 1.8% 增加至 5.2%。2001 年，渤海劣四类严重污染海域仅局限在辽东湾、渤海湾近岸局部海域；然而目前渤海四类和劣四类水质海域已扩展到除辽东湾东岸以外的几乎全部近岸海域，并向三大海湾中部扩展。海洋环境风险突出，灾害事故频发，2017 年渤海共发现 12 次赤潮，赤潮发生海域总面积约 342 平方千米，与 2016 年相比，发现次数略有增多。渤海 96 个监测入海排污口 94% 的邻近海域环境质量未达到所在海洋功能区环境质量要求[①]。但随着治理行动的升级，渤海海洋生态治理效果在近年以来渐显成效，2019 年，劣四类水质海域面积同比减少 2320 平方千米，赤潮面积和次数也大幅度降低。[②]

那么是什么原因导致渤海在国家顶层协调、综合治理的情况下长时间出现治理效能不足呢？首先需要分析渤海几十年来的机制困境。除了渤海特殊的半封闭海地理形态外，我们认为更多的是区域内不同主体的利益驱使。在海洋环境治理过程中，各类利益相关者

---

① 2017 年《北海区海洋环境公报》。

② 《2019 年中国海洋生态环境状况公报》。

都有自己独立的利益承载结构。而环境合作治理的过程本质上就是各利益相关者利益博弈与重新分配的过程。因此，环境合作治理必然影响到利益相关者的利益，进而形成基于利益关系的合作与冲突、谈判与妥协等政策博弈活动。只有当环境政策或环境治理机制从总体上符合大多数利益相关者的利益诉求，能够很好地平衡、协调各方利益关系，环境合作治理才能顺利实现。其实，渤海海洋污染从产生到治理的不同阶段，中央政府、环渤海相关地方政府以及企业三者作为这一事件中最主要的直接主体始终处于一个复杂的动态博弈之中。

首先，企业间的博弈。企业组织作为市场主体的组成部分，其最大的特征在于个体利益最大化，企业为追求资本和市场竞争会想方设法降低生产成本，从而增加个体收益。企业的趋利本性，假若有一家企业因为逃避排污处理而获益，则会导致其他企业会争相效仿，陷入“公地悲剧”。这种“个体行为理性”的结果必然导致环境资源的浪费或掠夺性地使用的“集体行为非理性”。环渤海存在众多的重化工企业和船舶运输企业，这些企业为了降低生产成本，在激烈的竞争中处于优势地位，就会采取直接排污，从而减少了处理污水的成本，每家企业都成为可以利用公共资源的主体，好像是面临一种囚徒困境：利用公共资源谋取自身利益最大化。

其次，企业与政府间的博弈。企业与政府既是利益共同体，也是矛盾对立体，这样一对既统一又对立的关系使政府在处理环境问题上爱恨交加。“爱”在于企业是政府财政的来源和经济繁荣的表象，“恨”在于企业对环境破坏行为使政府不得不进行监督和处罚。当渤海海水水质变差及环渤海地区环境出现严重污染，公众所享有美好环境的利益被剥夺时，必然产生企业与公众间的博弈。为避免企业排放的污染由公众承担，政府必须代表公众利益与企业进行博弈，其主要措施是监督处罚。这时候企业就会与政府玩起“躲猫猫”的游戏，来逃避处罚，或者接受一定的罚款，这样一个典型的“囚徒困境”就这样产生：渤海环境问题带有明显的公共性，无法拒绝不治理的人“搭便车”，治理污染的人就吃亏了。然而目前我国所制定的海洋环境保护法规对企业的处罚相对较低，低违法成本推高了企业的违法行为。对于一些大企业守法成本远远高于违法成本，加之企业缺乏自我约束内在动力，社会责任感缺失，环保意识和法制观念淡薄，必然导致偷排漏排屡禁不止。[①] 同时，地方政府出于自身经济利益的考虑，加之环境保护效益的滞后性，于是地方政府会对为辖区直接贡献经济效益、就业岗位和税收的污染性企业手下留情，对企业应交纳给中央政府的污染税进行地方化减免，甚至以此获取寻租利益。尤其是在环渤海存在众多的国有企业，在税收上于地方政府存在直接关系。因此，企业与地方容易结成利益共同体，放任企业排污。尤其是近几年环渤海重化工产业在这一区域仍呈增长态势，大连、营口、盘锦、锦州、葫芦岛、秦皇岛、唐山、天津滨海新区和沧州市，其产业无一例外地体现出重化工产业为主导的特色，生产过程中排放的污染量较大。这些重化工项目，单独挑出任何一个来看，其产业规划、环境评价可能都是合法的，不过，渤海就是在各种“合法利用”的叠加下逐渐出现问题、丧失功能，污染几乎“难以避免”。[②]

再次，政府与政府间的零和博弈。新华社的一篇报告中，一位海洋研究所研究员专家道出了渤海久治不愈的根源——“海洋部门不上岸、环保部门不下海，管排污的不管治理、管治理的管不了排污的部门割据现象，以及地方政府的各自为政、相互推诿，是渤海污染无法得到根治最为关键的因素”。目前我国的《海洋环境保护

① 2016、2017 年《海洋环境保护法》修订后，企业的环境责任加重，结合海洋督查制度推进，政府和企业的环保意识和行动得到了提升。

② 新华社：《环渤海污染已触目惊心　地方政府各自为政相互推诿》，https：//www. yicai. com/news/5065733. html，2016 年 8 月 18 日。

法》规定，环保部门负责全国海洋环境保护工作；国家港务监督机构主管船舶污染问题；国家海洋管理部门承担调查、监视、监测我国的海洋环境状况，主管石油勘探开发及海洋倾废带来的海洋环境保护工作；国家渔政渔港监督机构负责渔港船舶排污的监督及渔业港区相应水域的监视，这样的制度安排在多年来就容易出现相互之间管理的不协调。由于各地方政府间的收益和损害相加总和永久为“零”，因此各方不存在合作的可能。这种零和博弈的结果是大家对环境公共产品采取置之不理的态度，使得整个环渤海湾永远可能是一个“公共池塘”。

最后，地方政府与中央政府间的博弈。中央政府出于对渤海湾的治理，制定了《渤海碧海行动计划》，投资了大量资金，然而这些计划的实施和资金落实依靠三省一市，由此，中央政府与地方政府之间形成了委托代理关系，即地方政府则代理中央政府行使治理辖区环境的权力。地方政府在落实行动计划和资金使用上往往会采取利益最大化，而这些信息又不为中央政府所知，信息上的不对称造成委托代理关系的无效或效用低下，这也是国家部委长期参与渤海湾治理却久治不愈的原因。

环保机构大都制改革及《海洋环境保护法》的修订完善，对渤海的环境治理形成了较大的促进作用。近几年来，渤海治理成效明显，各类污染数据明显下降。

（四）渤海海洋环境污染的整体性治理模式

在环渤海环境治理过程中，政府导向的整体性治理模式是治理效果显现的重要出路。地方政府、中央政府与企业之间存在“多重利益博弈”，环境保护与经济发展的目标冲突会导致个体理性与集体理性的冲突，不具备经济合理性的制度和措施难以贯彻实施。这就需要我们关注利益相关者的博弈所在，将渤海作为一个“合作海区”，采取整体性治理方式进行治理（图5—5）。

首先，必须明确“渤海”是一个区域合作海，也就是说，渤海是一个利益整体。我们需要关注渤海作为一个海区的态度，明确渤海发展的统一性和法定的统一性。在环渤海圈实行一部法律，一个规划，一个组织。可以借鉴日本《濑户内海环境保护特别措施法》、美国《五大湖环境恢复法》在区域环境法治建设中的经验，尽快研究制定环渤海区域统一的污染防治条例，加强对治理海洋污染的硬约束，提高治理效果。在渤海环境保护省部际联席会议和环渤海区域合作市长联席会基础上，设立一个环渤海环境治理委员会，开展海域、海岸带和近岸陆域一体化管理，实现规划统一、执法统一、产业布局统一。

其次，强化渤海区域内治理责任和公共利益导向，这是渤海整体性治理的政府治理理念。当前以渤海作为整治的对象，被动地追随污染源，采取末端治理的方式，导致海洋、环保等部门关注了各种污染源却忽略了污染源背后的人的行为。更重要的内容是对人的管理，对开发利用渤海的行为进行规范，通过调整人的行为达到对渤海环境的整治。[①] 对人的管理中，增强责任感是最重要的，责任感有助于各方联合起来共同致力于解决环渤海湾污染问题，能够将整合的有效性和治理责任提升到最高位置。特别是在渤海污染治理的整合和协同过程中，各地方政府以及相关利益方都需要担负起各自的责任，并建立起政府间的信任关系。除了责任之外，公共利益导向也是十分关键的，必须将渤海治理置于公众利益至上，解决渤海污染问题等于解决人民幸福问题，不论是哪级政府，也不论是公共部门还是私营部门，都必须将公众利益作为终极目标。因此，整体性治理模式治理渤海污染中我们十分关注的是将公众作为参与方参与渤海治理过程，从而建立起一个真正以公众利益为导向渤海环

① 高悦：《治理渤海环境污染要形成合力》，《中国海洋报》2017 年 3 月 6 日。

境治理为目标的协作治理网络。

再次，建立无缝隙的政府运作模式。基于目前渤海海洋管理中存在的碎片化，导致多头管理、断层式管理。整体性治理的组织结构强调根据目标和结构进行组织设计和创新，在不取消政府部门现有的专业分工的前提下进行跨部门合作和整合。汤姆·林（Tom Ling）层提出的“内、外、上、下”四个维度的整体政府组织模式是有助于渤海污染治理的，也是符合现有渤海管理实际的。“内”是指渤海圈之间要加强内部的合作，发挥渤海市长联席会议作用，与此同时建立海洋主管部门联席制度。“外”是指组织间的合作，完善渤海省部际联席会议，在此基础上成立渤海圈海洋环境治理委员会，驾驭省之上，类似于京津冀合作组织。“上”是指自上而下的目标设定以及对上的责任承担，途径是以治理结果为导向的目标分享、治理效果评估、海洋环境督查等，确定好中央政府与地方各级政府、相关企业的责任目标，签订目标责任书，并纳入督查范围。“下”是指以公共利益为宗旨的供给过程，合作方式是公众参与海洋治理政策制定和督查。总之，整体性治理模式在渤海治理的组织结构上，强调中央政府、地方政府和利益关联体之间的合作和协调，建立无缝隙的政府运作模式。

最后，建立多主体参与的综合治理机制，这是整体性治理的治理主体维度。前面我们已经对渤海治理的问题有了基础利益博弈的分析，在这中间，企业和公众是失效的，也就是说，企业和公众没有参与到渤海环境治理中来，我们只看到了中央政府、地方政府的身影，这种治理容易出现零和博弈和委托代理无效以及信息不对称等问题。因此，发挥企业、非政府组织和公众在渤海治理中的作用尤为重要。企业是污染的最大源，也是最大的责任方，在治理中如果没有企业的参与几乎是无效治理，容易出现治理政策的非理性，企业也会市场寻租、最后陷入囚徒困境。非政府组织是一种自发组织，在渤海湾也有很多NGO，但是在渤海的治理过程中这一力量几乎是没有出现，非政府组织是游离于政府和企业之间的，它不追求市场利益的最大化，也不追求政府管理效能的最大化，他追求的生态效益的最大化，这一思想是有利于渤海生态环境治理的。公众一直是环境治理的重要主体，公众也有关注自身环境福利不被剥夺的需要，因此，其参与渤海环境治理也是现实的。

四　“海洋生态补偿＋利益平衡”的海洋环境治理模式案例分析

（一）渤海蓬莱油田溢油事故的案例介绍

2011年6月4日，中海油与康菲石油合作的蓬莱19—3油田发生漏油事故，截至12月29日，这起事故已造成渤海6200平方千米海水受污染，大约相当于渤海面积的7%，其中大部分海域水质由原一类沦为四类，所波及地区的生态环境遭严重破坏，河北、辽宁两地大批渔民和养殖户损失惨重。

事故发生后，中海油和康菲公司因信息披露不全、推诿卸责、处置不力等而饱受舆论批评，索赔工作进展艰难，直到次年才有所突破。其中，国家海洋局于2012年4月27日宣布，康菲公司和中海油将支付总计16.83亿元的赔偿款，此数额创下了我国生态索赔的最高纪录。

（二）渤海蓬莱油田溢油事故的解决方案

对溢油事件造成损害没有明确的责任主体，是此次事故处理难的原因之一。作为溢油事故直接责任方的康菲中国（包括其母公司中海油）以及作为政府代表的国家海洋局皆对此次事故开展了鉴定工作，由于没有明确的主体承担责任，导致康菲中国、中海油和政府管理部门在披露相关信息上互相推诿、拖沓处理漏油事件，使相关调查结论的客观性备受争议。

从溢油事件造成的损害来看，康菲公司所要面对的花费应当由两个主要的方面构成：一是补偿天然渔业资源和养殖生物的经济损失；二是补偿生态系统服务功能的减损。但是，在相关调查结论和补偿实践中，此事件的补偿对象仅为天然渔业资源和养殖生物的经济损失。

从此次事件来看，由于企业责任意识差、行政监管不力、法律规定的缺失等问题，导致责任主体不明确、补偿标准低下，公众和企业的损害难以得到合理的赔偿。通过相关文献可知，按照法律规定康菲公司应该赔偿由此造成的环境损失，环境治理和恢复费用受此影响的单位和个人所遭受的损失，从康菲公司支付的赔款来看只有向农业部支付了人民币 16.83 亿元，其他损失一概没有赔偿。虽然有河北养殖户在天津海事法院成功提起诉讼索赔近 5 亿元损失，但最终被以证据不足驳回而山东的养殖户则被排除在司法解决之外，至今未获立案养殖户尚不能索赔，渔民就更加难上加难。

因此，需要我们对这类事故采取基于生态补偿的利益平衡模式的海洋环境治理方式。中央政府对船油泄漏事故应制定详细的赔偿规定，目前我国已有的《海洋环境保护法》《防治船舶污染海洋环境管理条例》《海上船舶污染事故调查处理规定》《海上船舶污染事故调查处理规定》等法律法规规章规定了鉴定主体、相关义务等核心问题，但是缺少生态补偿的责任，这也是康菲事件中渔民和养殖户利益损失难以获得补偿的原因。另外，地方政府也应有职责对企业和公众利益给予保护。在这次事件中，河北、辽宁两地的养殖公司和渔民无疑是利益最大损害者，但是此次赔偿中地方政府几乎很少在海洋生态赔偿中发挥作用，导致生态补偿的利益维护方的断裂。只有作为利益相关方的国家海洋局干预了这次赔偿。因此，生态补偿链条的断裂和缺少法律依据，使得地方政府在这类海洋环境治理中难以发挥应有作用。由此，河北、辽宁两地应建立跨区域合作制度，与中央政府的代表自然资源部（原国家海洋局）、生态环境部开展合作，针对这类船油泄漏事件，建立以污染海区扩散地相关利益责任方为代表的海洋生态补偿机制，有效保护国家、地方政府、企业和公众的利益。

第六章

海洋环境跨国界治理的模式与分析

第一节 海洋环境跨国界治理现状

一 跨国界海洋环境污染问题

《联合国海洋法公约》第一条规定的海洋环境污染是指："人类直接或间接地把物质或能量引入海洋，其中包括河口湾，以致造成或可能造成损害生物资源或海洋生物，危害人类健康。妨碍包括捕鱼和海洋的其他正当用途在内的各种海洋活动，损坏海水使用质量和减损环境的优美等有害影响。"根据人类海洋行为特征，以及物质或能量引入海洋的跨国途径，我们认为，跨国界海洋环境污染问题主要有四个类别：一是来源于陆地的海洋污染；二是来自船舶的海上石油污染；三是海洋倾倒；四是海上作业导致的污染。在目前跨国界海洋污染中前三类的情况比较严重。

（一）来自陆地的海洋污染

陆地来源污染，是指人类将生活垃圾、工业废物、农业化学物质等由河口流入海洋所造成的污染。[1] 1974 年 6 月 4 日在巴黎通过的旨在保护大西洋东北部海域的《防止陆源物质污染海洋公约》（简称《巴黎公约》）第一次正式采用了"陆地源污染"的概念。

---

① 马呈元：《国际法（第三版）》，中国人民大学出版社 2012 年版，第 216 页。

该公约第三条第三款规定："陆地源污染是指通过下列途径造成的海域的污染：1. 经由水道；2. 来自海岸，包括通过下水管道和其他管道；3. 来自设置在本公约所适用的区域内并受某一缔约国管辖的人工建筑。"据不完全统计，80% 的海洋污染来自陆地，每年有 800 万吨塑料进入海洋，对野生动物、渔业和旅游业造成严重的影响，每年有 100 万只海鸟和 10 万只海洋哺乳动物因塑料污染而丧生[①]。为了减少和防止各地区的陆地源污染，不少国家在有关公约中对陆地源污染作了规定。《巴黎公约》是目前最早、最完善的调整陆地源污染的公约。此外，1974 年的《保护波罗的海海域环境公约》、1976 年的《制止污染地中海公约》及其 1980 年的《地中海公约协定书》也对陆地源污染作了规定。[②]《联合国海洋公约》第二百零七条和第二百一十三条对陆地源污染的防治作了原则性规定，这些规定要求各国应制定法律和规章，以防止、减少和控制陆地来源，包括河流、河口湾、管道和排水口结构对海洋环境的污染，同时考虑到国际上议定的规则、标准和建议的办法及程序。各国应采取其他可能必要的措施，以防止、减少和控制这种污染。各国应尽力在适当的区域协调其在这方面的政策。各国特别应通过主管国际组织或外交会议采取行动，尽力制定全球性和区域性规则、标准和建议的办法及程序，以防止、减少和控制这种污染，同时考虑到区域的特点，发展中国家的经济能力及经济发展的需要。

（二）来自船舶的污染

在讨论跨行政区海洋污染现状时，我们已对船舶污染做了介绍。关于跨国界海洋船舶污染也是相当严重的。从 1970—2015 年间大型的溢油事故（ >700 吨）共发生 459 起[③]。美国每年报告的

---

① 《世界海洋日——以你之名，保护海洋动物！》，搜狐网，2018 年 6 月 8 日。

② 周海荣：《国际侵权行为法》，广东高等教育出版社 1991 年版，第 329 页。

③ 吴岫：《船舶溢油污染行为刑法规制难点问题研究》，硕士学位论文，大连海事大学，2016 年，第 3—4 页。

超过1万起的船舶漏油事件，大部分是轻微的，但如果涉及重大的污染事故影响往往是巨大的，如1989年瓦尔迪兹号油轮泄油事故造成的影响今天尚存在。1926年，7个国家达成了最早的国际船舶油污染控制条约。1954年，32个国家达成了《防止油污染海洋的国际公约》，禁止船只在海岸50英里范围内排放油。1972年，美国通过《港口和水道法》，要求所有在美国海域航行的新油轮，安装分离的压载箱。美国的单边政策以及对《防止油污染海洋的国际公约》的不满，都推动了更系统和更严格的国际条约出台。[①]《联合国海洋法公约》也作出了相应的规定，各国应通过主管国际组织或一般外交会议采取行动，制订国际规则和标准，以防止、减少和控制船只对海洋环境的污染，并于适当情形下以同样方式促进对制定制度的采用，以期尽量减少可能对海洋环境，包括对海岸造成污染和对沿海国的有关利益可能造成污染损害的意外事件的威胁。这种规则和标准应根据需要随时以同样方式重新审查。

（三）海洋倾倒

海洋倾倒是指利用船舶、航空器、平台或其他载运工具，审慎地向海洋处置废弃物或其他有害物质的行为，包括向海洋弃置船舶、航空器、平台和海上人工构造物的行为。[②] 第一部关于海洋倾倒的公约是《1972年防止船舶和飞机倾倒废物污染海洋的公约》，该公约是一份区域性法律文件。随后进行了修订，并最终被《1992年东北大西洋海洋环境保护公约》所取代。在这一区域性公约之后，同年通过了一部全球性公约，即《1972年防止倾倒废物和其他物质污染海洋的公约》，该公约在附件中列明了禁止倾倒的物质，并最终被《1996年议定书》所取代。《联合国海洋法公约》对海洋倾倒也作出了专门性规定，第二百一十条和第二百一十六条规定了

① 朱源编著：《国际环境政策与治理》，中国环境科学出版社2015年版，第147页。
② 周海荣：《国际侵权行为法》，广东高等教育出版社1991年版，第330页。

倾倒造成的污染以及关于倾倒造成污染的执行。《联合国海洋法公约》规定，各国应制定法律和规章，以防止、减少和控制倾倒对海洋环境的污染，各国特别应通过主管国际组织或外交会议采取行动，尽力制定全球性和区域性规则、标准和建议的办法及程序，以防止减少和控制这种污染。

二　海洋环境跨国界区域治理现状

（一）海洋环境跨国界区域治理的早期实践阶段

海洋环境跨国界区域治理以及相关国际法律制度的形成和发展过程已经历了大半个世纪。早在20世纪20年代，由于船舶排放造成的海洋石油污染，已经引起了一些国家和学者的重视。1926年6月8日至16日，美、英等14个国家的代表在美国华盛顿召开会议，研究有关防止船舶造成海洋石油污染的技术问题。在当时，采取国际性措施防止船舶造成石油污染的时机尚未成熟，与会国政府对这一问题的认识也不一致，对制订防止船舶油污染公约没有达成一致性，从而导致了华盛顿会议的失败。

第二次世界大战后，世界经济进入快车道，航运业逐年繁荣，由船舶造成的海洋石油污染日趋严重，引起了有关国际组织和各国政府高度重视，各沿海国相继制定了防止海洋石油污染的法律规章，同时积极参与制定有关的国际公约、双边和多边协定，防止海洋石油污染的国际制度获得了迅速的发展。1954年4月26日至5月12日，在伦敦召开了防止海洋石油污染的第一次国际外交会议，会议通过了《防止海洋石油污染国际公约》，这标志着海洋环境保护的第一个多边协议生效实施。1958年4月29日在日内瓦举行的第一次海洋法国际会议上通过《捕鱼与养护公海生物资源公约》，规定了所有国家均有任其国民在公海上捕鱼的权利，也均有责任采取，或与他国合作采取养护公海生物资源的必要措施。

1967年3月，利比里亚油轮“托雷·卡尼翁”号在英吉利海峡触礁沉没，流失原油近12万吨，海洋生态环境也遭到了极大的破坏，为此英、法两国蒙受了巨大的损失。在英国政府的建议下，政府间协商组织（现易名为国际海事组织）于1969年11月在布鲁塞尔召开外交会议，会议通过了《关于干预公海事件的国际公约》（即公法公约）和《国际油污损害民事责任公约》。这两个公约于1975年生效，在国际海洋环境合作治理上起了一定的促进作用。1971年12月18日及1973年11月2日制定的《关于设立赔偿油污损害国际基金的国际公约》和《关于干预公海上除油类之外的其他物质造成海洋污染的议定书》对健全跨国界海洋环境治理起到积极补充作用。1973年《关于干预公海上除油类之外的其他物质造成海洋污染的议定书》，则将公海干预公约的规定扩展适用于其他物质造成的类似污染事故。

（二）跨国界海洋环境污染国际公约的完善阶段

1972年，在瑞典斯德哥尔摩召开了联合国人类环境会议，会议通过了《人类环境宣言》。此后，各国在海洋环境保护方面开始进行广泛的国际合作，有力地促进了国际海洋环境合作治理的新阶段。1972年在伦敦会议上通过了《防止倾倒废物和其他物质污染海洋的公约》（亦称《伦敦公约》）。1973年10—11月间政府间海事协商组织主持召开的国际防止海洋污染会议，制定了《关于防止船舶造成污染的国际公约》，1974年3月，波罗的海沿海国在赫尔辛基签订了《保护波罗的海区域海洋环境的公约》，1976年2月地中海沿海国在巴塞罗那签署了《防止地中海污染的公约》等。这些公约为区域性海洋环境合作治理奠定了基础，区域海洋合作治理逐步完善。

《伦敦公约》是针对海上倾倒活动的威胁日益严重的背景下制定的区域性国际条约。该公约禁止向海洋倾倒剧毒物质，各缔约国设立的主管机构，可以签发倾倒废弃物的特别许可证和普通许可证，除禁止倾倒剧毒物质外，均可凭许可证进行倾倒，而在特别危急的情况下，各缔约国可作为例外而签发特别许可证，倾倒强放射性物质、汞及其他剧毒物质。因而这个公约并不能从根本上解决倾倒废弃物造成的海洋污染问题，一些国家也曾对该公约提出批评，并认为发达国家必须用最保险的办法，而不是最廉价的办法来处理有毒物质。但是，公约为加强海洋环境治理提供了可供借鉴的依据。此外，一些研究结果表明，在该公约生效之后，虽然海上倾倒废弃物的数量在不断增加，但对海洋环境的影响却有所减少。[①]

1973 年 10 月 8 日至 11 月 2 日，政府间海事协商组织在伦敦召开了国际防止海洋污染会议，会议制定了《关于防止船舶造成污染的国际公约》，公约附有两个议定书和五个附则。该公约扩展了 1954 年防止油污染公约的适用范围。它所管制的并不只是一种污染物，也不仅限于油类，而是全部有毒有害的液体物质以及管制一种类型的海洋污染，即船舶造成的污染。

（三）海洋环境跨国界治理的国际规范阶段

1982 年 4 月 30 日，第三次联合国海洋法会议通过了《联合国海洋法公约》，并于同年 12 月开放签字。《公约》第十二部分“海洋环境的保护和保全”，对海洋环境保护的法律制度作了全面系统的规定，几乎涉及海洋环境保护的所有问题，是海洋环境跨国界治理发展的一个重要的里程碑，标志着海洋环境保护的国际合作进入了一个崭新的发展时期。《公约》已于 1994 年生效，各国也制定了相应的国内法。1996 年 10 月至 11 月公约缔约国在伦敦国际海事组织总部举行特别会议，会议审议并通过了《〈防止倾倒废物和其他物质污染海洋的公约〉1996 年议定书》，这标志着伦敦公约缔约国

---

① 全永波等：《海洋管理学》，光明日报出版社 2011 年版，第 100 页。

在国际海洋倾废治理方面进入了一个新的历史阶段。

1992 年 6 月 3—14 日在巴西里约热内卢召开的会议，这是继 1972 年 6 月瑞典斯德哥尔摩联合国人类环境会议之后，环境与发展领域中规模最大、级别最高的一次国际会议，大会通过了《21 世纪议程》。正是以《21 世纪议程》第十七章的规定为指南，对国际海洋合作一些具体事项作出了全面的规定，推动了海洋环境保护国际合作在各个领域的广泛开展。

为加速《21 世纪议程》的落实，世界环境规划署组织发起一系列的谈判，于 1995 年通过了《全球保护海洋免受陆地活动影响议程》——一个保护海洋、港湾和沿岸水域不受陆地人类活动影响的重要文本。2009 年 5 月 11 日，首届世界海洋大会在印度尼西亚的万鸦老召开，会议通过了《万鸦老海洋宣言》，就海洋、海岸资源和生态系统的可持续性管理，努力减少海洋、海岸和陆地污染，以及采取有效措施促进对海洋保护区的管理达成一致。国际海事组织（IMO）海上环境保护委员会第 71 届会议于 2016 年 7 月 3 日至 7 日在英国伦敦就船舶压载水中有害水生物、进一步提高船舶能效的措施等 17 项议题作出全面规定。2017 年 6 月，联合国第一届海洋大会召开进一步深化了对海洋环境的全球治理的机制体制安排。

联合国通过一系列有效的体制和制度设计，建立起海洋环境保护的综合性国际规范合作机制。国际合作规范的实施离不开有效的体制安排和保证。《21 世纪议程》第十七章在谈及加强包括区域在内的国际合作和协调问题时，开宗明义地指出，“在执行与海洋、沿海区和大洋有关的方案领域中的战略和活动时，国家、区域、分区域和全球各级需要有有效的体制安排”，具体而言，联合国为海洋环境保护提供的国际合作体制包括国家间合作和机构间合作两种。前者是国际合作的主要方式，而机构间的合作主要是为了协调各机构之间的关系，以便更好地发挥其各自在促进国家间合作方面的效能。[①]

三　海洋环境跨国界治理中存在的问题

（一）主体间的利益博弈

《联合国海洋法公约》签署以后，海洋管理的范围已经从国内延伸到世界范围。就国家而言，在近海资源日益匮乏，公海开发、远洋捕捞大力发展的今天，海洋管理的重要内容之一就是处理国与国之间在海洋开发中发生的纠纷。当前，管辖海域固有化是世界沿海各国正在紧锣密鼓进行的行动之一，主要以两种方式最为常见：一是对本国管辖海域海洋资源的专属性和实际享有进行国有强化。二是对国家管辖区域之外海洋资源进行抢夺，加快国内相关立法、拓展海洋资源跨国共同协作研发。[②] 可见，在海洋开发与管理的进程中，哪个国家在海洋开发与利用方面先行一步，这个国家就能为自己的民族赢得巨大的利益，为本国争得未来的战略主动权。可见，国家利益在国内制度设计中成为当前跨区域海洋治理的主要立足点，海洋邻国的这种制度设计为在博弈中争取自我利益最大化制定的制度，直接造成了海洋治理的难度。

海洋因洋流、季风和其他人类不可控制的因素影响，一旦发生污染就有可能扩展至任何角落，如 2011 年日本福岛地区发生大地震时，海啸的影响范围是巨大的，相应核泄漏的区域范围也很大。事故虽然已经过去近 10 年了，但放射性物质的释放仍然可能存在影响，对太平洋周边海域的影响没有完全消除。在这种跨近海区域的环境治理中，各国出于为自我利益服务的需要，均体现了很大的制度理性，但区域国家的个体理性行为通常带来国际社

① 刘中民等：《国际海洋环境制度导论》，海洋出版社 2007 年版，第 197 页。

② 王琪：《海洋管理：从理念到制度》，海洋出版社 2007 年版，第 114 页。

会的集体非理性化，经过协商形成的全球性规范的原则性过强且可变性过大[①]，各国的治理行为对海洋跨区域治理的实际效果影响有限。

（二）跨国界污染管辖权不清

国际环境和资源以国家的管辖范围为依据可以分为国家管辖范围之内的环境和资源、由两个或多个国家共享的环境和资源、国家管辖范围之外的环境与资源三个类型。[②] 在跨国界海洋环境污染治理中，管辖权问题一直是国际上有争议的焦点。1982 年《联合国海洋法公约》对这一问题做出了具体规定，其中第十二部分“海洋环境的保护和保全”第五节“防止、减少和控制海洋环境污染的国际规则和国内立法”将海洋污染的来源分为六类：陆地来源的污染、国家管辖的海底活动造成的污染、来自“区域”内活动的污染、倾倒造成的污染、来自船只的污染和来自大气层或通过大气层的污染。除来自“区域”内活动的污染要涉及国际海底管理局管辖外，其他几类污染主要涉及多方的管辖权交叉，其中包括沿海国、船旗国和港口使用国等。这类管辖权权责不清的现象给海洋环境治理带来很大的难度。

从实际规范上看，管辖权的不清晰带来的另一个问题是，各管辖权主体如何协调相互之间的管辖权，船旗国、港口国、沿海国之间应如何确定职权和管辖范围，公海上的海洋倾废活动如何通过港口国、沿海国的管辖权进行管制，等等，这些问题需要国际社会和各国进行认真分析、探讨。

（三）国家主权与国际政策间的不适应

《联合国海洋法公约》出台以及相关国际海洋环境双方、多边

---

① 全永波：《海洋环境跨区域治理的逻辑基础与制度供给》，《中国行政管理》2017 年第 1 期，第 19—23 页。

② 王曦：《国际海洋法》，法律出版社 2005 年版，第 88 页。

协议的出台，使得海洋环境治理更加复杂化。由于海洋作为重要的国土资源组成，行使资源管理的机构仍是国家政府机构。主权国家制定了考虑自身利益的海洋法规，这些法规与国际条约、国际法可能存在一定偏差，也包括国际法或国际条约的落实使区域国家间落实存在利益的重叠。

由于海洋本身的整体性和全球性特点，要求海洋环境保护及其国际合作将在更大程度上依赖于超越传统国家主权制约的全球性行动，这一点本身就构成了《联合国海洋法公约》产生的一个深刻原因，而《联合国海洋法公约》的产生又必然对主权国家提出海洋环境保护的责任与义务。《联合国海洋法公约》对国家主权形成的制约作用，加拿大学者 E. M. 鲍基斯概括为以下几个方面：（1）把和平解决争端作为强制性措施，创建了一个全面的争端解决系统；（2）对于资源的主权权利，要服从资源保护、环境保护，在某种程度上，甚至共享的责任；（3）在有关环境、资源管理、海洋科学研究和技术开发与转让等事项中承担合作的责任；（4）征收资源开发（主要指国际海底区域的资源开发）的“国际税”。[①] 以上几个方面都涉及海洋环境保护对国家主权的制约。

但是，在国际海洋环境制度实施的实践过程中，仍面临着国家主权的制约和牵制，造成了国际海洋环境保护的诸多障碍与困难。我国学者王曦在《试论主权与环境》一文中对环境与主权的矛盾做了详细的论述，概括起来主要表现在以下几方面：（1）从国内政治角度看，国家作为主权拥有者，享有开发和利用环境资源的权利，但却往往忽视保护环境资源的义务。（2）从国际角度来看，主权是对外独立的，因此主权可以以反对干涉内政为由妨碍国际环境保护的实践。（3）现代主权国家治理和建设国家的指导思想往往与生态

---

① ［加拿大］E. M. 鲍基斯：《海洋管理与联合国》，海洋出版社 1996 年版，第 19 页。

系统的规律之间存在矛盾。(4) 主权国家的短期行为与地球生态系统的永久性之间存在矛盾。[①]

第二节 海洋环境跨国界治理模式

国家边界是人为设置的边界，海洋生态环境是自然形成的整体，海洋生态环境系统可以突破国家边界存在。海洋环境具有整体性和区域性，海洋环境的区域生态链是相连的，海水是流动的，一国的海洋生态环境受到破坏，周边国家也要受到不同程度的影响。因此，海洋生态环境的跨国界性为跨国界海洋环境治理提供了可能和必要。

一 海洋环境跨国界治理模式分析："区域海" +整体性治理

(一)"区域海" +整体性治理模式分析

基于跨国界多元利益冲突的现实不可调和性,海洋问题涉及国家核心利益的基本属性，海洋跨界区域治理的博弈必然导向在整体性利益基础上的合作。因此，"区域海"合作具有很大的必要性，也具有可行性。本部分之所述"区域海"是以生态为基础而不是国家边界为基础的海域划分，即划分海洋区域不以原有国界范围线为标准，这在一定程度上限制国家管理范围，消除了对陆地行政区域有效的划分对原本没有固定地理边界的海洋的影响。联合国从 20 世纪 70 年代开始提出"区域海"概念，核心内涵是把区域利益纳入环境利益多元化框架，防止因利益无序化对海洋环境造成无规则的破坏。这一划定符合环境治理的逻辑基础，将区域利益作为海洋跨区域环境治理的优先利益考虑，并进行及时的权利主张，避免了

---

① 王曦:《主权与环境》,《武汉大学学报》(哲学社会科学版) 2001 年第 1 期，第 2—8 页。

个人或企业的“搭便车”式的利益切入。为此，联合国环境规划署区域海洋规划下的 18 个“区域海”，都有了自己明确具体的地理界域。①

“区域海”制度设计的前提是确定区域海划分的原则。划分区域海遵循以生态系统为基础，兼顾治理经济性的原则。划分区域海的首要基础是海域的自然形成与延伸为参考，考虑到生态系统的完整性。同时，考虑到划分区域海是为了提升海洋治理管理水平、提供海洋治理便利性。“区域海”机制运行的基本逻辑是建立在整体性治理理念的基础上。整体性治理即以整合、协调、责任为治理机制，对治理层级、功能、公私部门关系及信息系统等碎片化问题进行有机处理，运用整合与协调机制，持续地从分散走向集中、从部分走向整体、从碎片走向整合。这需要我们关注整体性治理中的三个元素：协调、整合和紧密化。

其一，关于区域海内的“协调”。2002 年，希克斯在其著作《走向整体性治理》中对于整合活动做了进一步区分，其所采取的阶段包括了协调与整合两部分，协调阶段关注相关组织对整体性治理所应具备的信息（information）、认知（cognition）与决定（decision）并将两个以上分立领域（separatefields）中的个体连接，使其认知彼此相互联结的事实，并朝签订协议或相互同意（agreement）方向发展，由此避免过度碎裂化或造成负面外部性问题（negative externalities）。整合阶段则着重开展执行、完成及采取实际行动，将政策规划中目标与手段折中的结果加以实践，并建立无缝隙计划。②

针对国家间公共性竞争附带的“碎片化组织”和“裂解性服

---

① 钭晓东：《区域海洋环境的法律治理问题研究 》，《太平洋学报》2011 年第 1 期，第 43—53 页。

② 许可：《国家主体功能区战略协同的绩效评价与整体性治理机制研究》，知识产权出版社 2015 年版，第 58 页。

务”弊端，整体性治理向“化异”和“求同”转变，这也是协调的两个重要方式。所谓“化异”就是立足于国家间利益的系统偏差，利用政策整合调处国家间的差异性，通过“硬约束”手段，半硬约束的警告抑或强制性的惩戒，尽可能地摒弃区域内海洋环境治理相关组织之间恶性竞争的隐性条件。所谓“求同”就是通过协同各国家间的内在动机差异，探寻各公共机构之间政策执行的趋同途径，构建合作性诱因。根据“化异”和“求同”的原则，基于区域海内的跨国家海洋环境治理需要构筑“领土式政府”和“整体性政府”。毫无疑问，领土是最大的国家单位，在海水流动中应以入海国界的污染面积为标准，因此在海洋环境治理中各国以领土边界为界限，协同治理海洋环境污染，这种“领土式政府”有利于避免因领土问题产生纠纷。而“整体性政府”则建立在各国利益协调之上，取得“最大公约数”和“共容系数”，协调一致治理海洋生态环境。当然整体性治理中的协调包括跨国界海洋环境活动、跨界海洋治理信息系统、跨界海洋环境治理决策等内容。

其二，关于区域海内的“整合”。在区域内国家间的整合涉及政策、章程、监督等方面，也就是需要制定区域海内的统一行动章程，如1974年波罗的海地区为控制陆源污染各缔约国通过了《保护波罗的海地区海洋环境公约》（赫尔辛基公约），又如1969年北海沿岸国签订《合作对付北海石油污染的协定》。从组织架构的形态来说，整体性治理中的整合主要有两个方面。第一个方面是治理层级的整合。受全球化和国家多边主义的影响，目前国际上关于海洋治理层级比较多，需要整合的层级也众多——全球范围国家层级的整合（如《联合国海洋法公约》《21世纪议程》等的执行）、国际组织与国家间的整合、国际组织与国家主权的整合（制度的统一性、执行的统一性）。第二个方面是治理功能的整合。这个主要是区域海内不同主体功能间的整合，如区域内多边、双边协议的整合，或者区域海内各子系统之间有关海洋环境治理规则的整合。

其三，区域海内的紧密化。区域海各成员国之间的紧密化程度是跨国界海洋污染治理的关键所在，如果各国步伐一致，紧密团结，那么各国对于海洋环境治理制度的制定和执行力及有效性就会大大增加（图6—1）。因此，各国需要抛弃狭隘的个体利益，拥有全球海洋治理观念和理念，站在“世界上同处一片海洋”的思维去治理跨国界海洋问题。

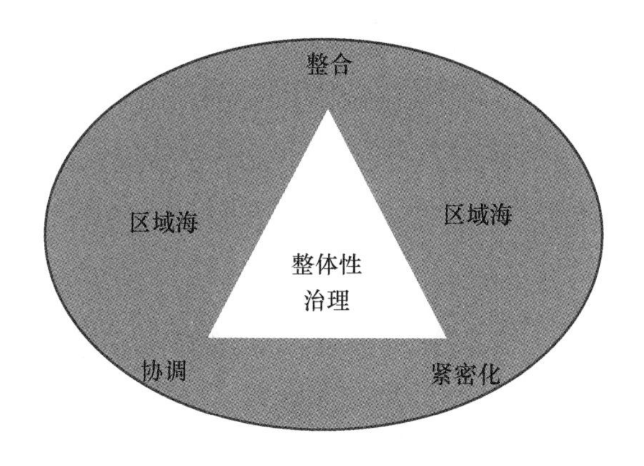

图6—1　“区域海”治理模式

（二）“区域海”治理的政策设计

政策设计上，主张从合作政府范式的高度来促成环境合作政府的建设，在立法和政策工具上突出应用性，提出应注重环境治理合作的程序性机制建设。多数海洋强国在研究区域海洋政策和立法时，更关注基于区域海洋为基础的全球治理。从《联合国海洋法公约》（1982）对海洋环境治理的全球合作，到《联合国应对气候变化框架公约》的缔结（1992）以及《京都议定书》（1997）均体现了环境国家合作的要求，并涵盖了区域性的环境治理要素。这一建立在区域海制度之上的整体性治理模式需要在理念、组织和行动上作出规范。

第一，各国拥有全球化的海洋治理理念。全球海洋治理理念是伴随着全球治理的提出而产生的一个新概念，是一种有助于国际海洋治理合作的方式。国内对“全球海洋治理”已经有比较多的探讨，王琪认为，全球海洋治理是指在全球化的背景下，各主权国家的政府、国际政府间组织、国际非政府组织、跨国企业、个人等主体，通过具有约束力的国际规制和广泛的协商合作来共同解决全球海洋问题，进而实现全球范围内的人海和谐以及海洋的可持续开发和利用[①]。庞中英认为，构建治理“公域悲剧”的集体行动的国际制度是促进全球海洋治理的理论路径。在海洋领域，在仍然没有全球政府的情况下，协和不同的利益仍然是全球治理最现实的有效方法[②]。《联合国海洋法公约》和气候变化全球治理之《巴黎协定》的形成和实施，都是全球合作治理合作成功的当代案例。2017 年举行的第一次联合国海洋大会，有助于在海洋领域形成应对 21 世纪海洋全球挑战的新的全球合作治理合作。从已有的探讨来看，全球海洋治理是建立在合作治理的理念之上，通过国际组织的合作达成治理一致性。因此，全球海洋治理是一种超国家的治理理念，和谐海洋是最主要的思想理念，集体行动的国际规制是全球海洋治理落实的路径。

第二，建立区域性的国际组织。整理性治理是将碎片化的治理手段整合为一个整体性的制度，必须通过立法或政府间一致性的具有法律约束力的行动。目前国际上建立的区域范围的国际组织，一般分为海上航行组织、渔业组织、矿产能源开发组织、划界组织、海洋生态环境保护组织。海上航行组织主要有国际海事

---

① 王琪、崔野：《将全球治理引入海洋领域——论全球海洋治理的基本问题与我国的应对策略》，《太平洋学报》2015 年第 6 期，第 21 页。

② 庞中英：《在全球层次治理海洋问题——关于全球海洋治理的理论与实践》，《社会科学》2018 年第 9 期，第 8 页。

组织、国际劳工组织、地区性组织（如东盟、欧盟、太平洋岛国组织等）以及各国国内海事管理机构；渔业组织主要有联合国粮农组织、区域渔业组织（如国际捕鲸委员会、西太平洋渔业委员会）；矿产能源开发组织主要有国际海底管理局、双边及多变共同开发管理机构等；划界组织主要有国际法庭、国际海洋法法庭、仲裁法庭、大陆架委员会、地区性仲裁机构以及缔约国会议等；海洋生态环境保护组织主要有联合国环境规划署、联合国大会等。然而，这些国际性组织难以涉及或适用区域海内的环境问题，有的国际海洋组织对参与区域海洋环境保护的效应很差，特别是在国家间利益博弈的情况下，这些效应几乎为零。因此，建立适用区域海内的国际组织对解决区域内海洋环境问题是有很大的作用。国际海洋环境治理合作组织的建立需要以区域海为合作单位，以整合利益为目标，协调国内关系与区域内关系，使国际组织处于一种紧密化状态。这也是整体性治理模式的核心要素。

第三，制定区域国家间的海洋治理制度。大多数国际行动都具有一定的长久性和连续性，需要有共同约束力的规则体系和制度框架，以降低多方海洋跨区域合作和治理的管理成本，提高相关利益群体参与治理的牢固性。这种规则体系中最重要的就是制订或完善“区域海”制度立法，明确治理工具即国内立法、国际公约。这些国际规制主要分为海上航行、渔业、划界、能源开发和海洋环境保护的国际协议。这些国际性规制在一定程度上制约了区域内的环境损害。然而对于区域性的环境问题以及区域内国家间利益的平衡就显得力不能及了。因此，建立区域海内的海洋环境规则体系有很大必要。

制定区域国家间的海洋治理制度必须建立在以下几个原则之上：一是海洋环境规制的针对性。也就说，制定国际规则是有具体目标指向的，如针对海上航行的船舶污染，针对陆源污染物排放，针对防止海洋倾废，针对海洋生态保护等等，这些一致性的目标有助于问题的具体解决。已有的国际条约也证明了建立区域内国际规则的针对性，如1974年针对控制陆源污染，波罗的海国家制定了《赫尔辛基公约》；1972年为防止废物倾倒入海，北大西洋国家签署了《防止在东北大西洋和部分北冰洋倾倒废物污染海洋的公约》。二是海洋环境规制的动态性。由于海洋环境的区域存在很大时间变化，合作的深度和控制要求也在不断变化，因此对国际环境规制也需要随着时间的变化而变化。国际环境规制机制也在不断进行更新。如上述1972年北大西洋国家签署了《防止在东北大西洋和部分北冰洋倾倒废物污染海洋的公约》，当时是针对船舶倾倒废物入海污染海洋，1983年和1989年增加了海上平台和飞机倾倒废物入海。动态性的变化有助于解决现实性的海洋环境问题。三是海洋环境规制的集体一致性。区域海内的环境规制必须建立在区域内国家的协商一致，不能偏向于任何一国，也不能强加于任何一国，这是制定国家海洋规制的准则，也是国际海洋规制应用性的先决条件，否则建立在非协商一致的单边行动容易造成执行中的“流产”。

二　海洋环境跨国界治理模式分析：多层级治理

欧盟的环境治理模式是国际环境合作治理的典范，在过去几十年中，欧盟的环境治理模式不仅使欧盟各成员国的环境得到了明显改善，也使一些世界性的局部环境问题得到了有效解决，在全球气候问题上欧盟也正发挥着越来越重要的作用。欧盟环境治理模式的成功经验在于其灵活地结合了政府、市场与社会三者的优点，注重多元利益主体之间的协调，以最大限度的协商一致作为政策实施的基础。[①]

（一）多层级治理模式的基本特征

现有的理论认为多层级治理是一种独特的海洋环境治理结构，

---

① 蔡守秋：《欧盟环境政策法律研究》，武汉大学出版社2002年版，第149页。

它是相互联系和相互补充的动态复合治理体系所构成的。多层级治理的特性表现为权威的来源多样化，不限于政府；不是强制力统治，而是基于各层级的认同和共识。多层级治理中本身具有的多层级性。它的决策权威分布在以地域为界的不同层级中。这些不同层级包括超国家行为主体、国家政府、区域组织以及拥有执行权利的代理机构等，他们均是决策的主体，可以直接参与决策。多层级治理也具有动态性，即各层级的功能和职责不是一成不变的，不同时间段，不同的政策任务、不同政策领域需要不同的主体和层级的参与。多层级治理不适用少数服从多数的谈判原则，这需要建立在区域内部协商一致。

世界上对于海洋环境治理的多层级治理是有多年的历史。尤其是在欧盟范围内，建立了不同层级的海洋环境治理体系。多层级治理最初来自欧盟，然而多层级治理也非常适合于海洋治理。[①] 本研究关注得更多的是区域海为单元的治理方式，以构筑区域海内多层级合作协商的共治模式（图6—2）。

第一，多层级治理决策模式的多样化。多层级治理决策模式主要分为五种：相互协调、政府间协商谈判、超国家模式、共同决策模式以及公开协调方式。在海洋环境决策模式中，相互调整模式允许各国间的自由博弈，然而在海洋环境领域容易形成零和博弈，造成环境公地。政府间协调模式是全球海洋环境问题治理中最主要的模式，各当事国就海洋环境治理中的相关利益进行协商，容易在博弈中达成一致。超国家模式需要各国具有全球海洋治理思维，这种思维也是建立超国家模式的关键所在，相关利益者将各自的利益博弈超越国家，进入集体理性轨道，集体理性对待海洋环境治理具有优先性和独到性。而共同决策模式在引导各利益相关者博弈的基础

---

① 庞中英：《在全球层次治理海洋问题——关于全球海洋治理的理论与实践》，《社会科学》2018年第9期，第7页。

上，又吸收了网络化治理的精髓，充分地听取利益相关主体的利益诉求，通过协商的方式既实现集体利益最大化又照顾各个利益相关者的利益。公开协调方法是一项更加具有分散性和多元性的治理协调机制，由于成员国在不同政策领域采取不同措施，而在区域层次上进行一致的政策协调，从而使得各种分散的政策能够有效衔接，避免带来政策摩擦。

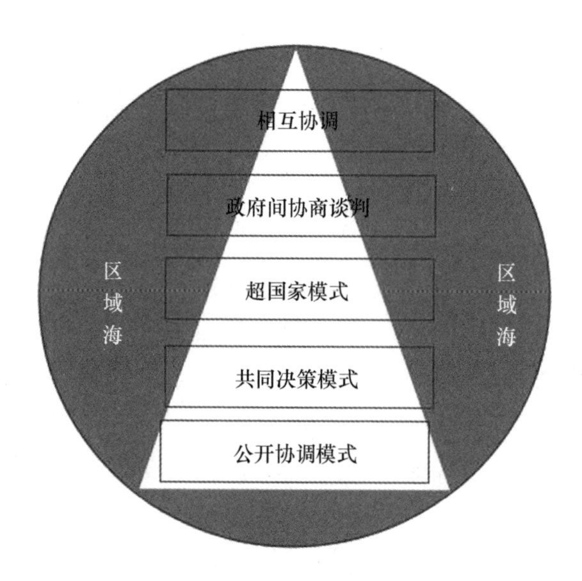

图6—2 多层级治理决策模式的多样化

(根据欧盟多层级治理模式制订)

第二，多层级治理模式的集体行动。从国际关系理论政府间主义的视角来看，建立一种具有集体理性思维的国家组织，对于实现各成员国之间的海洋环境治理目标具有很大裨益，当然其行动的合法性来自于成员国之间共同达成的协议和政策。欧盟环境治理政策的倡议和形成过程都有多层行为体的参与和介入，协议和政策的形式采取相互调整模式。在这一模式中，各层级和各个成员间没有共同行动的义务，每个层级和成员都根据自身的情况自主地支配自己的行动。然而每个层级和成员的政策选择都是在判断其他层级和成员的行为后作出的，各层级和成员的政策也会因其他层级和成员政策的调整而调整，并最终达成各方都能接受的政策。这种多层互动政策模式很好地兼顾了各层级和各主体国家间的利益，使得每个层级和成员的利益在集体行动中均能得到有效保障（图6—3）。

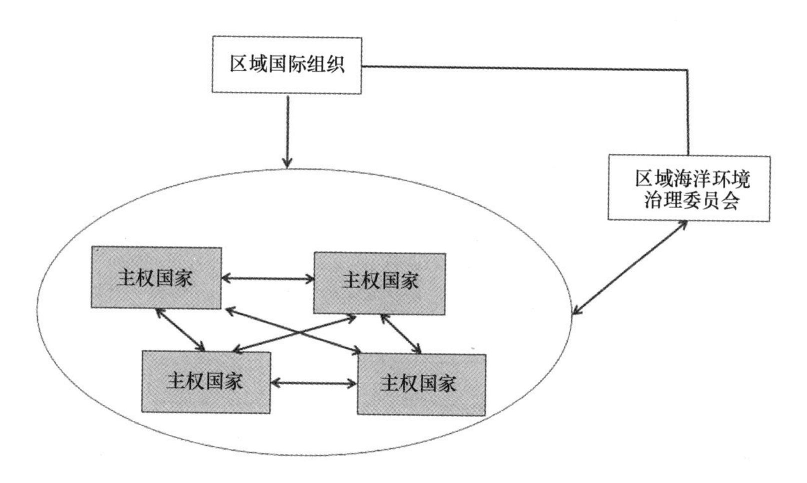

图6—3　基于“区域海”的多层级治理模式

第三，多层级治理模式的政策开放性。《欧盟白皮书》将公开性、参与性、责任心、有效性等作为欧洲治理的基本构成要素[①]，因此在区域海治理海洋环境时也需要一种建立在完善制度保障基础上的政策开放性，允许各成员根据自身的行为参与海洋环境治理，尊重各国的主权和国际表达，以便于达成海洋环境治理的有效性。当然这种开放表达需要完善的制度体系和政策体系作为保障。多层级的治理模式体现在区域内国际协议、国际条约、国际法律对超国家机构和主权国家在区域海洋环境治理中的权力分配的界定，以及

① 引自吴志成《世界多极化条件下的欧盟治理》，周弘主编《欧盟是怎样的力量》，社会科学文献出版社2008年版，第65页。

法律在整体层次、成员国国家层次的适用性。建立这种完善的法律保障有效地避免了区域合作中的“公地悲剧”困境。

(二) 全球海洋生态环境多层级治理的体系架构

全球治理是通过国际制度（国际规则、国际规范）和国际合作进行的，全球海洋生态环境的多层级体系主要体现为全球层、区域层、国家层、地方层、社会层五大体系，其中联合国等有关国际组织在解决海洋问题中发挥着中心的作用，多数参与海洋治理的国家行动者和非国家行动者都是围绕着联合国等国际组织进行的。同时，非正式的国际论坛和非联合国体系的国际组织（地区组织）等在全球海洋治理中扮演越来越重要的角色，另外，区域性海洋生态环境治理、国家以及国家管辖下的地方、社会层级组成的海洋生态环境治理体系也成为全球海洋生态环境治理的重要内容。

1. 联合国为中心的海洋生态环境治理体系

联合国为中心的海洋生态环境治理是以《联合国海洋法公约》作为海洋治理领域最权威的国际立法，并建立相应的治理机制，在重新构建国际海洋秩序、完善海洋治理结构方面起着决定的作用。《联合国海洋法公约》的相关规定和执行体现了联合国在全球海洋治理中的中心地位，第十二部分“海洋环境的保护和保全”对各种破坏海洋环境的活动，做出明确的规范。相关内容已在第四章作了分析。

近年来，联合国为中心的海洋生态环境治理体系建设开始注重治理公海的生态问题，代表性的工作进程《海洋生物多样性养护和可持续利用的具有法律约束力的国际文书建议草案》（BBNJ）等的谈判。BBNJ 谈判类似联合国气候变化框架公约谈判，如果达成协议，将是海洋领域的《巴黎协定》，对未来的全球海洋生态环境治理有着重要的指引意义。

2. 其他国际公约和国际组织治理体系

除《联合国海洋法公约》以外，国际社会还专门针对防止不同来源污染制定了具有影响力的国际公约，这些公约都明确提出缔约国应该履行保护海洋环境的义务，并且努力在防止、控制和减少海洋生态环境污染上发挥积极作用。相关公约已在第四章作了陈述和分析，具体包括以下公约：《油污损害民事责任国际公约》《设立油污损害赔偿基金国际公约》《防止倾倒废物和其它物质污染海洋公约》《国际防止船舶造成污染公约》《油类污染防备应急和合作国际公约》《海上运输有毒有害物质损害责任和赔偿国际公约》《防止倾倒废物和其它物质污染海洋公约的1996年议定书》《燃油污染损害民事责任国际公约》《斯德哥尔摩宣言》等。

以上这些国际公约有的通过联合国相关组织联合部分国家缔结并遵守实施，也有海洋国际组织出面以国家联盟方式订立相应的海洋生态环境制度，能对《联合国海洋法公约》的海洋生态环境管理进行“补充”或“修正”。如国际海事组织（IMO）在全球海洋生态环境治理中发挥十分显著的作用。IMO建立了特别敏感海域制度（PSSA）以保护脆弱的海洋生态系统。PSSA指的是“需要通过IMO的行动进行特别保护的海洋区域，这些区域在生态、社会经济或者科学等方面具有重要特性，且在受到国际航运活动的影响时十分脆弱”。

3. 区域性海洋生态环境治理体系

区域性海洋生态环境治理的制度建设以发达国家为引领，在以欧洲地区国家为代表的跨国家区域海洋生态环境治理过程中逐渐形成了以“区域公约”为主要模式的海洋生态环境合作治理的制度框架。如北海—东北大西洋区域的海洋国家签署了《北海油污合作协定》。其目标是使受威胁国家具备单独或共同的反应能力，通过相互通报污染情况来制定干预措施。之后，北海—东北大西洋区域国家还制定了应对海洋倾倒废弃物的《奥斯陆倾倒公约》、旨在防止陆基污染源污染海洋的《巴黎公约》、《应对北海石油以及其他有害物质污染合作协议》以及保护东北大西洋海洋生态环境的综合性公约——《奥斯陆—巴黎公约》，该区域的海洋生态环境治理的制度体系在上述公约和法律法规制定后基本得以完善。波罗的海六个沿岸国家缔结了《保护波罗的海海洋环境的赫尔辛基公约》进行合作共同治理波罗的海区域海洋生态环境污染问题。此公约设立一个实施公约的机构——波罗的海委员会，从整体性保护出发，旨在减少、防止和消除各种形式的污染。地中海沿岸国签署了《巴塞罗那公约》来治理多种区域的环境污染。公约对地中海沿岸各国的发展水平都进行了充分的考虑，确立了两个层次的治理框架“公约—附加议定书”制度模式，也即“综合—分立”的模式。公约在1995年进行修改，可持续发展原则、污染者预防原则、负担原则等新内容被引入其中。

区域性海洋生态环境治理体系的基础除了多边公约外，双边条约和柔性的合作机制建设也是海洋生态环境治理体系的重要支持。近年来，以日本福岛核泄漏事件为教训，东北亚区域国家也清晰地看到环境跨区域合作的重要性，通过领导人会晤、政府间磋商等方式加强合作，在重大海洋突发污染事件、海洋垃圾防治等领域加强政府间协作。虽然因政治关系等因素影响，但现实的需求和国际社会在海洋生态环境治理的大背景下，东北亚区域的核心国家中国、日本、韩国将把合作关系“机制化”，同时，对西北太平洋行动计划的实施将重点体现在海洋生态环境保护领域。

4. 国家层、地方层和社会层级海洋生态环境治理体系

组成全球海洋生态环境治理体系的治理单元除了全球层级（联合国中心的治理体系、国际公约和国际组织治理体系）、区域层级（区域性海洋治理体系）之外，以主权国家为组织框架的国内海洋

生态环境治理体系也是多层级治理的重要支持。作为国家为中心的海洋生态环境治理体系应包括以下三个层级：中央层面的政府治理体系（国家层）、地方层面的政府治理体系（地方层）、社会主体参与的基层治理体系（社会层）。这些层级以《海洋环境保护法》《海域使用管理法》《海岛保护法》《渔业法》等法律法规为制度依据，由中央政府、地方政府、企业、社区、社会组织等多元化的治理主体参与，形成了海洋生态环境领域交织互动的治理体系。

（1）中央层面的政府治理体系。《海洋环境保护法》第五条明确了国务院环境保护行政主管部门等作为国家政府治理部门负责全国的海洋生态环境相关管理工作。2018 年国家机构改革后，成立了生态环境部后相应职责进行了划分。我国国家层级管理以“下级服从上级”的管理关系实行的纵向性、单向度的管理模式，所以海洋环境管理也以国家相关立法为依据，由国家管理部门统一行使管理职权，建构海洋生态环境治理体系，各级地方可以按照上位法制定地方性法规规章，行使相应的区域治理职权。

（2）地方层面的政府治理体系。按照《海洋环境保护法》第五条规定：“沿海县级以上地方人民政府行使海洋环境监督管理权的部门的职责，由省、自治区、直辖市人民政府根据本法及国务院有关规定确定。”地方政府一般以管辖本行政区内海洋环境事务为工作内容，在必要时和跨区域地方政府开展政府间协作治理，或创立合作型的组织结构推进基于“共益性”的治理目标。

（3）社会主体参与的基层治理体系。《海洋环境保护法》第四条规定：“一切个人和单位都有保护海洋环境的义务，并有权对污染损害海洋环境的个人和单位，以及海洋环境监督管理人员的违法失职行为进行检举和监督。”因此，在海洋生态环境治理过程中，“一切个人和单位”与政府的合作或是沟通同样为法定义务。近年来，我国在海洋生态文明实施方案中提出要发挥企业和海洋生态环境保护组织的社会参与作用。因此，国家主权基础上的海洋生态环境治理体系应包括公民、企业、社会组织、政府等多元主体的上下互动，社会主体作为参与者或主持者为国家海洋生态环境治理提供相应的条件协助，并参加规则运行、政策制定。

三 海洋环境跨国界污染治理的国家责任

国家责任也是一种国际义务，是一种国家对出现国际事故对所应承担的义务作出必需的应对或回应。在跨国界海洋治理中目前最大的观念问题是缺少全球海洋治理理念，表现在行为上缺乏国家责任。因此，有必要对跨国界海洋环境治理中的国家责任进行根源性探索，以补充我们提出的跨国界海洋环境治理模式的完整性。

（一）重要国际条约对海洋污染的国家责任之规定

跨国界海洋污染是一个历史性话题，也是较早出现的问题，因此，国际上对海洋污染的国家责任有很多国际条约的规定。1969 年的《国际油污损害民事责任公约》规定凡是参加该条约的缔约国在海域上受到基于航行船舶或海事活动造成的油污污染，则船舶负责人或责任者在三个例外的条件下，对自己实施的污染行为造成的海洋环境损害承担严格责任，并赔偿受害方的全部损失。而对于 1971 年的《设立国际油污损害赔偿基金公约》是为了保障上述公约中受害方的合法权益得以实现而签署的。1973 年《防止船舶污染国际公约》（经 1978 年议定书修订）也同样规定了国际航行船舶的漏油、搁浅等问题的国际处理规定。这是较早规定国家责任在跨国界海洋污染治理之所必需。1982 年制定的《联合国海洋法公约》第二百三十五条的规定，各国有责任履行其关于保护和保全海洋环境的国际义务，各国应按照国际法承担赔偿责任，也规定了国家应当对其管辖范围内的国家行为造成的海洋污染损害结果承担国家责任，其中也包含了国家对跨界海洋污染责任的承担。[①] 随后，又相继制定了《油类污染准备、应急与合作国际公约》（1990）《海上运输危险和有毒物质损害责任和赔偿国际公约》（1996）《船用燃料油污染损害民事责任国际公约》（2001），这些公约和议定书是有约束力的法律文件，一旦生效，所有的缔约国都必须执行其要求。

（二）跨国界海洋污染的国家合作义务与责任

现代海洋活动的一个显著特点是它的国际性，所以保护海洋环境必须加强国际合作。海洋环境治理的国际合作属于全球国际合作的一部分，防止和控制海洋污染既是各国自身的需要，也是其对国际社会应尽的义务和责任，所以无论是全球性合作、区域性合作还是多边合作、双边合作，在合作过程中缔结的各种条约或不同国家共同进行的行动计划都要约定相应的责任和义务。

1. 全球性国际组织海洋污染合作治理之规定

联合国是一个全球性组织，其在海洋污染治理方面也出台了很多国际条约，1958 年 2 月，联合国就在日内瓦召开了第一次海洋法会议，作为会议的主要成果，通过了《领海及毗连区公约》《公海公约》《捕鱼与养护公海生物资源公约》以及《大陆架公约》等；1992 年 6 月在巴西里约热内卢召开的联合国环境与发展大会通过了《里约环境与发展宣言》和《21 世纪议程》。联合国还制定了《保护、管理和开发东非地区海洋及沿海环境公约》《保护地中海海洋环境和沿海地区公约》《合作保护及开发西非和中非地区海洋及沿海环境公约》《保护和开发大加勒比地区海洋环境公约》等。联合国环境规划署、国际海事组织、联合国粮食与农业组织、全球环境基金等各种国际组织也出台了各种宣言、规定，如 1972 年 6 月在

---

① ［英］M. 阿库斯特：《现代国际法概论》，汪暄译，中国社会科学出版社 1981 年版，第 205 页。

瑞典斯德哥尔摩召开的联合国人类环境会议通过了《人类环境宣言》和《行动计划》。这些国际条约规定了缔约国在维护海洋环境上的义务和责任。

2. 区域间国际组织海洋污染合作治理之规定

区域性国际组织是具有特定的地理特征或地缘关系，由区域内的成员组织的一类国际合作组织。一般而言，区域性合作组织是建立在相互协商之上的合作组织，因此，区域内国家的责任意识较强，为维护合作的目的性也较强。区域组织一般也建立成熟的治理机制。如泛北极海洋保护区网络由北极理事会下的北极海洋保护工作组提议设立，东北大西洋国家召开会议通过了《保护东北大西洋海洋环境公约》，并设立了东北大西洋环境保护委员会，这些组织的成立是建立在区域海内国家责任一致的基础之上。

3. 国家间双边、多边海洋污染合作治理之规定

很多临时性海洋环境问题或为了防治今后发生类似海洋环境问题，国家间通过协商对某一具体海洋环境保护问题达成一致性协议，签署联合公约，以达到国家责任的一致性。如 1999 年 11 月 25 日法国、意大利和摩纳哥在罗马签署了《建立地中海海洋哺乳动物保护区协议》；2018 年 6 月第 20 次中日韩环境部长会议就共同解决海洋垃圾问题达成共识。当然即使没有双边或多边协议，国家或地区也应该维护海洋环境，《联合国海洋法公约》对此做了专门的规定，“各国有保护和保全海洋环境的义务”，“各国应适当情形下个别或联合地采取一切符合本公约的必要措施，防止、减少和控制任何来源的海洋环境污染，为此目的，按照其能力使用其所掌握的最切实可行方法，并应在这方面尽力协调它们的政策”。

第三节　海洋环境跨国界治理案例分析

一　海洋环境跨国界治理的宏观分析

海洋生态环境治理在全球范围内呈现出多层级化，主要表现为国家管辖范围内的跨行政区域治理、若干个国家间的“区域海”生态环境治理、公海保护区机制等，本书选择若干个治理案例进行分析，研究海洋生态环境跨国界治理需要的机制和模式。

（一）地中海海洋生态环境治理模式

地中海沿岸共有18个独立国家，20世纪70年代之前，沿岸各国各自为政，掠夺性地开发和利用海洋资源，地中海海洋环境急剧恶化。为此，从20世纪70年代开始，沿岸各国共同致力于海洋生态环境治理。在联合国环境规划署（UNEP）的促进和帮助下，地中海沿岸国家开始展开合作并建立了较为成功的区域海洋环境保护合作机制，着手解决区域海洋污染问题[①]。1974年联合国环境规划署建立“区域海洋项目”，1976年地中海沿岸各国签订《巴塞罗那公约》，成立了特别保护中心，每年投入一定的治理资金用于海上污染调查行动，严厉打击污染行径。1995年该公约修订，增添了新的内容，如预防原则、可持续发展原则、污染者负担原则等。同时，各国又提出新的污染治理政策[②]，内容包括：其一，建立独有的海洋污染监测网；其二，利用先进的科技，对环境治理人员提供定期的培训；其三，修订并完善国家援助政策，协调各相关机构的人员安排与机制；其四，加大宣传力度，呼吁沿岸各国给予人物财

① Haralambos Baltas, Geoffrey Dalgic, Erden Bayrak, “Experimental Study on Copper Uptake Capacity in the Mediterranean Mussel (Mytilus Galloprovincialis)”, *Environmental Science and Pollution Research*, 2016, 23 (11): 10983 - 10989.

② Joan Saliba, “State of the Mediterranean Marine Environment”, *Water and Environment Journal*, 2007, 6 (1): 79 - 88.

力方面的援助，共同保护地中海。

（二）加勒比海海洋生态环境治理模式

加勒比海沿海岸有 20 个国家，包括危地马拉、洪都拉斯、尼加拉瓜、哥斯达黎加、巴拿马、哥伦比亚和委内瑞拉、古巴、海地、多米尼加共和国以及安提瓜和巴布达、多米尼加联邦、特立尼达和多巴哥等，是沿岸国较多的区域海。随着海洋经济活动增多，加勒比海环境污染和环境破坏问题日益突出，致使渔业资源减少、珊瑚礁退化和水体污染等。1983 年加勒比海的 17 个主要国家签订了《保护和开发大加勒比地区海洋环境公约》（《卡达赫纳公约》），该《公约》对来自区域的船舶、倾弃、陆源、与勘探和开采海床有关活动的污染作出保护和开发措施。然而该区域缺乏综合性的协调机构，《卡达赫纳公约》履行情况也较差，因此，区域海洋环境整体情况不甚理想。建立应对海洋环境变化的地区性协调机制成为该区域海治理环境的有效手段。

（三）公海保护区机制：另一类区域化海洋生态环境治理机制的倾向

公海保护区机制是在联合国组织下实施的海洋特别区域的生态保护机制。2006 年第八届《生物多样性公约》缔约国大会重点商议了在公海建立海洋保护区事项。2008 年第九届《生物多样性公约》缔约方大会正式通过了《确定公海水域和深海生境中需要加以保护的具有重要生态或生物意义的海域的科学准则》和《建立包括公海和深海生境在内的代表性海洋保护区网的选址的科学指导意见》两个文本。近年来，公海保护区机制的议题已经成为联合国海洋问题的重点，联合国大会正式启动就国家管辖海域外生物多样性（BBNJ）的养护和可持续利用问题拟订一份具有法律约束力的国际文书的进程，该文书将处理包括公海保护区在内的一系列重要议题[①]。

全球范围内建立起的成熟的公海保护区有南奥克尼岛南大陆架海洋保护区、地中海派拉格斯海洋保护区、大西洋公海海洋保护区网络和罗斯海地区海洋保护区等。在保护区内各国出于各自利益的需要对公海保护区持不同的态度，当前已经建立的公海保护区都是以区域性公约或国家间的协议为制度基础形成的。公海保护区合作机制是全球层面对海洋环境治理机制的探索，但公海保护区只在全球部分海域或海岛设立，区域性特征也逐渐体现。在区域性的主体参与和区域性公约作为政策支撑上，也可将公海保护区视为全球性治理和区域性治理的有效结合。

二　海洋环境跨国界治理的典型案例：波罗的海治理模式

（一）波罗的海区域海洋环境问题

波罗的海是欧洲北部的内海、大西洋的属海，世界最大的半咸水水域。在斯堪的那维亚半岛与欧洲大陆之间。从北纬 54°起向东北伸展，到近北极圈的地方为止。长 1600 多千米，平均宽度 190 千米，面积 42 万平方千米。波罗的海位于北纬 54°—65. 5°之间的东北欧，呈三岔形，西以斯卡格拉克海峡、厄勒海峡、卡特加特海峡、大贝尔特海峡、小贝尔特海峡、里加海峡等海峡，和北海以及大西洋相通。波罗的海流域内有十多个国家，生活着 9000 万人口。波罗的海共有 7000 千米海岸线。波罗的海沿岸地区人口密集，有众多交通枢纽和工业企业，途经波罗的海水域的货物运输量占世界海洋运输总量的 1/10。[②]

在经济发展的同时，波罗的海海洋环境也面临重大变化，海洋

① 王勇、孟令浩：《论 BBNJ 协定中公海保护区宜采取全球管理模式》，《太平洋学报》2019 年第 5 期，第 1—15 页。

② 《十国共商拯救波罗的海》，《人民日报》（海外版）2010 年 2 月 12 日。

生物种群下降严重，船舶运输事故频发，泄漏等事故使得波罗的海的海域水质变得越来越差。波罗的海的海洋环境问题主要表现为：

一是海洋生物多样化破坏严重。历史上波罗的海曾是捕鱼业的乐土，但是随着近年来航运日益繁忙，以及水体质量不断下滑，波罗的海正遭受越来越严重的污染，海洋生物的生存状况受到极大威胁。[①] 由于含氧量严重不足，在波罗的海的许多区域大片的海底演化为水下荒漠。在动植物活动较为频繁的 47 个地区，有 37 个区域中几乎已没有任何生命的迹象，在这些地区水面以下 50—60 米的区域含氧量已接近为零。波罗的海同外界的水交换很慢，海水更新周期长达 30—50 年，如果这一状况持续下去该海域的生物极有可能面临绝迹。根据欧盟的统计，2004 年波罗的海的职业渔民总数已经降到 18000 人，渔业加工类就业人数只有 35000 人。[②]

二是周边国家入海排污加剧。波兰正在对农业展开现代化改造，大量化肥残留物排入波罗的海。德国急于发展北部地区的海洋运输业和加工业，不愿受到更多环保条款的限制。此外，各国对于划归其整治的波罗的海海域存在争议。继承苏联席位的俄罗斯则不想完全按照欧盟标准确定自己的波罗的海环保政策。种种原因造成了波罗的海的入海排污加剧。

三是船舶泄油事故越发严重。波罗的海海上交通比较繁忙，运输量较大，尤其是加入欧盟后，船舶运输量直线上升。据统计，每年航行在波罗的海主航道的轮船已超过 4 万艘。然而，船舶交通事故频发。2018 年 10 月 2 日，俄罗斯城市加里宁格勒沿岸的一艘渡轮由于爆炸引起火灾，大量的油污泄漏至波罗的海造成局部污染。

（二）波罗的海区域海洋环境合作治理

由于波罗的海的特殊地形以及大量的人口、高度发达的工农业

---

① 《十国共商拯救波罗的海》，《人民日报》（海外版）2010 年 2 月 12 日。

② 《海藻疯长水体发臭　波罗的海出现“死亡地带”》，《文汇报》2007 年 9 月 12 日。

和频繁的海上活动使得波罗的海成为世界上人类活动影响最严重的海域之一。波罗的海的环境从20世纪六七十年代开始逐渐引起沿海各国的高度重视。从1974年《保护波罗的海地区海洋环境公约》算起，环境问题走上区域治理的轨道已有40多年的历史，在这40多年间各方不断强化国际合作，在共同治理波罗的海海洋环境问题上取得了突出成就。

一是建立了超国家的海洋合作治理模式。波罗的海各国意识到只有共同维护这片海域才能发展自己的国家，因此波罗的海各国家间开展了长久的合作。一般来说，波罗的海合作治理共分三个阶段。第一阶段以1974年赫尔辛基大会的召开为标志，波罗的海周边各国第一次坐在一起共商治理波罗的海环境问题，从此波罗的海的环境问题纳入国际治理的范畴。第二个阶段则是开始于苏东剧变后，波罗的海地区的国际政治环境空前缓和，周边国家在环境问题上开展合作的政治障碍消失，波罗的海环境问题的国际治理开始取得重大进展。第三阶段是2004年波罗的海三国加入欧盟，标志波罗的海的国际环境进入一个新的时期，在这个时期内因为欧盟作为一个角色介入到波罗的海的环境治理中，使得波罗的海面临新的机遇和挑战，其中在第二和第三阶段，波罗的海周边国家能够顺应和利用国际政治环境的有利变化，抓住机遇积极开展环境治理的国际合作[①]。

二是海洋区域合作逐步制度化。1992年《赫尔辛基公约》签署以后，成立了赫尔辛基委员会（波罗的海海洋环境保护委员会），参加国包括瑞典、丹麦、芬兰、挪威、立陶宛、拉脱维亚、爱沙尼亚、德国、波兰和俄罗斯。该委员会的主要任务是制定保护波罗的海海洋生态系统方面的国际标准。2003年6月，波罗的

① 汪洋：《波罗的海环境问题治理及其对南海环境治理的启示》，《牡丹江大学学报》2014年第8期，第140—143页。

海海洋环境保护委员会和《东北大西洋海洋环境保护公约》相关机构首度合作，在德国不来梅共同举办了有21个缔约国参加的部长级会议，就减少有害物排放、提高航运安全以及将海面划定为特别保护区等问题进行了探讨。2007年，波罗的海沿岸国家通过了《保护波罗的海行动计划》。近年来，欧盟也通过了波罗的海区域发展战略，进一步加大波罗的海治理的制度化进程。

三是波罗的海域外力量发挥着积极作用。1992年，联合国教科文组织在里约热内卢召开了联合国环境与发展大会，这次会议极大地推动了波罗的海地区国家和组织环境政策的制定和对可持续发展的重视。2004年，欧盟实现了历史上的最大扩容，波罗的海三国加入欧盟，欧盟的加入建立了波罗的海地区环境问题的治理机构，协调治理的作用越来越明显。2016年，欧盟机构达成协议，实施波罗的海多年度渔业计划。这是欧盟共同渔业政策实施以来的第一个多年度渔业计划，主要内容包括了多种鱼类的综合管理，而不是鱼类的单独管理，以保证对鳕鱼、鲱鱼和小海鱼的“持续和平衡开发”，以及渔民生活水平的稳定。

（三）波罗的海区域海洋环境治理机制设计

1. 机制设计的制度环境

无论是整体性治理还是多层级治理都需要有较好的治理环境，这种环境是建立各国超地理限制的行动自觉。制度环境集中体现在治理理念的设计上，我们认为，目前波罗的海海洋环境治理模式已相当完善，但海洋环境问题依然突出，很大原因在于波罗的海尚未建立起全球海洋治理理念，各国依旧根据自身的发展来确定入海排放的目标。因此，建立全球海洋治理是运行波罗的海合作治理、整体性治理的先决条件。全球海洋治理需要波罗的海各国主动承担起保护海洋环境的责任，而不仅是口头上对海洋环境的重视，各国有超国家利益的集体行动的义务和责任，需要自觉履行已制定的海洋环境保护的国际条约、规定，以此政策工具作为国家的行为准则。

2. 整体性治理模式的机制设计

在波罗的海存在多种利益博弈，需要平衡各种利益关系，建立整体性治理模式。国家主体间在整体性治理中的博弈关系，包括国际组织与国家、国家之间以及国家内部中央与地方政府之间的多重利益博弈。但是在这一过程中波罗的海国家间存在博弈困境，在整体性治理制度设计中需要考虑。

第一，波罗的海海洋环境委员会与成员国之间的博弈困境与制度设计。波罗的海国际组织作为指导性组织，对区域海内的国际环境问题可以进行统一协调。而国家基于国家利益作出的行为选择，会以国家利益最大化参与波罗的海的国际组织，这样无疑削弱了波罗的海海洋环境委员会的作用。因此，需要各国在维护《赫尔辛基公约》以及其他条约基础上实施以下步骤：一方面在协商基础上明确国家在波罗的海的海洋环境保护义务，包括排放标准、产业布局。另一方面，确定一定的联合惩罚机制对区域国家的违法行为作出惩罚性措施，以此更加紧密化波罗的海的海洋环境合作。

第二，成员国之间的海洋环境保护的博弈与制度设计。成员国为发展本国经济，在遵守波罗的海海洋环境保护协议之时，存在相互推诿。跨国界的海洋环境保护需要各国履行超国家义务，不应将波罗的海当做“公共池塘”而随意排放，以非理性行动来应对国家义务是主权国家不应有的行为。因此，各成员国应该在国家责任的行动之上自觉履行海洋环境保护义务，并建立海洋环境污染的责任分配机制。

第三，国家内部之间的博弈与制度设计。波罗的海国家在执行协议上的不充分，很大程度与国家内部的利益协调有关。波罗的海很多国家是外向型经济，发展对外贸易是本国、本地区发展的根本，各国海上交通运输非常繁忙。各国有保护海洋环境的国家责任，但是缺乏行动，因此，中央政府对地方政府发展的化工、重型工业布局、排污没有严格执行相应环保标准，同时该区域的渔业也存在过度捕捞现象等。这就需要国家将国际义务与国内经济发展作出合理的制度安排。

第四，国际组织应对域外污染的执行性与制度设计。从波罗的海近60年来的污染情况看，大多数是船舶污染，其中一些大型的船舶污染事件来自于域外国家，如2018年10月一艘载有335人的渡轮在波罗的海起火造成海洋污染。对此，波罗的海海洋环境委员会应该根据《联合国海洋法公约》之规定对船旗国船舶的海洋污染建立追责机制和监督机制，对相关国家船舶探索收取海洋生态补偿费用的可行性，以保护波罗的海海洋环境。同时，根据《联合国海洋法公约》关于“沿海国在其领海内行使主权，可制定法律和规章，以防止、减少和控制外国船只，包括行使无害通过权的船只对海洋的污染”作出制度设计。

第五，对于区域内的国际条约应有动态性调整。波罗的海有关船舶污染的条例很多，但是更新的不多，仅有四个条约作了更新，在这几年更新更少，然而海事事件发生的情形层出不穷，损害性程度也会不一样。波罗的海应根据《联合国海洋法公约》规定的“为了防止、减少和控制‘区域’内活动对海洋环境的污染，应按照第十一部分制订国际规则、规章和程序。这种规则、规章和程序应根据需要随时重新审查”等相关规定对条约作出动态性调整。

三　海洋环境突发事件：美国埃克森公司油轮漏油事故分析

（一）案例基本情况

1989年3月24日晚上9时，埃克森公司下水才3年、配备各种现代化导航设备的瓦尔迪兹号（Valdez）油轮在阿拉斯加的威廉王子海峡触礁，船体被划开，泄出26.7万桶共1100万加仑原油，然后石油泄漏到太平洋。

威廉王子海峡原来是一个风景如画的地方，盛产鱼类，海豚海豹成群。事故发生后，在海面上形成一条宽约1千米、长达800千米的漂油带，海洋生态环境遭到严重破坏。阿拉斯加州沿岸几百千米长的海岸线遭到严重污染，数以千计的海鸟和水生动物丧生，大约1万渔民和当地居民赖以生存的渔场和相关设施被迫关闭，鲑鱼和鲱鱼资源近于灭绝，几十家企业破产或濒于倒闭。这是一起人为事故，船长痛饮伏特加之后昏昏大睡，掌舵的三副未能及时转弯，致使油轮一头撞上暗礁——一处众所周知的暗礁。

（二）基于跨国界海洋环境治理的分析

其实，威廉王子海峡附近有一条重要的国际航道，因此对于区域内的美国和加拿大应该制定相关的治理模式以应对国际油轮碰撞、触礁等类似事故，并建立应急措施，这是全球化治理时代应有之义务。在此我们就这一事件可以探索跨国界海洋污染事故具体应对之策。

首先，建立以区域海为单位的多层级治理结构。根据跨国界多层级理论，一般涉及国际组织、国家和沿海地方政府、相关企业和个人。因此，建立海区为单位，而不是以国家为单位的跨国界海洋环境治理结构对于治理有效性是十分有利的。从组织架构上，国家组织层面应成立类似海洋环境治理委员会的国家合作组织，统一制定海区内的国际条约，对重大海区内海洋环境事故作出协调；国家层面应建立对应协调组织和机构，制定海区海洋环境政策以及法律法规，实施海区水质和海洋环境保护；针对管辖海区确定排污目标、开发方案，同时对沿海海区内的企业和个人的相关活动进行监督。在此事件中，瓦尔迪兹号（Valdez）油轮发生事故后，由于缺少综合性协调机构，导致事故发生后，污染区域不断扩散，尽管造成了很大的损失，但是美国和加拿大均没有介入到这一事件中。直到埃克森公司对待原油泄漏的恶劣态度激怒了美国、加拿大地方政府、环保组织以及新闻界后，他们联合起来发起了一场“反埃克森运动”，指责埃克森公司不负责任，企图蒙混过关。事件惊动了当时的美国总统布什，3 月 28 日，布什派遣运输部长、环境保护局局长和海岸警卫队总指挥组成特别工作组前往事发地点开始开展调查。

其次，建立以海洋环境利益相关者的维权机制。从目前海区制的成功案例来看，大多建立了相关国家参与的共同协商和维权机制，因而在国际组织—国家—地方政府涉海区委员会中，应积极听取各方意见，建立具体事项的海洋环境治理的国际条约，包括船舶排污、海洋倾倒、海洋生物多样化、工业废弃物入海等，这些国际条约作为政策性工具对于处理发生在海区内的事故以及防治海区海洋生态环境都是有极大裨益的。这一事件中，关于如何应对埃克森公司油泄以及后来的消极应对，在政策上是空白的，而且区域内也没有相关的协议。对于美国部分的损害和加拿大部分的损害如何利益平衡都显得苍白无力。因此，建立以海洋环境利益相关者的维权机制对于跨国界海洋环境治理是十分必要的。

最后，完善跨界海洋污染的责任机制。事件发生后埃克森公司与两国的政府机构没有进行充分沟通，对新闻界采取不理睬态度，同环保组织没有进行沟通，这说明对跨国界海洋污染责任担当不明确，才导致埃克森公司认为没有必要去往事故发生地，没有做出沟通的必要性。因此，在跨国界海洋污染中必须明确国际责任，包括国家责任和企业责任、公众责任。一般跨界海洋污染中补救措施包括停止损害、赔偿、恢复应有状态、道歉。反观这一事件，埃克森公司尽管对出事海域进行清理，但是缺乏对海洋环境责任的认识，原油泄漏事件对于威廉王子海峡造成了严重的生态灾难，数以万计的动物当即死亡。根据保守估计，共有250000只海鸟、2800只海水獭、300只斑海豹、250只秃鹰、22只虎鲸以及亿万条三文鱼等受污致命，这些也应该做出环境赔偿。因而，建立完善的跨国界海洋污染补救措施是处理这类事件的关键所在。在跨界海洋污染事件中，行为国可以单独实施以上补救方式，也可以合并使用，甚至一同使用。补救方式的实施无论如何使用，只有受害方的合法利益得到有效保护才是最美好的结局。[①]

四　海洋环境跨国界案例比较与逻辑解构

近年来，跨国界海洋环境污染事件持续增多，国际社会采取不同的行动方案，产生不同的处理结果。本研究以波罗和加勒比海的海洋环境治理实施为比较进行相应的逻辑分析。波罗的海和加勒比海在区域性海洋环境治理上采取了不同的行动方案，取得了不同的实施效果。我们不禁要问：为什么会产生这种差异？这其中表现为两个跨国界"区域海"在国家参与全球海洋治理上不同的治理理念和行动逻辑（表6—1）。

表6—1　　波罗的海和加勒比海海洋环境治理实施差异比较

实施结果评估	波罗的海	加勒比海
海洋环境评估	受沿岸船舶、工业发展等客观因素，海洋环境整体较差，易受污染。	受沿岸船舶、工业发展等主客观因素，海洋环境较差，易受污染。
国家协调评估	国家间超越政治分歧，实现国家间的协调，国家协调较好。	尚未建立国家间协调机构，国家协调较差。

① 杨赞：《跨界海洋污染的责任分配制度研究》，硕士学位论文，西南政法大学，2014年，第32页。

续表

实施结果评估	波罗的海	加勒比海
利益分配评估	一方面沿岸国家实行了欧盟的环境标准，另一方面区域达成了国家间利益平衡。	区域海内国家各自为政，没有建立利益平衡机制。
协调机制评估	建立了完善的海洋环境治理协调机构，协调状况较好。	尚未建立完善的海洋环境治理协调机构，协调状况差。
治理效果评估	建立了一整套区域内海洋环境治理协调、应急管理机制和制度。	初步建立了海洋环境治理制度，但缺乏机构的执行力。
结论	国家参与区域海洋治理需要超越国家利益，具有强烈国家责任构建环境整体性的价值秩序。	

从两个“区域海”项目治理评估的结果来看，有效调节主体间利益关系对治理绩效可能产生极大的影响。因此，本研究认为，主体国家参与全球海洋治理必须在整体性治理下构建环境价值秩序，实现国家责任的规制和超国家利益。这三者之间具有逻辑的一致性和统一性。

第一，环境整体性价值秩序是国家参与海洋环境治理的基础逻辑。建构主义的观点认为，全球环境整体性观念的发展以及多边合作的国际规范是推动一些国家克服利益阻力参与全球环境治理的重要因素。长期以来，波罗的海国家对于环境价值观念有较高认识度，环境整体性价值优先性得到各国的高度认可，各国国内立法也应顺应这种价值秩序。早在 1974 年，波罗的海国家召开了首次赫尔辛基大会，与会国家对环境治理达成了一致性协议，签署了《保护波罗的海地区海洋环境公约》。《公约》以海洋生态环境可持续发展为最高利益，使国家环境利益、企业利益和个人利益服从于区域利益，以制度化合作为理念。2004 年以后，波罗的海各国相继加入欧盟，服从于欧盟的环境标准，制定了波罗的海地区的新欧盟战略（2009 年）。在这种治理秩序下，波罗的海国家依附于欧盟，在推动制定国际规范中形成了“利益跟随”，达成相应的环境利益诉求。加勒比海各国长期基于各自的国家考量，缺乏环境整体性价值，往往将各自的国家利益作为最高目标，忽略了海洋环境治理的特殊性，合作化意识淡薄，因此，尽管是一个开放型海域，但是加勒比海常年垃圾成堆。

第二，国家责任的规制是参与海洋环境治理的制度逻辑。国家责任也是一种国际义务。1982 年制定的《联合国海洋法公约》第二百三十五条规定，各国有责任履行其关于保护和保全海洋环境的国际义务。在全球海洋环境治理参与中最大的问题是缺少全球海洋治理理念，具体表现为国家责任的缺失。1974 年，波罗的海国家成立了赫尔辛基委员会（HELCOM），作为一种管理波罗的海海洋环境的政府间组织。这一组织是 9 个沿海国家基于共同的防止和控制海洋污染目标所达成的自愿合作，各国在这一机制下共享区域环境信息和协作治理海洋环境。HELCOM 和而后制定的欧盟的波罗的海战略共同成为波罗的海海洋环境治理的两个主要政府间机制。波罗的海各国处于国家责任和国际义务，从区域海整体利益出发，将国家主体利益与区域环境治理达成一致性目标。1983 年加勒比海的 17 个主要国家签订了《保护和开发大加勒比地区海洋环境公约》（《卡达赫纳公约》），然而这一《公约》没有就区域国家的利益达成一致性，既缺乏有效的执行力，也没有固定的合作机制，使得《公约》成为一种象征。

第三，超国家利益模式是参与海洋环境治理的运行逻辑。全球海洋环境治理的参与需要明确全球治理和国家内部治理的关系，并明确以怎样的方式构建治理机制。在参与全球海洋治理的进程中，需要各当事国就海洋环境治理中的利益进行协商，在博弈中达成一致性。超国家模式需要各国具有全球海洋治理思维，建立“海洋命运共同体”理念，相关利益者将各自的利益博弈超越国家，进入集体理性轨道，实现各层级组织的整合互动。超国家利益模式主要体现为国际规范的达成、国际条约的履行、国际组织的架构。基于共同的治理目标，以及区域海整体利益的衡量，波罗的海各国超越国家利益建立了责任共同体、利益共同体、命运共同体。目前波罗的海区域除签订了《波罗的海区域海洋环境保护公约》这一重要的环境保护协议以外，还签订了石油污染、船舶漏油、海洋生物多样化等专门领域的环境协议。为了有效履行这些协议，成立了由9个波罗的海沿海国和欧盟组成赫尔辛基委员会。赫尔辛基委员会下设代表团团长，定期或不定期召开各国领导人和代表团团长会议。这在总框架下，为使条约的履行更加有力，委员会下成了若干小组，如海事技术组、海洋空间规划工作组、基于生态系统的渔业可持续小组等8个小组，同时成立专家组。超国家模式基础上形成的国际组织或区域一体化组织为代表的治理框架，成为当前环境全球治理的主要模式。相比之下，加勒比海区域内国家却各自为政，尚未建立完善的海洋环境治理协调机构，协调状况差。

第四节　国际海洋生态环境治理的区域化演进

海洋生态环境治理是全球海洋治理体系构建的重要内容。海洋具有跨界性特征，海洋生态环境治理只依靠单个国家采取行动，不足以应对日益复杂化的环境危机，因此，只有在全球范围内建立可持续性的合作机制才能形成有效的治理路径[①]。近年来，海洋治理的国际合作实践不断在全球范围内深化，以国家为主体的海洋治理

---

① Klaus Töpfer, Laurence Tubiana, Sebastian Ungerand Julien Rochette, “Charting Pragmatic Courses for Global Ocean Governance”, *Marine Policy*, 2014 (49): 85 –86.

行动有序展开，如中欧建立“蓝色伙伴关系”，积极推动构建“海洋命运共同体”。同时，全球海洋生态环境治理出现了新现象：一是海洋生态系统的制约使得环境治理行动框架存在区域化的倾向，按生态系统标准划定海洋空间并以此形成环境治理机制，已经成为全球海洋治理的重要导向①；二是海洋区域的治理力量加快形成，区域性的海洋环境组织不断涌现并参与治理，区域利益导向使主权国家和区域组织合作，协同解决区域海洋范围内的环境治理困境②；三是全球性治理框架和政策弱化，主权国家参与全球海洋生态环境治理的内在需求呈现多元化，对有效解决全球性海洋生态环境问题形成冲击。

区域海洋环境治理参与主体主要是主权国家，主权国家在政策选择上更会做出以国家利益为导向的政策决策，可能会将“不利益”环境代价进行“区域外转移”，这与全球环境治理的政策逻辑存在一定的冲突。因此，全球海洋环境治理的区域化演进该如何完善，让区域海洋生态环境治理与全球海洋生态环境治理形成“帕累托最优”，这就需要通过多案例及机制分析提出相应的解决对策。

一　全球海洋生态环境治理的理论基础与治理逻辑

众所周知，唯有海洋生态系统健康运行和海洋环境干净美好，人类才能从中获取利用率高的资源与能源，才能保障海洋产业的可持续发展。全球海洋生态环境治理有其特有的理论基础和治理逻辑，世界各国应增强自身海洋环境保护意识，促进治理主体之间的海洋环境保护合作。

---

① 丘君、赵景柱、邓红兵、李明杰：《基于生态系统的海洋管理：原则、实践和建议》，《海洋环境科学》2008 年第 1 期，第 74—78 页。

② Fleming L. E. , Broad K. , Clement A. , et al. , “Oceans and Human Health: Emerging Public Health Risks in the Marine Environment”, *Marine Pollution Bulletin*, 2006, 53 (10 - 12): 545 - 560.

1. 海洋生态环境治理具有生态性和公共性特征

近年来，海洋生态环境问题接踵而至，如何处理好海洋经济发展和海洋生态环境之间的关系成为当前海洋治理中亟待解决的难题①。海洋生态环境治理是环境治理的重要领域，其核心是“治理”，属于治理行为者之间的相互配合和积极合作的复杂行为。在治理的过程中，公众、企业、政府之间具有一种密不可分且又复杂的联系，各主体间相互作用又相互制约，形成一个交织的政策网络。作为治理的对象，海洋空间具有独特的治理物理特性和治理公共性。

第一，海洋中的水体本身具有流动性和与之带来的相关性。可想而知，海洋与陆地是存在差异性的。陆地虽然连续不断、固定不变但可以有所分割，然而海洋因为水体的流动，一旦某海域海洋资源或环境过度开发利用而遭受破坏，一定程度上会不利于这片海域后续的开发与利用，同时也会对邻近海域的生态环境造成不利影响。

第二，海洋的生态系统特征明显，一定区域的生态复合程度极高。研究表明以生态系统为基础的管理是一种日益突出的海洋资源管理模式，其重点是维持生态系统的完整性，海洋管理边界的标准要按照生态系统空间范围的标准进行划定②。在一定条件下，海洋相比陆地而言其任何一部分都具有特殊的价值性和功能性，人类对海洋的“立体开发”、多主体开发现象严重，给海洋环境带来层次性破坏，相应的生态修复十分艰难。

第三，海洋环境和海洋资源的公共产品性特征尤为突出，在空间维度上没有明确的标准和统一的划分，所以较难精准地划分海洋

---

① 王琪、何广顺：《海洋环境治理的政策选择》，《海洋通报》2004 年第 3 期，第 73—79 页。

② Michael Malick，Murray Rutherford，Sean Cox.，“Confronting Challenges to Integrating Pacific Salmon into Ecosystem-based Management Policies”，*Marine Policy*，2017，85：123－132.

治理的边界。海洋生态环境的公共产品特性，促使其具有非竞争性与非排他性，区域海洋之间的环境影响时刻存在[①]。相关利益主体很难较好地分摊到海洋治理责任，通常最终的治理责任都落在政府身上。

全球海洋生态环境治理是基于全球海洋治理和全球生态环境治理结合的基础上提出的。海洋的生态性和公共性特点证明，海洋生态环境治理的主体不限于一个国家、一级政府，海洋生态环境治理是全球性理论在海洋治理领域方面的突破性发展，需要基于全球的视野开展相应的国际合作，形成国际治理框架。

2. 全球海洋生态环境治理具有一定的层次性和系统性

全球海洋治理的研究来源于多学科多领域的影响和关注，一方面基于海洋本身的自然属性即具有全球性和跨区域性，也有因全球海洋问题显现等各种因素，全球海洋治理日益受到关注。1992 年罗西瑙（James N. Rosenau）正式提出全球治理的定义后，国际社会意识到改善全球和区域合作应当成为社会、经济和政治讨论的主流。从海洋治理层面分析，《联合国海洋法公约》确立了管理海洋环境及其资源的基本法律原则，规定了海洋环境保护的国际合作机制，但该公约无法回答海洋法中出现的所有新问题。因此，国际社会和各国政府需要采用可持续发展的整体模式，为全球海洋治理提供更加务实的办法[②]。与此同时，在区域一级，欧盟为代表的区域组织在促进综合海事政策方面卓有成效，在过去的 40 年时间里，波罗的海、地中海、加勒比海等区域海洋环境协同计划纷纷签订并实施，中国近年来也进一步推进如“滩长制”“湾长制”为代表的小微海洋环境治理机制等。全球海洋生态环境治理多层级体系渐趋

---

① Elizabeth Tedsen, Sandra, Cavalieri, Andreas Kraemer. “, *Arctic Marine Governance*”, Springer-Verlag Berlin Heidelberg, 2014, pp. 21 – 43.

② Dorota Pyc, “Global Ocean Governance”, *TransNav*, 2016, 10 (1): 159 – 162.

形成。这种多层级治理体系主要体现为：以联合国和国际组织为代表的全球海洋治理体系、国际公约约束下的区域海洋治理体系和以国家治理为基础的国内海洋治理体系，后者又包括国家层、地方层、社会基层等[①]。可见，海洋环境治理如同治理理论在实践中的应用一样，形成了全球治理、区域治理、国家治理、地方治理和基层治理等多个层级，其中区域海洋治理一般指跨国家间的海洋治理，而国家管辖海域跨行政区域治理则属于国家治理和地方治理层级的范畴。这些层级的治理在各层面形成了相应的政策和治理机制，支持相应治理领域的治理。

在当前的全球海洋治理体系中，联合国等有关国际组织在解决海洋问题中发挥着关键的作用，以联合国等国际组织为中心，国家行动者与非国家行动者共同参与海洋治理相关的行动[②]。代表性行动有1972年《防止倾倒废物和其他物质污染海洋的公约》（简称《伦敦公约》）及其1996年议定书、1995年在华盛顿通过的《保护海洋环境免受陆地活动影响全球行动纲领》（GPA）等，旨在减缓和防止沿海和海洋环境因陆地活动而恶化，促进“国家履行保护和保存海洋环境的责任”[③]。同时，区域性的国际组织在全球海洋治理中的作用越来越突出，成为全球海洋生态环境治理的重要力量。在海洋治理政策实施过程中，通过制定国际规则 来推进全球海洋生态环境治理，成为全球海洋环境治理的典型做法。然而，全球海洋生态环境治理的关键是各主权国家均存在独立的权力体系，因而治理机制和规则的设计往往受到强权国家的力量影响。由于《联合国

① 全永波：《全球海洋生态环境多层级治理：现实困境与未来走向》，《政法论丛》2019年第3期，第149—159页。

② 庞中英：《在全球层次治理海洋问题——关于全球海洋治理的理论与实践》，《社会科学》2018年第9期，第3—11页。

③ David VanderZwaag, Ann Powers, “The Protection of the Marine Environment from Land-Based Pollution and Activities: Gauging the Tides of Global and Regional Governance”, *The International Journal of Marine and Coastal Law*, 2008, 23 (3): 423-452.

海洋法公约》为代表性的国际公约对于海洋生态环境保护的条款规制性较弱，海洋生态环境治理在实践中往往被主权国家的利益左右。另外，基于区域海洋环境利益的各种区域性海洋组织实际上代表了相关行业集团利益，其提出的环境政策具有一定的排他性①。所以，全球海洋生态环境治理体系呈现出多层性的同时，如何将各方治理力量整合形成系统性机制值得进一步思考。

3. 全球海洋生态环境治理具有一定的整体性和多元性

在当前世界经济和社会发展的进程中，全球化和逆全球化的力量不断地在海洋生态环境治理等领域角逐，其背后的价值元素包含海洋权益、海洋生态和经济发展的多元考量。整体性治理理论的提出对于通过协商调整、梳理整合等途径处理治理过程中出现的琐碎细小的问题，以此形成相应的治理逻辑有积极意义。

全球海洋生态环境治理体系构建中存在全球性的整体性利益、区域利益、国家利益、企业利益、区域组织利益等多层次利益诉求。随着多元利益格局的逐渐形成，多元利益主体之间的博弈也随之而来，在激烈的博弈过程中，公共利益很有可能被政府和利益集团的利益所取代。因此，对海洋环境进行有效治理，应当树立全球整体性治理的理念，对海洋环境治理中的利益诉求加以规范，形成统一不失衡的利益格局，并建立和完善相应约束机制与均衡机制②。海洋生态环境治理具有外部性，外部性因素对不同层级的治理系统有一定的冲击，并影响其治理效果③，因此政府起到举足轻重的引领和带头作用。政府应出台相应的鼓励机制或政策，提高海洋生态

---

① 庞中英：《在全球层次治理海洋问题——关于全球海洋治理的理论与实践》，《社会科学》2018 年第 9 期，第 3—11 页。

② Kristen Weiss, Mark Hamann, Michael Kinney, Helene Marsh, "Knowledge Exchange and Policy Influence in a Marine Resource Governance Network", *Global Environmental Change*, 2012, 22 (1): 78 - 188.

③ Anderas Duit, Victor Galaz, "Governance and Complexity—Emerging Issues for Governance Theory", *Governance*, 2008, 21 (3): 311 - 335.

环境治理能力，提高治理效率，并进一步促使企业、组织和国家实现环境行为外部性的内部化。海洋生态环境治理过程中，还需要关注各个要素的治理目标能否一致，将多元的利益诉求进行重新协商调整、再整合，将全球海洋治理要素的各自利益整合为共同利益诉求，平衡多元利益主体的关系，体现海洋主体集体理性，以提高全球海洋生态环境的整体治理效果。

二 全球海洋生态环境治理的区域化演进的现状与反思

近年来，面对海洋生态环境全球性的难题与挑战，区域性的环境合作步伐加快，各区域国家和区域组织在综合考虑生态环境、经济等各种因素基础上，主动开展区域合作，并成为解决海洋生态环境问题的重要路径。纵观全球性海洋生态环境治理的现状，区域化演进已然成为当前海洋治理的重要特点。

1. 区域化演进的现状与特点

全球化的过程也是全球性问题不断出现的过程，大量跨国和跨地区的问题不断叠加，主权国家和国际组织在参与治理过程中形成力量的多元性博弈。“区域化”成为这种力量博弈的现实选择，在海洋生态环境治理领域尤其如此。全球海洋生态环境治理的“区域化”表现为“区域”成为全球海洋生态环境治理的重心和焦点，区域大国或全球具有一定影响力的国家在区域治理中发挥着越来越重要的作用。区域海洋强调海洋生态系统结构、机制的完整性，往往按生态系统空间范围的标准划定海洋管理边界，海洋生态环境治理的“区域化”演进有如下特点[①]。

其一，区域组织在区域海洋环境治理中发挥关键作用。在海洋生态环境治理的区域化演进中，以主权国家间的互动合作、区域性

---

① 丘君、赵景柱、邓红兵、李明杰：《基于生态系统的海洋管理：原则、实践和建议》，《海洋环境科学》2008年第1期，第74—78页。

的国际组织或海洋治理委员会委机制为主导形成了区域海洋生态环境的治理框架，其中区域组织在区域海洋环境治理过程中发挥越来越重要的作用。以区域组织主导的治理主体引领治理的方向，并成为目前全球海洋生态环境治理的重要实现模式。

区域组织主导的区域化治理机制的典型代表包括欧盟环境治理、波罗的海委员会对波罗的海的环境治理、南亚区域合作联盟的海洋生态环境治理等，这些海域的环境治理在全球区域海洋治理中具有典型性。多年来，由欧盟构建的环境工作组、环境委员会和环境总署等机构体系在参与海洋生态环境治理过程中起到了主导作用，推进了环境治理合作机制的形成。波罗的海沿岸六个国家缔结了《保护波罗的海区域海洋环境的公约》（《赫尔辛基公约》），针对环境污染现象，以合作方式共同参与到保护波罗的海区域海洋环境的保护行动中。该公约明确设立了波罗的海委员会，该委员会主要按公约附件的规定就海洋环境保护方面所涉及的具体事项进行相应的调整与规范。南亚地区专门成立了南亚区域合作联盟，提倡积极应对环境污染治理，加强协商与合作，但由于该地区总体经济较弱，环境治理制约因素明显，故海洋生态环境治理难以达到良好的治理效果。

其二，区域海洋生态环境治理机制已经成为全球海洋生态环境治理机制的重要内容。越来越多的区域海洋环境项目成为全球海洋生态环境治理区域化演进的重要支持。以联合国环境署设立 18 个区域海洋项目为例[①]，区域海机制的建立是联合国实施全球海洋治理体系的一个重要路径。以地中海治理为例，该区域沿岸部分国家于 1976 年签署了《保护地中海免受污染公约》（《巴塞罗那公约》），旨在针对地中海地区各种环境污染问题的解决。该公约有一个附件

① “Working with Regional Seas”, UN Environment Programme, https://www.unenvironment.org/explore-topics/oceans-seas/what-we-do/working-regional-seas.

和两个议定书，对防止倾倒废弃物、勘探开发大陆架造成的污染以及船舶造成的污染和陆源污染作了原则性规定，相关内容及原则与《联合国海洋法公约》第十二部分“海洋环境的保护与保全”的相关内涵基本一致。该公约在1995年进行了修改和补充，添加了新内容，形成了污染者预防原则、负担原则、可持续发展的原则①，体现了当前全球海洋生态环境治理的基本动向。经济与生态系统的区域性机制建立在实践上有效解决了区域海洋生态环境问题，并被其他区域海洋国家效仿，形成了诸多海洋生态环境治理机制。但这是否意味着全球海洋生态环境治理已经完全区域化？这需要研究这种区域化机制是在联合国体系下的全球海洋环境治理体系的组成，还是独立的区域治理体系？从现实分析，全球分布的海洋“区域治理”应是多层级治理体系下的分级控制系统，这些系统注重区域的生态系统功能，有助于克服单一生态系统管理上的困难，促使基于整体性理念的生态环境治理②。

其三，区域性海洋环境突发事件促使区域合作动能增强。区域性海洋环境治理体系除了多边公约和双边条约建立制度和机制外，通过其他途径开展跨区域合作机制建设也是海洋生态环境治理体系的重要内容。2011年，以日本福岛核泄漏事件为教训，东北亚区域国家清晰地看到海洋环境跨区域合作的重要性，面对严重性的海洋污染事件，各国以领导人之间的会晤共识、政府之间的磋商合作等主要形式来促进合作交流。虽然海洋生态环境治理一定程度上受到政治关系的制约，然而考虑到现实的需求和国际社会的反响，中

---

① 相关议定书包括：1976年《关于废物倾倒的议定书》、1976年《关于紧急情况下进行合作的议定书》、1980年《关于陆源污染的议定书》、1982年《关于特别保护区的议定书》、1995年《关于地中海特别保护区和生物多样性的议定书》（该议定书取代了1982年《关于特别保护区的议定书》）、1994年《关于开发大陆架、海床或底土的议定书》以及1996年《关于危险废物（包括放射性废物）越境运输的议定书》。

② William De La Mare, “Marine Ecosystem-based Management as a Hierarchical Control System”, *Marine Policy*, 2005, 29 (01): 57-68.

国、韩国、日本逐渐把环境合作关系“机制化”。除此以外，1989年埃克森公司油轮漏油事故、2010年墨西哥湾漏油事件等，也促进了以政府和区域组织为主体的区域环境合作机制的形成。

其四，区域治理行动围绕全球各区域大海洋生态系统展开。海洋环境治理不仅受到治理能力、政治态度的影响，而且还受到地理环境、地质条件等诸因素的影响。因区域海洋具有相对独立的生态系统，在治理过程中容易形成针对性的科学方法和科学体系，现实中国际上把大量的技术规范、操作规程、环境标准等吸收到国际环境立法之中，也成为区域海洋环境治理的制度基础①。海洋区域环境治理突出以“大海洋生态系统”为基础，强调海洋生态系统结构、功能的完整性，按生态系统空间范围的标准划定海洋管理边界②，生态系统的集成促使不同层次的政府及非政府组织之间合作伙伴关系的不断建立。从区域环境保护的国际实践看，保护海洋生态系统和生物的发展举措集中在污染控制、海洋生态系统保护、管理海洋生物多样性，保护的重点有区域性的区分。比较常见的基于生态系统的海洋环境治理的实践包括：欧盟推动建立了欧洲水域空间规划系统，旨在实现共同的海洋空间规划框架以及欧盟水域和沿海区域海岸带综合治理；地中海国家通过了《地中海行动计划》，该计划从海洋资源整体规划、动态监测、环境评估、海洋立法、制度与财政支持几个部分对地中海生态治理做出了详细规定。

2. 区域化演进的总结与反思

（1）基于生态系统的区域海洋生态环境治理的有效性得到加强。由于海洋天然的生态环境和特殊的地理状况，区域海洋沿岸国家考虑到长期可持续发展的需要，国家间治理合作的意愿更为强

---

① 秦天宝：《国际环境法的特点初探》，《中国地质大学学报（社会科学版）》2008年第3期，第16—19页。

② Kenneth Sherman，“Adaptive Management Institutions at the Regional Level：The Case of Large Marine Ecosystems”，*Ocean & Coastal Management*，2014，90：38－49.

烈。在区域治理过程中，主权国家、区域组织、企业等相关主体形成治理合力，利用“大海洋生态系统”为前提，强调治理方案要体现海洋生态系统结构、机制的完整性和生态恢复特点，采取因地制宜的措施[①]。不少专家研究了基于生态系统海洋治理的可行性，越来越多区域海洋环境治理的国际案例也证明基于生态系统的区域海洋生态环境治理具有有效性和科学性。在海洋区域治理过程中，治理模式具有多样化。多数区域海洋环境治理机制不否定全球治理的权威性，从另一视角看，区域海洋生态环境治理的有效性对于推进全球海洋生态环境治理体系的构建有积极的铺垫作用。

（2）“区域化”倾向对全球治理机制构建具有一定反影响力。对海洋生态环境制度的构建，国际上主要是将较多的操作章程、技术法规、环境标准等内容纳入到国际环境法之中，从而使得其成为标准较多、技术较强的法律部门[②]，在海洋生态环境治理过程中对国际法规范的执行出现较多的问题，如联合国在 1995 年推出的《保护海洋环境免受陆地活动影响全球行动纲领》（GPA）在区域一级执行过程中存在较大挑战[③]。2017 年以来，在国家管辖海域外生物多样性（BBNJ）谈判的历次进程中，对于有效的公海保护区建立、管理和评估机制一直存在分歧，如公海保护区的管理模式应该采用全球模式、区域模式还是混合模式[④]，不同国家存在不同意见。联合国 在 2019 年 8 月第三次会议通过的 BBNJ 主席文件上，

---

① Judith Kildow, Alistair Mcllgorm, “The Importance of Estimating the Contribution of the Oceans to National Economies”, *Marine Policy*, 2010, 34: 367 – 374.

② 秦天宝:《国际环境法的特点初探》,《中国地质大学学报（社会科学版）》2008 年第 3 期，第 16—19 页。

③ David Vanderzwaag, Ann Powers, “The Protection of the Marine Environment from Land-Based Pollution and Activities: Gauging the Tides of Global and Regional Governance”, *The International Journal of Marine and Coastal Law*, 2008, 23 (3): 423 – 452.

④ 王勇、孟令浩:《论 BBNJ 协定中公海保护区宜采取全球管理模式》,《太平洋学报》2019 年第 5 期，第 5—19 页。

区域海洋治理的关注成为重要内容，在第三部分公海保护区的“区域管理工具”中，第十四条提出“c. 养护和可持续地利用需要保护的地区，包括建立一个以地区为基础的综合管理工具系统”“d. 建立一个生态上有代表性的海洋保护区系统”等，展现以区域为核心的保护机制，但这种保护机制“应由科学和技术机构进行监测和定期审查”（第二十一条）[①]。可见在BBNJ的机制中，针对海洋生物多样性的养护和可持续利用问题采用的是“混合制模式”，其中对以生态系统为主的区域海洋治理凸显区域化治理的特征。

（3）区域化治理机制的不完善在一定程度上影响了全球海洋环境治理的效果。

海洋是一个整体，海洋环境因区域海洋的生态系统特性和国家对海洋利益的管制需要，治理的区域化模式有其客观性和必要性，但在部分区域可能存在一定的不足，影响区域治理作为全球治理体系的有效性。一是区域环境治理能力欠缺。2002年发布的《太平洋岛屿区域海洋政策及针对联合战略行动的框架》为南太平洋区域的海洋治理提供了框架，但太平洋岛国多为小岛屿国家，海洋治理能力有限，而且海洋污染源有部分来自区域外或者陆地，区域化的治理框架设计反而在一定程度上削弱了治理效果，使得小岛屿国家不得不依赖于区域海洋大国来求得有效治理[②]。这类现象在地中海、南亚海等区域治理也存在。二是部分区域环境治理协作不足。2011年日本福岛核电站泄漏，由于没有建立全球性的信息共享机制，仅凭日本本国、周边国家有限的针对核泄漏数据调查和分析，难以有效应对海洋核污染的扩散。区域组织和国家在海洋环境风险管控、

---

① “Revised Draft Text of an Agreement under the United Nations Convention on the Law of the Sea on the Conservation and Sustainable Use of Marine Biological Diversity of Areas beyond National Jurisdiction”, 27 November 2019

② Vince Joanna, Brierley, Elizabeth, Stevenson, Simone, et al., “Ocean Governance in the South Pacific Region: Progress and Plans for Action”, *Marine Policy*, 2017, 79: 40-45.

环境监测协作等方面存在不足。三是各区域海洋环境评价标准存在差异，对跨界海洋环境影响兼顾不足。这种不同海区生态系统的标准差异存在有其客观性，对跨界海洋的影响考虑不足是区域海洋环境治理机制所无法解决的。针对这一困境，BBNJ 谈判中提出“缔约国应通过下列方式促进在建立包括海洋保护区在内的区域管理工具方面的一致性和互补性”。

第 七 章

海洋保护区跨界治理的模式与分析

海水的流动性和连通性注定了海洋是地球最大的生态系统。人类将相同海洋地理区域（如大陆架、海洋生物栖息地）划定为海洋保护区，便于更好地开展海洋生物的养护和保护。然而海洋生态系统可能被划定的国家边界或地区行政区域边界分割，这势必需要开展海洋保护区跨界治理。各国保护区之间出于国际规则的适用性、国际规范和话语权、市场力量和直接参与政策制定的差异，形成了不同形式的海洋保护区跨界治理模式，分析这些治理模式对于实现区域海洋可持续发展具有重要的意义。

第一节　海洋保护区跨界治理现状

目前海洋保护区已覆盖了全球大约 5.3% 的海洋。海洋保护区对实现区域海洋生物多样化和保护海洋资源免受污染具有重要的作用。然而随着区域合作和大尺度海洋景观保护的需求不断增加，跨界海洋资源管理越来越受到人们的关注。作为跨界资源管理的一种典型方式，海洋保护区跨界治理正成为实现海洋生物多样化目标的重要工具。

一 跨界海洋保护区概况

(一) 跨界海洋保护区概念与特征

世界自然保护联盟（IUCN）将海洋保护区（MPA）定义为："任何通过法律程序或其他方式建立的，对其中部分或全部环境进行封闭保护的潮间带或潮下带陆架区域，包括其上覆水体及相关的动植物群落、历史及文化属性"[①]。从这一定义中可以看出，海洋保护区具有三个鲜明特点：一是建立的合法性，保护区是通过法律程序或其他程序建立的，因此海洋保护区的区域范围划定具有规范性、合理性和法定性；二是保护区的范围是以海洋生态系统为单位划定，以保护潮间带或潮下带陆架区域；三是保护区的核心是保护海洋生物以及相关物种和遗产的历史、文化价值。由于海水和物种跨国家管辖范围转移，这就容易出现生态边界与政治边界的冲突[②]，大多数海洋生态系统具有跨界属性。因此，在某种程度上，最有效的海洋保护包括邻国之间或相邻行政区之间的某种跨界合作。实施海洋保护区跨界治理已是大势所趋。

跨界海洋保护区（Transboundary Protected Area，TBMPA）是海洋保护区的一种特殊类型。跨界海洋保护区包括国家之间跨边界的海洋保护区，还包括国家内部不同行政区之间的跨边界海洋保护区。国外学者主要关注的是跨越国家边界的海洋保护区。按照世界自然保护联盟（IUCN）[③] 的定义，跨界自然保护区就是跨越一个或多个国家或国家内不同行政区的陆地或海洋区域，与一般保护区相

---

① 1991年国际自然保护联盟出版的《海洋保护区指南》。

② 石龙宇，李杜，陈蕾，赵洋：《跨界自然保护区——实现生物多样性保护的新手段》，《生态学报》2012第21期，第6892—6900页。

③ International Union for the Conservation of Nature and Natural Resources website, World Commission of Protected Areas, Transboundary Conservation Specialist Group, accessed on the 25th of March 2015, http://www.tbpa.net/page.php?ndx=83.

比，其特殊之处在于不同的管理机构通过法律或其他有效手段进行合作管理，以达到生物多样性及自然和文化资源持续利用和保护的目的。奥尔多·奇尔科普[①]将跨界海洋保护区定义为由邻国共同建立的海洋保护区，其区域跨越其共同的海上边界。在没有划定的海洋边界的情况下，跨界海洋保护区可能会涵盖两国各自认定的海洋边界区域（无论是否有争议）。

区别于一般的海洋保护区或海洋公园，跨界海洋保护区具有自身特征：

一是空间分布上的跨界性。保护区要跨越两个甚至更多行政区或国家之间的海上或沿岸政治边界线。因此，一些大型海洋生态系统因人为划定政治边界而赋予跨界属性。如东非海洋自然保护区包括科摩罗、肯尼亚、马达加斯加、毛里求斯、莫桑比克、坦桑尼亚以及塞舌尔等国家。东部热带太平洋海洋走廊涉及哥斯达黎加、巴拿马、哥伦比亚、厄瓜多尔。

二是管理方式上的复杂性。由于海水的连通性使海上边界更具通透性、更具模糊性。尽管跨界保护区倡议的吸引力正在增强，寻求合并两个或多个国家进行保护可能是一项复杂的工作[②]。除非存在其他可以带来社会、经济或政治利益，这些利益可以激发并维护政府的意愿[③]，保护区才能形成跨界合作。因此，跨界海洋保护区在管理上比一般的海洋保护区或海洋公园要复杂得多。它涉及不同国家、区域以及利益相关者，在合作管理过程中会受各种因素影响，如各合作方利益与价值观的契合程度，各管理方政府的支持力

---

① Catarina Grilo, Aldo Chircop &José Guerreiro. Prospects for Transboundary Marine Protected Areas in East Africa, *Ocean Development & International Law*, 2012, 43 (3): 243 - 266.

② Westing, A. Establishment and management of transfrontier reserves for conflict prevention and confidence building. *Environ Conserv*, 1998, 25: 91 - 94.

③ Peter Mackelworth. Peace parks and transboundary initiatives: implications for marine conservation and spatial planning, *Conservation Letters*, 2012, 5 (2): 90 - 98.

度，以及相互监管的联合程度等等。

三是目标追求上的可持续性。大多数跨界海洋保护区的建立是基于维护生物多样化、共同的环境治理、维护海上边界的安全等可持续发展目标。如1996年菲律宾和马来西亚共同建立海龟群岛遗产保护区就是为了保护地区海龟生物，1997年建立的中美洲珊瑚礁系统保护区是为了保护中美洲海岸线国家珊瑚礁。

（二）跨界海洋保护区类型

根据跨界的地理范围，跨界海洋保护区可分为：

一是跨行政区海洋自然保护区，这类保护区在一国之内，涉及几个省市或地市级行政区。目前这类保护区较少。我国《海洋特别保护区管理办法》第五条规定“国家海洋局派出机构根据国家级海洋特别保护区建设发展规划，建立、建设和管理本海区领海以外的或者跨省、自治区、直辖市近岸海域的国家级海洋特别保护区”。这一条款对跨行政区海洋保护区做出了审批和管辖规定。

二是跨国界的海洋自然保护区，这类保护区涉及多个国家，需要国家间合作，在国家之间、保护区之间，以及社区、地方政府和其他利益相关方之间建立信任、理解、和解与合作，防止或解决紧张局势，包括获取自然资源的问题，如红海海洋和平公园涉及约旦和以色列。目前这类保护区较为普遍。

三是一国与国家管辖外海域（公海或极地）的连接区域的合作保护，这类保护区是基于海洋生态系统的整体性，将一国的海洋边界与国家管辖外海域之间的海洋生态系统、海底架构区域及其资源、文化连接在一起保护，如俄罗斯与北极区域的海洋保护区。同时，这类海洋保护区的功能是多样的，既有养护海洋生物多样化，也有共同维护保护区的船舶等环境污染问题、航行自由等。

根据IUCN对跨界保护区的功能分类，跨界海洋保护区也可分为三类：

一是跨界海洋综合保护区。将跨界海洋保护区作为一个明确定义的地理空间，其中包括跨一个或多个国际边界在生态上相连并涉及多种形式的合作的保护区。这类海洋保护区的功能是多样的，既有养护海洋生物多样化，也有共同治理保护区环境污染问题、维护航行自由等。如瓦登海保护区就是这类的典型。

二是跨界海洋景观保护区。跨界海洋景观保护区是一个生态相连的区域，既包括保护区，也包括跨越一个或多个国际边界的多种资源使用区，兼顾休闲、观光、娱乐等旅游合作开发、景观生态系统管理功能的保护区。这类保护区也称之为海洋和平公园。如中美洲珊瑚礁保护区主要是支持长期合作保护沿海湿地、泻湖、红树林、海草床和珊瑚礁等海洋生物多样性、生态系统服务以及跨界海洋自然和文化价值，通过海洋生物区域规划和管理实现海洋景观生态系统管理。地中海洲际生物圈保护区主要是用于保护直布罗陀海峡周边的森林植被生长，形成地中海特有的海洋国家公园。

三是跨界海洋生物迁移保护区。这类保护区是指两个或多个国家的海洋生物栖息地，为了维持海洋渔业资源洄游、迁徙，以及海绵、水母、螺、三叶虫等海洋、深海动植物栖息进行某种形式合作的保护区。海洋生态系统是完全相互关联的，尤其是海洋生物的洄游、生息自然规律，有必要了解这些高度动态的海洋生态系统，以实现有效的合作。建立和运行海洋生物迁移保护区是促进海洋生物多样化的针对性举措。如菲律宾和马来西亚共建的海龟群岛遗产保护区，是世界第一个养护和保护海龟的跨边界保护区。1978 年澳大利亚和巴布亚新几内亚之间的《托雷斯海峡条约》是海洋保护区跨界治理管理的创新文件，该条约规定了保护海洋环境的具体措施，并促进在保护、管理和分享鱼类方面的双边合作。[①]

---

① Sandwith, T. Shine, C. Hamilton, L. & Sheppard, D. Transboundary Protected Areas for Peace and Co-operation. Best Practice Protected Area Guideline Series No. 7. Gland: IUCN, 2001.

（三）跨界海洋保护区的历史及现状

1924年，波兰和捷克斯洛伐克签署了《克拉科夫议定书》，“开拓了建立边境公园的国际合作概念”，并形成了三个联合公园区。在创建这些保护区时，没有表明通过自然促进和平是建立的目标。相反，保护区被看作是一个保护跨越国际边界的自然景观的机会。“边界公园”倡议也是通过联合管理“集体”物品，减轻第一次世界大战造成的边界争端冲突所开展的尝试。与此同时，北美也出现了类似的保护区，1932年加拿大和美国边界的沃顿冰川国际和平公园的建立是为了防止边界区域的集体冲突，它是第一个正式宣布的国际和平公园。

随着人类社会对自然资源的掠夺的加快，尤其是那些国界线上的土地和海洋正在被战争、无限制开发而破坏。世界自然保护联盟（IUCN）认识到这个存在争议的区域急需开展跨界养护，1940年代IUCN设立了一个全球跨界养护网络和全球技术合作网络。全球技术合作网络就跨界养护计划的所有方面提供专门知识和指导管理和治理①，该网络提到了诸如“跨界保护区”“跨界自然资源管理区”“和平公园”“公园”“生态走廊”等术语。似乎“跨界保护区”和“和平公园”两个主题词相对能够代表建立跨界自然资源管理和养护的核心理念，即建立一个跨界保护区是为了通过自然促进和平，提升资源可持续性。

“跨界海洋保护区”概念是2001年由Sandwith等人提出的②。他认为跨界海洋保护区是“跨越国家、省、区、自治区和（或）超出国家范围的区域，涉及国家以下单位之间一个或多个边界的海洋区域，其组成部分致力于保护和维护海洋生物多样性，以及海洋

---

① GTCN.（2012）. Global Transborder Conservation Network. Information. Retrieved from http：//www. tbpa. net/

② Sandwith，T. Shine，C. Hamilton，L. & Sheppard，D. Transboundary Protected Areas for Peace and Co-operation. Best Practice Protected Area Guideline Series No. 7. Gland：IUCN，2001.

自然和相关文化资源，并通过法律或其他有效手段开展合作。”龟岛遗产保护区（TIHPA）是世界上第一个跨界保护区，其覆盖范围横跨马来西亚和菲律宾。

国际海洋和平公园是跨界海洋保护区的一个特殊概念，其目的是为建立和平和改善国家之间的关系而开展的一项相对容易达成共识的合作项目。如约旦和以色列之间的红海海洋和平公园是1994年和平条约的一部分，它促进了国家之间的合作，以保护跨界珊瑚礁和旅游业发展。瓦登海国家公园不但维护了区域和平，也对海洋生物多样化、区域环境污染治理以及海事管理作出了规定。还有一些海上边界存在争议或需要建立海上和平地区的也会提议建立海洋和平公园，如韩国提议建立一个韩国和朝鲜的海洋和平公园，以共同促进保护和和平解决未解决的边界争端。

目前世界上拥有跨国界海洋保护区近50处，主要集中在南部非洲地区（目前基本统称为东非海洋保护区）。这些海洋保护区对维护海洋生物多样化，促进区域和平作出了贡献。（见表7—1）

表7—1　　　　全球主要跨国界海洋保护区基本状况

名称	所属国家	成立时间	国际协议
沃顿冰川国际和平公园	美国和加拿大	1932年	关于建立沃顿冰川国际和平公园的协议
红海海洋和平公园	以色列和约旦	1994年	以色列、约旦和美国关于建立红海海洋和平公园的三方协定
瓦登海保护区	荷兰、德国和丹麦	1982年	保护瓦登海联合宣言
博尼法西奥河口国际海洋公园	法国和意大利	1992年	关于博尼法西奥河口双边保护议定书
海龟群岛遗产保护区	菲律宾共和国和马来西亚	1996年5月31日	关于建立龟岛文化遗产保护区的协议备忘录

续表

名称	所属国家	成立时间	国际协议
中美洲珊瑚礁系统	洪都拉斯、危地马拉、伯利兹和墨西哥	1997 年	关于在墨西哥、伯利兹、危地马拉和洪都拉斯之间建立珊瑚礁保护的宣言（图卢姆宣言）
地中海海洋哺乳动物的佩拉戈斯保护区	摩纳哥、意大利和法国	1999 年	关于海洋哺乳动物保护协定
北美海洋保护区（NAMPAN）	加拿大、美国和墨西哥	1999 年	北美环境合作协定
东部热带太平洋海洋走廊	哥斯达黎加、巴拿马、哥伦比亚、厄瓜多尔	2004 年 4 月 2 日	关于东部热带太平洋海洋走廊成立宣言
珊瑚大三角区	印度尼西亚、马来西亚、巴布亚新几内亚、菲律宾、所罗门群岛和东帝汶	2009 年	珊瑚大三角区域宣言和行动计划
东非海洋保护区	莫桑比克、坦桑尼亚和肯尼亚为主体	2000 年	缔结建立海洋和沿海跨界保护区和资源区（TFCRA）的协议

注：1. 本表是作者根据相关论文①②和网站数据整理而成的。2. 沃顿冰川国际和平公园以陆地为主的加拿大的沃特顿湖国家公园和美国冰川公园，但是和平公园通过的冰川水和生物群落流向附近的海洋。

二 海洋保护区跨界治理的现状

（一）海洋保护区跨界治理的早期实践阶段

跨界海洋保护区是人类为了维护海洋生物多样化，实现区域海

---

① Peter Mackelworth. Peace parks and transboundary initiatives: implications for marine conservation and spatial planning, *Conservation Letters*, 2012, 5 (2), 90 – 98.

② José Guerreiro, Aldo Chircop, Catarina Grilo, Ana Viras, Raquel Ribeiro, Rudyvan der Elst. Establishing a transboundary network of marine protected areas: Diplomatic and management options for the east African context, *Marine Policy*, 2010, 34 (5): 896 – 910.

洋可持续发展而建立的国家间的海洋保护区。Peter Mackelworth[①]教授认为，国家之间建立海洋保护区跨界治理的动机主要有17种，分别是以以往成功的举措为基础、确保各国之间持续的和平关系、为国家间的谈判创造一个切入点、创造共同的合作机会、培养信任、缓和战后的边界争端、缓和稍有紧张的地区局势、促进地方和解加强区域认同和民间社会合作、建立高水平的支持系统、提升涉案国家的国际形象、加强安全、独立便利化、嵌套在更广泛的合作框架内、提供一个国家间都能接受的战略冲突处理机制、国家管辖外海域与国家海洋保护的利益结合、区域共享海域资源、提供一个大家都能接受的谈判契机。从Peter教授提供17种动机来看，跨界海洋保护区的建立大多出于政治性动机。沃特顿冰川国际和平公园（Waterton Glacier International Peace Park）的建立最具代表性的。在1932年，在民间社会团体的压力下，美国和加拿大政府都颁布了一项法案，将其公园指定为国家和平公园。1959年签订的《南极条约》是多边和平公园的基石以及科研与保护实践的合作典范。

早期阶段尤其是1970年之前，多数跨界海洋保护区的建立是为了实现区域的和平。因此，早期的跨界海洋保护区带有明显的政治色彩，但是其只要目的在于实现区域的海洋生物多样化。

（二）跨界海洋保护区的综合性治理阶段

随着人类对可持续发展的进一步认识，全球环境可持续治理成为共识。1971年2月，在伊朗的拉姆萨尔召开了“湿地及水禽保护国际会议”，会上通过了《国际重要湿地特别是水禽栖息地公约》，《公约》明确提出海洋系统是湿地最重要的类型，建立湿地保护区域使其成为鱼类和水禽等生物的栖息、活动及繁衍的重要场所。1972年10月—11月联合国教育、科学及文化组织大会在巴黎

---

① Peter Mackelworth. Marine Transboundary Conservation and Protected Areas, *Routledge*, 2018: 5-6.

举行了第十七届会议，成员国签署了《保护世界文化和自然遗产公约》，明确了重要的海洋生物自然遗产对于维护人类共同遗产的重要性。在1974年，环境署发布了《区域海洋协定》，就开始促进环境合作，尽管它们最初更侧重于防止污染而不是保护。1979年6月23日世界主要国家在波恩签订了《保护迁徙野生动物物种公约》，公约涵盖许多受野生物非法交易严重影响的标志性迁徙物种，如海龟、鲨鱼和鸟类。《迁徙物种公约》召集国际社会共同应对这些野生动物在其每年迁徙途中面临的诸多威胁，包括非法交易构成的威胁。1992年6月5日，在巴西里约热内卢举行的联合国环境与发展大会上签署了《生物多样化公约》，公约旨在保护濒临灭绝的植物和动物，最大限度地保护地球上的多种多样的生物资源，以造福于当代和子孙后代。

全球环境可持续治理被广泛认为是一种新的全球治理形式的出现，这种认识远远超出了政治外交的层面。人类普遍认为，地球是一个大型的海洋生态系统，人类共处一片海洋。海洋的流动特性造就了海洋生物的产卵、生产、周期性的定向往返移动洄游、生活栖息。1984年，世界自然联盟和联合国环境署引入了大型海洋生态系统（LME）的概念，在全球范围内划定了64个沿海生态系统。自1994年以来，全球环境基金就一直在使用LME作为促进海洋和沿海地区各个部门和地区整合的手段。地球各大洲掀起了一股建立跨国界海洋保护区的热潮。如第二次世界大战后，来自丹麦，德国和荷兰的科学家证明了瓦登海作为欧洲最大的野生海洋潮间带生态系统在海洋生物多样化保护中的重要地位，区域非政府组织也对此提倡保护。1982年丹麦、荷兰和德国三方就建立瓦登海国家公园达成协议，他们就同一片海域开展海洋生物保护、海洋水环境治理、国际船污治理等系列生态系统服务问题协商一致，并组建了瓦登海管理委员会和秘书处。1996年建立的海龟群岛保护区、中美洲珊瑚礁系统保护区以及地中海海洋哺乳动物佩拉戈斯保护区都是在全球一系列可持续发展公约签订的大背景下建立起来的。

这一时期的跨界海洋保护区治理开始实现了区域协调治理，由区域内相关国家建立管理委员会和秘书处，实现专业化和综合性治理。如，瓦登海保护区和红海和平国家公园、中美洲东部热带太平洋海洋走廊计划都建立了管理委员会和组织秘书处或技术秘书处。这些组织的建立有效地保障了跨界保护区工作的开展，提升了保护区的工作效率和维护海洋可持续发展的水平。

（三）海洋保护区跨界治理治理的多元功能治理阶段

进入新世纪以来，人类进入了一个和平与经济合作不断兴起的新阶段，全球化和区域合作已为跨界行动作出了贡献。随着国家间联系的进一步紧密，以及探求更广泛的合作，“绿色外交”、可持续的合作开发成为启动和维持跨界海洋保护区和海洋和平公园的动机和支助机制。

自1997年以来，世界自然保护联盟推动了“公园促进和平”倡议，以此作为加强区域合作的工具。特别是由于技术允许对海洋资源进行更大的勘探和开发，并且海事国家宣布对更广泛的地区追求航行自由，国家边界上的冲突越来越多。在海洋领域中，越来越多地国家提出了跨界保护倡议，其中也有一部分具有非保护方面的内容，例如促进和平，解决共同的问题或创造共同合作开发的机会。[①]

为了更有效地实现海洋保护区跨界治理，区域国家之间开始建立海洋生物保护、区域环境治理、沿岸旅游业发展等功能在内的多元化海洋保护区跨界治理，防止出现“公地悲剧”。如2000年在东非共同体的推动下，莫桑比克、南非和坦桑尼亚为主体的东非国家

---

① Peter Mackelworth. Peace parks and transboundary initiatives: implications for marine conservation and spatial planning, *Conservation Letters*, 2012, 5 (2): 90－98.

缔结了海洋和沿海跨界保护区和资源区（TFCRA），这个保护区不仅仅是一个海洋生物多样化保护和养护的区域，更是一个广泛的旅游区域，为边界国家地区迎来了众多的旅游者，保护了环境也带来了利润。2004 年 4 月 2 日哥斯达黎加、巴拿马、哥伦比亚、厄瓜多达成了东部热带太平洋海洋走廊计划。“海洋走廊”倡议的提出，有利于建立能够更好地应对气候变化影响的可持续发展经济模式，打击非法捕捞，从而保护太平洋地区的生物多样性。除了作为大量海洋物种的觅食地、繁殖地和栖息地，该“海洋走廊”还具有很高的商业价值（渔业、旅游业等），实现了区域环境保护和经济发展。

三　海洋保护区跨界治理的法律框架

国际、区域和双边法律规则可能影响海洋保护区跨界治理，这关系着国家间或区域间的利益，尤其是国际条约，既是划定海上边界的重要依据，也是达成跨国界海洋保护区的国际法支撑。尽管全球性国际条约为建立跨界海洋保护区起到了积极作用，但是在海洋保护区跨界治理中区域和双边协议更有效[①]。可见，双边合作仍是最有效的政治和法律手段。

（一）国际法律工具

跨国界海洋保护区存在于各国海上边界线周围的区域，或存在于具有争议性的海域，或既有各国内部海洋保护区，也有争议性的海域。国家边界范围区的海洋保护区更多的基于共同海洋生态系统的生物多样化养护以及海洋资源、文化价值的保护，共同的国际海事航行规则、海洋污染治理等，而争议性区域内的海洋保护区除了具有上述功能需要外，还存在需要具有各国普遍可以

---

① José Guerreiro, Aldo Chircop, David Dzidzornu, Catarina Grilo, Raquel Ribeiro, Rudy van der Elst, Ana Viras. The role of international environmental instruments in enhancing transboundary marine protected areas: An approach in East Africa, *Marine Policy*, 2011, 35 (2): 95 – 104.

遵循的国际法支撑或历史性权利支撑，实现自然促进和平。由此，国际法成为海洋保护区跨界治理的重要法律工具。一般而言，《联合国海洋法公约》《生物多样性公约》《保护世界文化和自然遗产公约》《国际重要湿地特别是水禽栖息地公约》《保护野生动物迁徙物种公约》《濒危野生动植物种国际贸易公约》《国际捕鲸规范公约》《国际防止船舶污染公约》《国际油污防范、响应与合作公约》《国际水道非航行使用法公约》等国际公约均涉及跨界保护区建立和治理问题。国际上大多数涉海国家是上述公约的缔约国，成为各国履行的国际规范，对于建立跨界海洋保护区具有国际法指导意义。

《联合国海洋法公约》要求各缔约国应以互相谅解和合作的精神解决与海洋法有关的一切问题，这种精神为建立海洋保护区跨界治理提供了的国际性准则。该《公约》也提出应该基于生态系统的整体性来考虑海洋区域的种种问题。第一百九十四条第五款提出“为保护和保全稀有或脆弱的生态系统，以及衰竭、受威胁或有灭绝危险的物种和其他形式的海洋生物的生存环境，而有必要的采取措施。”同时还提出国际社会要加强全球合作、区域合作来维护海洋生态环境。

《生物多样性公约》在支持开展跨界海洋保护区建设工作中起着关键作用，其主要任务之一是为海洋生物多样性的维护提供科学而适宜的技术信息支持。[①]《生物多样性公约》第八条提出各国应“建立保护区系统或需要采取特殊措施以保护生物多样性的地区”，同时，该条款就跨界合作提出了概念性意见。该《公约》第二十二条规定了本条约与海洋法的关系，强调在海洋环境上不得应生物多样化抵触各国在海洋法下的权利和义务。这为海洋保护区跨界治理

---

① 联合国海洋法专题网页，https：//www. un. org/zh/globalissues/oceans/biodiversity. shtml。

奠定了法律基础。《关于特别是水禽生境的国际重要湿地公约》《保护野生动物迁徙物种公约》《濒危野生动植物种国际贸易公约》也提出了在红树林、珊瑚礁和海草床的沿海湿地建立海洋保护区，提出了对濒危野生动植物（如海豚、鲸鲨等）划定庇护所，以支持该地区的生物越境保护。《保护野生动物迁徙物种公约》以及《关于保护和管理海龟及其栖息地的谅解备忘录》呼吁开展区域和国际合作，"……在利用生态系统建立海洋保护区跨界治理方面，而不是政治界限"。

《国际防止船舶污染公约》《国际油污防范、响应与合作公约》《国际水道非航行使用法公约》规定了各缔约国保证实施其承担区域海洋环境清洁的义务，以防止由于违反公约排放有害物质或含有这种物质的废液而污染海洋环境。《国际防止船舶污染公约》等国际公约的条款将成为海洋保护区内环境治理的重要工具，并赋予这些地区国际地位。[①]

（二）区域条约规范

区域协议是全球环境治理架构的一个重要组成部分[②]。跨界海洋保护区的建立应该注重当事国或相邻国家的利益，但是在一些保护区也有第三国力量的参与，尤其是在欧洲、非洲和美洲的跨界海洋保护区中，区域联盟组织对保护区的影响很大。

一般而言，由于跨界海洋保护区所在国家是区域组织的成员国，这些成员国需要遵循区域组织的环境规范，以满足区域一体化发展的需要。如，瓦登海保护区的管理规范中欧盟处于第三方的角色，对瓦登海理事会、管理委员会运行以及海洋湿地、滩涂的保护起到指导作用。其中欧洲经委会对瓦登海区域具有指导义务，1992

---

① A. ChircopI Davies（Ed.），Issues in International Commercial Law，Ashgate Publishing，Aldershot，UK，2005：217－243

② Jörg Balsiger&Miriam Prys. Regional Agreements in International Environmental Politics，*International Environmental Agreements*：*Politics*，*Law and Economics Volume*，2016，16：239－260.

年发布的《迈向可持续发展：欧洲共同体有关环境与可持续发展的政策和行动计划》以及其他环境、航行权利适用于瓦登海。再如，东非海洋共同体中坦桑尼亚和莫桑比克是《非洲自然和自然资源保护公约》的缔约国，需要遵守《公约》的有关规定，但是南非并不是。《东非地区保护、管理和发展海洋和沿海环境行动计划》《保护、管理和发展东非区域海洋和沿海环境公约》《关于在东非区域应对紧急情况下合作打击海洋污染的议定书》《东非地区保护区和野生动植物物种议定书》对东非海洋保护区的管理具有实际指导作用。此外，非盟的有关缔约国之间协调自然资源和环境保护政策的一般规定以及东非共同体规定了采用共同的野生动植物保护政策和制定“跨界保护区共同管理计划”也适用于其管理（尽管只有坦桑尼亚是东非共同体的缔约国）[①]。

（三）双边或多边合作协议

相关国家的集体行动对环境可持续发展起到至关重要的作用[②]。建立跨境海洋保护区需要相关国家基于一致的行为达成，因此保护区各国间达成双边或多边协议对跨界海洋生态保护合作具有最直接的作用。表7—1 显示了各国达成建立跨界保护区的双边或多边协议，这些协议承认共享环境国家间的协调合作关系，并寻求在共享环境目标的基础上建立共同的规范。同时，各国根据保护区具体的海洋生物、海洋环境以及进一步合作达成具体协议。如 2000 年 7 月 1 日坦桑尼亚和莫桑比克达成了建立姆特瓦拉湾—鲁伍马河口海洋公园，以保护红树林，岩石和沙滩海岸线。2000 年莫桑比克、南

---

① José Guerreiro, Aldo Chircop, David Dzidzornu, Catarina Grilo, Raquel Ribeiro, Rudy van der Elst, Ana Viras. The role of international environmental instruments in enhancing transboundary marine protected areas: An approach in East Africa, *Marine Policy*, 2011, 35 (2): 95 - 104.

② Hongtao Yi, Liming Suo, Ruowen She, Jiasheng Zhang, Anu Ramaswami&Richard C. Feiock. Regional Governance and Institutional Collective Action for Environmental Sustainability, *Public Administration Review*, 2018, 78 (4): 556 - 566.

非和斯威士兰达成了的《跨境保护资源区总议定书》，该《议定书》界定了跨界保护区和资源区的范围、各国义务。

四 海洋保护区跨界治理存在的问题

（一）法规条约亟待完善

从现有的跨界海洋保护区的建设状况来看，大多数保护区都达成了海洋生物多样化、海洋环境防治、野生动物保护、海洋生态系统维护等具体的协议，实现大型海洋生态系统内实行统一的保护政策，但是还有很大一部分保护区存在法规条约不完善问题，主要表现在：

第一，“软法”缺乏约束力。大多跨界海洋保护区的建立是基于共同的海洋生物保护，但是达成的协议往往缺乏有效的约束性条款，只在原则上、国际道义上和国际条约的履行上做了规定。“软性”的规定无法约束和制止不法利益者的侵害，无法保护区域内的企业、渔民、社会组织等相关方的利益，也不利于区域海洋环境可持续发展和海洋生物多样化养护。如海龟群岛遗产保护区还存在对海龟的捕杀；中美洲珊瑚礁系统保护区过度开发旅游业，导致沙滩、湿地的破坏。

第二，区域内法规不统一。一些保护区的国家从本国利益出发建立了海洋国家公园或遗产保护区，对区域内的海洋资源实行严格的保护，但对于整个生态系统内的海洋保护没有作出规定，这可能会造成越境损害。如东非海洋区相关国家对于边界内的海洋公园实行了严格的保护政策，但部分国家对于同一海洋生态系统内法规没有严格规定，导致一国的滥用海洋资源危害到其他国家的利益。

第三，区域法规不完善。跨界海洋保护区本质上是一个大型的海洋生态系统，不仅仅是海洋生物的养护和保护，还是沙滩、湿地、滩涂以及区域海的环境防治，因此，海洋保护区不仅要建立海洋生物多样化、野生动植物的养护和保护的双边或多边协议，也需要建立保护区内国际船舶污染防治、海岸线环境防治等区域内具体的协议，以利于保护区可持续发展。然而目前一些保护区仅规定了区域内海洋生物的多样化保护，对保护区内的环境防治，特别是滨海旅游业发展的协调统一尚未作出具体规定。

第四，国际规范的遵守度不统一。区域规范或国际条约对跨界保护区的建设具有指导意义，但是由于部分国家没有加入相关公约，没有成为缔约国，因此，对国际或区域的条约采取不遵守的态度，对跨界海洋保护区的深度合作和统一行动造成不利影响，同时由于区域内各国对跨界海洋保护区相关国际法的理解不同也造成了保护和养护的质量不统一，势必造成合作的不持续性。

（二）管理体制影响生态完整性

第一，管理体制不健全。目前瓦登海国家公园、北美海洋保护区等跨界海洋保护区已建立了理事会、联合管理委员会等专门的组织机构，对区域内的相关问题进行协调处理。但是也有部分保护区由于没有建立完善的管理体制，极大地影响海洋生态保护的完整性。目前大多数保护区自身边界内的国家公园建立了管理体制，但是对跨界保护区内没有形成可协调、合作保护的管理体制，这势必影响跨界海洋保护区的长期管理。

第二，海洋环境执法水平低下。对跨界海洋保护区的各国对执法主体与执法机制建设的认识存在较大差异。执法主体来看，一般采用的是森林警察或者海岸警卫队以及环保卫士等政府主体开展执法，他们对执法往往停留在本国保护区的范围内，缺少联合执法和多元参与执法的机制。本书在对 32 个跨界海洋保护区的分析来看，仅有 4 个建立了联合执法体制，大多数缺少执法或联合执法机构，这样降低了保护区的管理效率。

（三）主体间的利益博弈

第一，国家间利益博弈。跨界海洋保护区各国基于国家利益最大化的角度出发，在保护区达成集体行动后，各国实行了严格的保护行动，但是极有可能造成保护区国家间利益的不平衡或冲突。这种利益冲突主要表现：一是向本国保护区外追求利益。各国对保护区的严格规定可能会造成区域内利益的损害，然而对保护区外的国家或地区并没有执行具体的惩治规定，势必放任其他利益主体损害本区域外的海洋资源。二是向保护区追求利益。部分国家或地区划定了一定范围的跨界海洋保护区，但是对于保护区外或周边的海洋资源养护和保护并没有做出严格规定，这极有可能导致一些利益主体损害保护区周边的海洋资源，长久来看也将影响保护区的生物多样化。

第二，利益相关方的博弈。建立跨界海洋保护区必然在短期内可能影响企业、居民以及其他组织的利益。作为企业，保护区的环保标准对其发展的容量、技术要求做出了更高要求，同时环保服务付费也增加了企业成本，企业短期利润下降。因此，保护区内企业尤其是旅游企业必然在自觉遵守环保规则上大打折扣，可能会对保护区的海洋生物资源、沿岸和海洋环境等造成破坏。对于保护区居民尤其是渔民，海洋生物是他们赖以生存的基本资源，为了获得最大利益，部分渔民就会无限制的捕获海洋生物资源，这样也可能造成保护区资源的损害。

第二节　海洋保护区跨界治理模式

一　海洋保护区跨界治理："跨界网络治理"模式

（一）"跨界网络治理"模式分析

网络治理是一种治理机制，网络中有两个或以上的组织团体，自觉地互相协作和合作，更有效地为公共管理提供了一系列复杂的社会基础。[①] 这种治理模式往往是对在一定社区内的网络组织进行评估，寻求组织或社区的各个网络点的协调与合作，使利益达到平衡。因此，网络治理的目标是平衡各相关者间的利益，实现相关者利益最大化的目标，并以此来安排利益相关者在组织结构治理中的权力。跨界网络治理则是跨界网络的参与者相互之间由于资源而具有关联，[②] 在组织内部形成互动、协调的治理体系。跨界网络治理以"系统性、整体性、协同性"为基本原则，引入跨界治理理论作为研究工具，构建跨界治理理论与网络治理有机衔接的分析理路。

跨界保护区网路治理是跨界网络治理的一个特殊领域。目前国内外对"跨界保护区网络治理"的研究刚刚兴起。IUCN 将跨界保护区网络定义为："在各个空间规模上协同合作地运作的单个海洋保护区的集合，其保护级别旨在满足单个保护区无法实现的目标。"王伟（2014）等人[③]在在分析了全球、洲际、两个或多个国家和地区之间等不同尺度跨界保护区网络研究的基础上，综述了国内外基于"节点"—"廊道"模式的跨界保护区网络构建研究进展。Otars Opermani（2012）[④] 和 Luca Santini（2016）在分析保护区相同物种迁移特性的基础上，提出跨国界保护区网络的连通性和连接性的属性，这两个属性很难有因素能够改变。

---

① Keith G. Provan&H. Brinton Milward. Do Networks Really Work? A Framework for Evaluating Public-Sector Organizational Networks, *Public Administration Review*, 2001, 61 (4): 414 – 423.

② 刘梦奇：《跨界网络及其治理分析》，《传媒经济与管理研究》2017 年第 1 期，第 171—183 页。

③ 王伟、田瑜、常明：《跨界保护区网络构建研究进展》，《生态学报》2014 年第 6 期，第 1391—1400 页。

④ Otars Opermanis, Brian MacSharry, Ainars Aunins, Zelmira Sipkova. Connectedness and connectivity of the Natura 2000 network of protected areas across country borders in the European Union, *Biological Conservation*, *Diversity and Distributions*, 2012, 153: 227 – 238.

ARUN (2000)[①] 提出跨界保护区网络的形成是相同生物圈的环境系统决定的，提出跨界保护区的适应性管理的方法。Mónica (2019)[②] 认为，跨界保护区网络治理对改进具有多级治理的区域具有很强的作用。

跨界保护区网络治理的研究吸引人们对国家间权力关系的关注。由于跨界保护区涉及主权问题，不同程度受到合作国家保护区的治理方式的影响。而治理方式又表现为权利的组合。跨界海洋保护区的规则制定具有很强的权力政治操纵的印记[③]，展现出不同国家之间的海洋争夺与妥协、达成的系列权利斗争过程。这种权利斗争本质上是国家间利益分配与平衡。因此，国家在跨界海洋保护区方面的行为不仅取决于其对跨界海洋保护区的利益认知，还取决于其在更广泛的边境地区的战略利益和其他利益[④]。

通常，即使是大型海洋保护区，也不足以保护许多海洋物种的广阔迁徙范围。与在陆地上一样，在沿海走廊内连接多个海洋保护区可以提高其在物种保护方面的有效性。在认识到生态连接的必要性，《生物多样性公约》呼吁建立跨界海洋保护区网络[⑤]。2003 年第五届世界国家公园大会呼吁建立全球范围的和跨国界的海洋保护区网络系统。在海洋保护区跨界网络组织结构中，国家与国家、保护区与保护区、国家与地区的联系与枢纽构成区域网络，成为跨界

---

① ARUN AGRAWAL. Adaptive management in transboundary protected areas: The Bialowieza National Park and Biosphere Reserve as a case study, *Environmental Conservation*, 2000, 27 (4), 326－333.

② Mónica de Castro-Pardo, Fernando Pérez-Rodríguez, José MaríaMartín-Martín, João C. Azevedod. Modelling stakeholders' preferences to pinpoint conflicts in the planning of transboundary protected areas, *Land Use Policy*, 2019, 89: 104233.

③ 刘明周、蓝翊嘉:《现实建构主义视角下的海洋保护区建设》,《太平洋学报》2018 年第 7 期，第 79—87 页。

④ Marloesvan Amerom. National sovereignty & transboundary protected areas in Southern Africa, *GeoJournal*, 2002, 58: 265－273.

⑤ 国际自然保护联盟（IUCN）http://www.tbpa.net/page.php? ndx=49。

海洋保护区网络治理的组织基石或节点。而区域联系网络通过两种不同的嵌入方式对跨界海洋保护区的形成与发展产生影响。第一是关系性嵌入。它以跨界海洋保护区内的主体之间（国家之间、保护区之间、国家与地方之间）为了共同的海洋生态系统保护而达成利益平衡，具体展现为多个主体的实际需求和成果导向的程度，以及在信任、信用与信息共同分享上所表现的行为。第二是结构性嵌入。其可以看作保护区内的双边或多边主体因共同合约形成互相联系的纽带，这就使得组织之间形成多个网络组织，包括技术网络、社会网络和组织网络。

跨界海洋保护区由相关国家共同管理。在跨界海洋保护区的跨界网络中，每个国家在国界范围建立保护区，并且将其纳入整体保护区网络，其对各自国家管辖范围内的保护区负有管理职责。所有有关国家必须对共同的保护区要实行的保护或可持续利用目标有共同的了解和认知。① 当然，与传统网络治理不同的是，海洋保护区跨界网络治理的“跨界”是指具体的行政边界，而所建立的技术网络、社会网络和组织网络需要打破“行政边界”，并以大型海洋生态系统为基本网络体，即生态边界服从行政边界。因此，海洋保护区跨界网络治理是以海洋生态系统为基础，建立一个由若干个海洋保护区组织称且管理完善的沿海和海洋保护区的综合组织网络，并以合约或协议为基本制度安排的多主体治理模式。

海洋保护区跨界网络治理中的参与者是国家、保护区、地区、社区、企业、居民与非政府组织。如瓦登海保护区的网络治理中丹麦、荷兰和德国是主体国家，组成跨界海洋保护区的网络节点是瓦登海保护区内的河口海洋公园、国家公园、保护区等，瓦登海三方

① José Guerreiro, Aldo Chircop, Catarina Grilo, Ana Viras, Raquel Ribeiro, Rudyvan der Elst. Establishing a transboundary network of marine protected areas: Diplomatic and management options for the east African context, *Marine Policy*, 2010, 34 (5): 896 - 910.

沿岸的利益相关者，如社区、居民和企业。这些主体需要建立决策平衡、利益分配、组织间相互信任、资源共享和共同监督的机制，如瓦登海建立了三方相互信任的理事会和管理委员会协商机制，共同维护区域的海洋生物多样化、海洋环境防治等一系列的保护机制，也形成了三个网络，即技术网络、社会网络和组织网络，一般包括建立海洋禁捕区和渔业管理系统等在内的技术网络，也包括企业、居民、非政府组织在内的社会网络，国家之间、保护区之间、行政区之间的组织网络。（图 7—1）

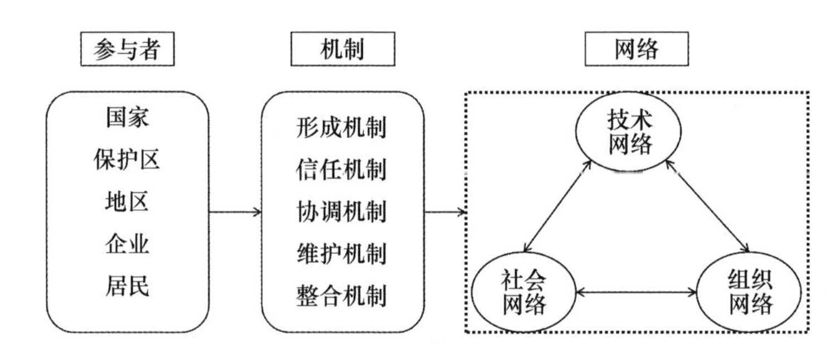

图 7—1　海洋保护区跨界网络治理的理论架构

（二）海洋保护区跨界网络治理机制

海洋保护区跨界网络治理模式的形成与有效运转的条件是：相互依存的网络治理主体通过集体行为的互动，形成一套有效的治理机制，进而实现共同合作目标。这一套有效的治理机制包括：形成与维护机制、信任机制、协调机制和整合机制。

1. 海洋保护区跨界网络治理的形成与维护机制

海洋保护区跨界网络治理模式中的治理主体，尤其是国家与国家之间或保护区之间可相互协作地采取联合行动，但在另一些领域则又是相互竞争对手，这就存在着风险与冲突。由于网络治理模式不具有类似于科层式治理模式中的权威机制来保证治理者的权益，网络治理更多地依赖社会关系的嵌入结构来发挥维护的效力[①]。因此，形成两方或三方的保护区协议在网络治理中具有不可或缺的作用，它对于网络组织的有效运行和维护必不可少。从表 7—1 中可知，各海洋保护区都在成立之初达成了建立跨界海洋保护区的协议，以达到多方认同的目的。在海洋保护区跨界网络治理中，为了有效解决保护区发展中的问题，需要建立一个能够维护和协调多方利益的机构。因此，各跨界海洋保护区会成立管理委员会或技术秘书处来处理技术网络、社会网络和组织网络中的问题。同时，也需要协调保护区内地方政府、企业、居民以及非政府组织的问题。在必要的情况还需要在跨界保护区各国内部制定相应的法规政策，行使法律机制、监督机制和环境问责机制，例如制定海洋生态补偿等内容，维护网络正常运作和实现共同治理跨界海洋污染的目标，减少跨界海洋污染网络治理中的“公地悲剧”和机会主义。

2. 海洋保护区跨界网络治理的信任机制

联盟的政治与安全关系是稳定还是动荡，一个重要的因素就是联盟各部的信任能否建立。信任程度决定着国家间的合作程度。[②]信任程度高，国家间合作程度就高，联盟内部的关系越稳定，反之亦然。由此可见，网络治理行为主体之间存在相互信任，可以推动各行为主体在跨界海洋保护区治理网络中的合作，有效解决彼此间的分歧，减少集体行动的障碍，为实现共同目标通力合作[③]。

第一，树立超国家责任。在环境治理中一个基本责任是公共环境责任。实现跨界环境责任的基础是超越本国的国家责任，即不简

---

① 易志斌：《跨界水污染的网络治理模式研究》，《生态经济》2012 年第 12 期，第 164—168 页。

② 朱立群：《信任与国家间的合作问题》，《世界经济与政治》2003 年第 1 期，第 16—20 页。

③ 易志斌：《跨界水污染的网络治理模式研究》，《生态经济》2012 第 12 期，第 164—168 页。

单的从本国利益出发，而是基于跨界区域的公共环境责任。在海洋保护区跨界网络治理的进程中，需要各当事国就海洋保护中的利益进行协商，在博弈中达成一致性，各国应维护《联合国宪章》的精神，树立起超越国际责任。超国家责任需要各国具有大型海洋生态系统思维，建立“海洋命运共同体”理念，利益相关者将各自的利益博弈超越国家，进入集体理性轨道，建立起基于国家责任的信任互动机制。

第二，建立伙伴关系。海洋保护区跨界网络治理的各个主体能够主动寻求建立合作型的国与国的、国家与区域或者全球的伙伴关系，建立多主体共同接受的公共政策和执行框架，形成共同承担环境责任的机制，构建利益协调一致关系，结成跨界海洋保护区治理的公共行动网络。1932 年加拿大和美国达成建立沃特顿冰川国际和平公园协议，该协议促成了合作研究、生态旅游和更多的合作伙伴关系。中美洲的堡礁系统（MBRS）的合作伙伴，既有伯利兹、危地马拉、墨西哥和洪都拉斯四个参与国伙伴关系，也包括中美洲环境委员会（CCAD SICA）、全球环境基金（GEF）、联合国开发计划署（UNDP）和世界银行在内的区域乃至全球伙伴关系。2018 年瓦登海保护区也出台了支持联合国瓦登海世界遗产的三边（丹麦、荷兰和德国）伙伴关系。在跨界海洋保护区内部，要消除政府环境保护行政主管部门与利益相关者之间的敌对关系，努力将居民、企业、非政府组织与地方政府的关系构建为信任的伙伴关系，共同承担区域内的海洋保护责任。

第三，形成公共精神。公共精神是指一种关怀公共事务和促进社会公共利益的责任意识与行为态度。公共精神以公共责任意识为实质内容，超越个人狭隘眼界和个人直接功利目的。公共精神应是海洋保护区跨界网络治理的共同价值理念，跨界网络治理的基本职责是维护公共利益，保护海洋生物资源多样化和海洋环境的清洁。

在跨界海洋保护区的网络结构中，为了协调网络组织中多方主体的利益，保持网络内部的稳定，需要从组织的基本和公共利益出发，为跨界海洋保护区的有效治理和资源整合打下坚实的基础。

3. 海洋保护区跨界网络治理的协调机制

协调机制是跨界网络治理的重要机制之一，主要协调参与主体的利益关系，使相关者的利益达成一致，进入集体行动轨道。跨界网络治理是建立在各主体关系协调的基础上。[①] 跨界治理的核心在于主体的多元化，难以采用命令—服务的权威性治理机制，需要采用更为柔和的方式协调冲突或矛盾，以实现资源、信息与知识的共享。跨界海洋保护区网络治理的协调机制主要包括两个方面：

第一，利益协调。在跨界海洋保护区治理过程中，国家与国家之间的利益问题，各国保护区内部企业、居民与地方政府的利益协调问题是保证跨界海洋保护区治理成效的关键所在。如果在缺少利益协调机制的情况下，肯定会导致某个网络治理主体参与的积极性不强，从而导致跨界海洋保护区治理投入不足和保护力度不够等问题的出现。跨界海洋保护区网络治理的利益协调机制实质上有效协调内部利益补偿问题。对于国与国之间需要建立超国家利益模式，同时建立共同海洋保护基金，有效补偿保护区内部企业、居民等相关损失方的利益。

第二，信息共享。信息共享是协调机制一个重要组成部分。在跨界海洋保护区治理过程中，要加强跨界海洋保护区内部的各国信息分享，如海洋污染环境监测、多样化物种调查、稀濒危物种长期跟踪监测等。同时，开展联合监测，并与国内监测信息的分享相结合。

① 林瑞：《西江流域水污染网络化治理研究》，硕士学位论文，广西大学，2015 年。

4. 海洋保护区跨界网络治理的整合机制

第一，信息整合机制。信息的整合是将散落的资源通过合理的渠道整合在一起，形成共享的信息。跨界网络治理的有效进行离不开各种有形的或无形的资源作为保障，跨界网络治理中的整合机制的建立是以各种信息资源支持系统的建立为基础的。信息的不全面会导致决策的片面，跨界海洋保护区信息的发布、收集、公开的信息平台不可或缺，有助于组成的保护区的各国或其他多元管理主体之间获取海洋资源信息，共享有用信息，以便于统一行动、即时互动，最大化利用信息资源的价值开展更好的海洋保护，形成“透明跨界海洋保护区”。透明跨界海洋保护区的构建需要建立海洋信息共享平台，利用先进的网络技术与信息技术实现信息和知识的共享，提高网络参与者行为的透明度，通过信息互通的形式达成跨界海洋保护区治理共识，从个体理性向集体理性过渡，发挥资源整合的整体效应。

第二，组织整合机制。组织整合又叫组织化，是指通过组元之间的安排和组织结构的设计以实现各部分之间较为稳定的关联过程与状态。[①]从整合状态来看，就是将“碎片化”的部分通过整合形成完整与和谐的统一体，实现“1 +1 >2”的效果。跨界海洋保护区一般由 2 个及以上的国家或保护区单体组成，这就需要有机整合多个国家的保护区组织，同时整合多国的力量结合构成一个统一的管委会或秘书处，形成密切的组织单元。

二　海洋保护区跨界的治理：“协调合作”机制

（一）“协调合作”机制的内在机理

跨界海洋保护区是一个国家间的特殊区域合作组织，其宗旨是

① 唐兵：《公共资源网络治理中的整合机制研究》，《中共福建省委党校学报》2013 年第 8 期，第 13—17 页。

维护海洋生物多样化、保护海洋环境。“跨界”意味着国际合作。合作是跨界保护区的核心内容和先决条件，没有合作就构不成完整的跨界保护区了。[①] 如《联合国海洋法公约》对具有“跨界”性质的区域海的合作提出加强当事国之间的利益协调合作。《公约》提出这一原则是基于“区域海”的治理而产生的，这一部分在上一节中我们已经做了深入论述，此处不再赘述。需要特别指出的是，对于区域海内的问题，采取协调合作始终是跨国界海洋环境治理的第一选择。世界自然联盟对于跨界海洋保护区的治理也提出了“协调合作”方法，强调在跨界海洋保护区的情况下，治理框架需要包括双边或多边协调合作的法律安排[②]。

“协调合作”是在尊重当事国之间的利益，采取利益平衡的原则达成一致目的。区域政府协调合作机制，是指通过有目的的制度安排而形成的区域内多元政府主体之间相互联系和相互作用的模式[③]。跨界海洋保护区的核心内涵是将区域内特有的海洋生态作为治理的技术基础，把区域范围内的单个海洋保护区作为治理的主要参与者，并将生态环境的保护需要和保护区治理主体的发展进行综合评估，进而及时调和国家主体间的环境利益关系。如果国家是多个区域协定的伙伴，也可能产生协同效应[④]，这可能导致由于共处同一海洋生态系统面临相同的海洋保护问题而结成联盟。

跨界“协调合作”机制实质上是跨界海洋保护区相关治理主体

---

① 王献溥、郭柯：《跨界保护区与和平公园的基本含义及其应用》，《广西植物》2004 年第 3 期，第 220—223 页。

② Kelleher, Guidelines for Marine Protected Areas, IUCN Best Practice Protected Area Guidelines Series No. 3 (Gland, Switzerland and Cambridge, UK: IUCN/WCPA, 1999).

③ 褚添有、马寅辉：《区域政府协调合作机制：一个概念性框架》，《中州学刊》2012 年第 5 期，第 17—20 页。

④ Geir B. Asheim, Camilla Bretteville Froyn, Jon Hovi, Fredric C. Menz. Regional versus global cooperation for climate control, *Journal of Environmental Economics and Management*, 2006, 51 (1): 93 - 109.

与政府之间的相互依存，需要构建出一个区域海洋环境的公共管制体制，且促使跨界保护区治理网络体系的形成。海洋保护区跨界治理的协调合作包括海洋自然资源保护、以旅游业和渔业为重点的海洋生物多样性的可持续利用、海洋保护区管理、共同区域生态系统、保护区内濒危物种保护、海洋保护区间利益相关方的参与等。

（二）海洋保护区跨界治理的协调合作机制

按照褚添有等人的观点，区域协调合作机制不外乎动力机制、组织机制、约束机制。

第一，动力机制。利益是人们（包括政府在内）一切活动的出发点和归属点。区域合作实质上就是追求实现区域共同利益，只有利益共享，才可能有稳定的、长久的合作[①]。跨界海洋保护区的形成到发展都存在于基于利益平衡的“协调合作”中。红海海洋和平公园于1994年在以色列和约旦之间在亚喀巴湾北部建立，该协定使关系正常化，并促进了有关珊瑚礁和海洋保护的海洋生物学研究的协调。澳大利亚与巴布亚新几内亚于1978年签署的《托雷斯直条约》，经过十多年的谈判，协调解决了许多政治，法律和经济问题，促进了多个经济和政治合作。由此可见，利益协调的动力是跨界海洋保护区的天然印记。

第二，组织机制。组织是一个团体得以保持稳定发展的关键，也是协调发展过程中出现的问题的有力保障。海洋保护区跨界治理的核心要素是形成一套组织机制。目前，大多数跨界海洋保护区建立了管理委员会（一般为环境部长级管理委员会，如瓦登海保护区、东非海洋保护区）、联合管理机构（如红海海洋和平公园、海龟保护区、北美海洋保护区）、秘书处或技术秘书处（如地中海保护区）等机构（表7—2）。瓦登海保护区是组织机构建设比较完善

---

① 褚添有、马寅辉：《区域政府协调合作机制：一个概念性框架》，《中州学刊》2012年第5期，第17—20页。

的一个保护区组织。自1978年以来，丹麦、德国和荷兰一直将合作保护瓦登海作为一个生态实体，简称三方瓦登海合作社（TWSC）。

表7—2　　主要海洋保护区跨界协调合作治理的主要模式

名称	协调合作进程	协调合作模式
红海海洋和平公园	由美国国家海洋和大气管理局（NOAA）管理，由美国国际开发署（USAID）资助	建立美国、约旦和以色列联合管理机构
海龟群岛遗产保护区	马来西亚和菲律宾于1996年签署了协议备忘录；与世界自然基金会苏鲁—苏拉威西海计划开展合作	两国代表组成的联合管理委员会和一个合作管理框架
瓦登海保护区	1997年三边签订瓦登海合作计划；2010年瓦登海计划将所有相关的欧盟指令纳入了管理范围	瓦登海管理委员会、理事会，设立秘书处负责协调管理
地中海国家哺乳动物遗产保护区	1991年，该地区由地方和国家非政府组织推动，得到了摩纳哥亲王和法国、意大利环境部长的支持；1999年签署建立协议；2000年被认可为欧盟自然网络的一部分	没有管理委员会，设立技术秘书处
北美海洋保护区	2004年1月，美国国家海洋与大气管理局（NOAA）指定国家海洋保护区中心为美国政府牵头，以帮助开发北美海洋保护区。2008年10月，三国伙伴关系举行会议确定“巴哈到白令”保护区域	设立理事会和秘书处

注：本表是作者根据相关论文①和网站数据整理而成的。

第三，约束机制。要促使跨界海洋保护区实现保护、养护和管理的职责，必须建立一整套制度体系。一般而言，各跨界海洋保护

① Peter Mackelworth. Peace parks and transboundary initiatives: implications for marine conservation and spatial planning, *Conservation Letters*, 2012, 5 (2): 90-98.

区在建立之初都出台了一个协议文件，对保护区的职责做出了制度安排。随着保护区的发展，保护区的各方通过每二年或三年固定的会议协商机制，进一步出台具体的保护规则，主要包括：一是制定海洋生物多样化的合作机制；二是开展联合海洋环境调查或生物长期监测；三是明确有关违反区域合作的处理条款，应承担的责任与经济赔偿规定；四是建立协调区域合作冲突的组织，负责区域海洋保护合作中矛盾和冲突的裁定。五是建立海洋生态补偿机制，设立海洋保护基金，对保护区内的企业、居民做出生态补偿。

第三节　海洋保护区跨界治理治理案例分析

一　东非海洋保护区的治理模式：“跨界网络治理”

（一）东非海洋保护区概况

东非海洋保护区位于非洲东南部沿海区域，其占沿海和浅海区域面积超过 48 万平方千米，并沿着非洲大陆的东部海岸延伸约 4600 千米。该保护区包括从北部的索马里到南部的南非的每个国家的部分或全部领水，以及 200 英里专属经济区以外的国际水域，主要包括索马里、肯尼亚、坦桑尼亚、莫桑比克和南非[①]。

东非支持动植物的多样性，包括印度洋上一些最多样化的珊瑚礁、红树林、沙丘、海草床以及沿海生境。东非海洋保护区的物种多样性很高，有 1500 多种鱼类，200 多种珊瑚，10 种红树林，12 种海草，1000 种 海洋藻类，几百种海绵物种，300 种螃蟹。它们与食物链较高的濒危物种共享同一生态系统，包括儒艮和几个物种如鲸鱼和海龟。

① 另有文献将东非海洋保护区划定为：科摩罗，肯尼亚，马达加斯加，毛里求斯，莫桑比克、坦桑尼亚和塞舌尔，Julius Francis，Agneta Nilsson，and Dixon Waruinge “Marine Protected Areas in the Eastern African Region：How Successful Are They?，” AMBIO：A Journal of the Human Environment，2002，31（7）：503 –511.

东非海洋保护区维持着2200万来自不同文化背景的沿海人口，生物资源对沿海和内陆居民的福祉至关重要。在农村地区，大多数沿海社区参与了各种各样的经济活动包括捕鱼、红树林采集、盐生产和珊瑚开采。渔业是该区域主要的商业活动。随着人们对滨海旅游业越来越感兴趣，东非海洋生态保护区已占肯尼亚、坦桑尼亚和莫桑比克外汇收入的很大一部分。①

然而，巨大的鲸鱼种群和宝贵的渔业物种，以及重要的海草床和珊瑚礁生境正在退化。建筑业对红树林等材料的需求不断增大导致了环境的破坏。过度捕捞也是东非海域的严重威胁。例如，在肯尼亚，大多数鱼类严重过度捕捞，使用刺网和炸药等破坏性方法。这些活动破坏了海洋生态平衡，减少了当地居民的生计机会和粮食安全，严重损害了作为未来“苗圃”的珊瑚礁和海草床等海洋生物。在东非海岸线的许多地方，海龟被宰杀以获取肉、蛋和贝壳，导致海龟筑巢数量迅速下降。②

（二）“跨界网络治理”模式在东非海洋保护区中的运用

东非沿海狭长的4，600千米同处于一个大型海洋生态系统，但其周边包含着索马里、肯尼亚、坦桑尼亚、莫桑比克和南非等国。1965年开始莫桑比克就开始建立了英哈卡岛与葡萄牙动物保护区（Ilhas da Inhaca e dos Portugueses Faunal Reserve）。在1960年代后期和1970年代，在肯尼亚和坦桑尼亚建立了许多政府管理的海洋公园和保护区，这些海洋保护区通常很小，并且侧重于单个物种或栖息地③。到1990年代，更大、分区的海洋保护区被认为对海洋

---

① East African marine ecoregion，世界自然基金会网页，https：//wwf. panda. org/？6704/Fact-Sheet-East-African-marine-ecoregion。

② Sue Wells，Neil Burgess，Amani Ngusaru. Towards the 2012 marine protected area targets in Eastern Africa，*Ocean & Coastal Management*，2007，50（1）：67－83.

③ Sue Wells，Neil Burgess，Amani Ngusaru. Towards the 2012 marine protected area targets in Eastern Africa，*Ocean & Coastal Management*，2007，50（1）：67－83.

保护更为有效，各保护开始了整合、扩容、扩区，一些相对大型的海洋保护区或海洋公园开始形成。东非国家日益认识到，有必要采取一种系统的方法来指定和管理海洋保护区，使用海洋保护区网络治理工具，构建跨界海洋保护区网络引起了东非国家的兴趣①。到了2000年，三个国家在自己的分界线上建立了四个相对比较大的海洋公园（或保护区）。这些海洋保护区形成国与国的连接，一个大型的东非海洋保护区正式形成。该区域目前的趋势是实现海洋保护区跨界网络治理，以确保连通性和有效管理②。海洋保护区跨界网络治理模式在东非海洋保护区运行的具体状况如下：

第一，跨界网络治理的形成与维护机制。东非海洋保护区形成之前已经成立了众多的以“海洋生态区”“海洋保护区”“海洋公园”“海岸公园”“国家公园”命名的保护区，众多的保护区构成了网络治理的区域节点。这些海洋保护区管理主要采取两种方法：一是当地社区和政府共管，二是政府将管理委托给私人部门（公司）。但是这些区域出现明显不同的管理规定，如，在肯尼亚，国家海岸公园禁止捕鱼和开采任何物种，但允许娱乐；而在坦桑尼亚，海岸公园被划分为广泛用途，包括捕鱼、娱乐、开采等。在肯尼亚，海洋保护区允许非破坏性的捕鱼形式；在坦桑尼亚，海洋保护区是禁捕区。③ 为了统一管理，也为了实施更好的东非共同体，2000年，肯尼亚、坦桑尼亚、莫桑比克和南非等国家签署了多项双

---

① Chircop, Aldo; Francis, Julius; Van Der Elst R; Pacule, Hermes; Guerreiro, José; Grilo, Catarina; Carneiro, Gonçalo. Chircop, Aldo; Francis, Julius; Van Der Elst R; Pacule, Hermes; Guerreiro, José; Grilo, Catarina; Carneiro, Gonçalo, *Ocean Development & International Law*, 2010, 41 (1): 1 –33.

② José Guerreiro, Aldo Chircop, Catarina Grilo, Ana Viras, Raquel Ribeiro, Rudyvan der Elst. Establishing a transboundary network of marine protected areas: Diplomatic and management options for the east African context, *Marine Policy*, 2010, 34 (5): 896 –910.

③ Sue Wells, Neil Burgess, Amani Ngusaru. Towards the 2012 marine protected area targets in Eastern Africa, *Ocean & Coastal Management*, 2007, 50 (1): 67 –83.

边合作协议，共同组建了东非海洋保护区域，而后其他国家也加入这一行列。目前肯尼亚、坦桑尼亚、塞舌尔以及马达加斯加大多数海洋保护区的管理队伍和委员会均已成立。肯尼亚的所有海洋保护区均有监事会，坦桑尼亚的海洋保护区，如马菲亚和姆纳兹湾既有监事会而且还有咨询委员会来指导活动[①]。东非许多海洋保护区还组建了多元化的执法机构。这些国家也建立很多规章制度，并与相邻跨界海洋保护区进行协调处理[②]，海洋保护区管理能力大幅度提高[③]。这些统一的行动和完善的组织机构、执法机构和规章制度使东非海洋保护区得以形成与发展。

第二，跨界网络治理的信任机制。东非海洋保护区内国家间出于落实《生物多样化公约》的需要，实现海洋生物多样化的主要目的，大多建立了国家间的合作关系。特别是作为国际公约的缔约国，他们参加了这些公约，在一定程度上代表他们具有履行这些国际法的责任和公共精神。这些国家基本上都是《联合国海洋法公约》的缔约国，也是《濒危野生动植物物种国际贸易公约》（《濒危物种公约》）、《保护野生动物移栖物种公约》和《关于特别是水禽生境的国际重要湿地公约》的缔约国。莫桑比克、南非和坦桑尼亚等国家还是1985年联合国环境规划署《保护、管理和发展东非区域海洋和沿海环境公约》和1985年《内罗毕野生动物议定书》的缔约国，也是2000年《非洲联盟组织法》、1991年《建立非洲经济共同体条约》和1992年《南部非洲条约》的缔约国，以及《南部非洲条约》的野生动物保护和执法议定书、渔业议定书的协

① Julius Francis, Agneta Nilsson, and Dixon Waruinge "Marine Protected Areas in the Eastern African Region: How Successful Are They?," *AMBIO: A Journal of the Human Environment*, 2002, 31 (7), 503 - 511.

② Sue Wells, Neil Burgess, Amani Ngusaru. Towards the 2012 marine protected area targets in Eastern Africa, *Ocean & Coastal Management*, 2007, 50 (1): 67 - 83.

③ Sue Wells, Neil Burgess, Amani Ngusaru. Towards the 2012 marine protected area targets in Eastern Africa, *Ocean & Coastal Management*, 2007, 50 (1): 67 - 83.

议国。[①] 这些国家不仅在《非洲联盟组织法》、《建立非洲经济共同体条约》和《南部非洲条约》的框架下建立了伙伴关系，更是在东非共同体的框架内形成了蓝色伙伴关系。可以这样说，协议的签订表达这些国家对跨界海洋保护的政治意愿，包括与邻国合作的愿意。

第三，跨界网络治理的协调整合机制。整合机制是协调合作一体化的过程，这一过程并非两个单元简单的“合并”，而是通过“解构”与“重构”实现既定目标。东非海洋保护区是一个狭长的地理区域，是两两国家边界相邻。因此，需要协调好两国之间的海洋保护区治理问题。这并不是简单的两个或三个保护区的“合并”，而是通过解构被行政分割的生态系统，破除国家间的公园围墙，重构基于海洋生态系统的海洋保护体系。这种治理机制在东海海洋保护区的国家间进行了广泛实践：（1）坦桑尼亚—莫桑比克边境地区。两国共同的海域存在着海龟、鲸、海豚以及珊瑚礁等海洋动植物，涉及渔民的生产和生活，也涉及海洋公园的旅游发展等问题。由于两国当地的居民十分贫困，海洋是他们赖以生存的资源。为了解决贫困，这些地区进行了渔业资源捕捞、海洋矿采开发、海洋旅游业发展等，这在一定程度上对于减少贫困是有益的，但是对于海洋生物多样化就是灾难。尤其是两国面临海洋生物争夺的问题，因此协调两国海洋资源问题成为跨界海洋保护的重点。2002 年两国决定在边界处设立 Quirimbas 国际公园，共同养护海洋生物。[②]（2）莫桑比克—南非边境地区。由于两国没有清晰的划定边界，但是划定

---

① Aldo Chircop, Julius Francis, Rudy Van Der Elst, Hermes Pacule, José Guerreiro, Catarina Grilo & Gonçalo Carneiro. Governance of Marine Protected Areas in East Africa: A Comparative Study of Mozambique, South Africa, and Tanzania, *Ocean Development & International Law*, 2010, 41 (1): 1 –33.

② José Guerreiro, Aldo Chircop, Catarina Grilo, Ana Viras, Raquel Ribeiro, Rudyvan der Elst. Establishing a transboundary network of marine protected areas: Diplomatic and management options for the east African context, *Marine Policy*, 2010, 34 (5): 896 –910.

了一个狭长的海洋保护区。这里拥有广阔的湿地、沙滩和珊瑚礁，也拥有海龟、鲸、海豚等海洋生物。这里是繁华的海洋旅游地，人们会在这里开展潜水、海钓、捕鱼等滨海休闲与娱乐活动，但是过度的旅游开发，使得共同边界的海洋公园面临环境危机。为了科学开发，两国提出了“卢邦博旅游路线”发展倡议，扩大了海洋公园的面积，以及对海洋公园扩容的提升计划。在边境地区，两国政府都采取了保护措施。2000 年，莫桑比克与南非签署议定书，建立“Lubombo Ponta do Ouro-Kosi” 海洋和沿海跨国界保护与资源区。莫桑比克、南非和斯威士兰王国也签订了《跨边界保护和资源区一般性议定书》。[①] 2002 年南非、莫桑比克和津巴布韦 3 国总统签署协议，将相邻的南非克鲁格国家公园、津巴布韦戈纳雷若国家公园和莫桑比克林波波国家公园合三为一，成立大林波波河跨国公园。

二　瓦登海地国家公园的治理模式：“协调合作”机制

（一）瓦登海国家公园（保护区）概况

瓦登海指的是欧洲大陆西北部到北海之间的一块浅海及湿地。瓦登海北起自丹麦南部的海岸，遂向南至德国海岸后又转向西到荷兰，与北海之间有弗里西亚群岛分开，全长约 500 千米，总面积约 10000 平方千米。瓦登海拥有丰富的生物多样性资源。1990 年 4 月 9 日建立瓦登海国家公园，面积 137.5 平方千米，该国家公园自 1992 年被联合国教科文组织列为生物圈保护区。2009 年，瓦登海的荷兰和德国部分被联合国教科文组织列入世界遗产，2014 年扩展至丹麦的部分。

瓦登海为温和且相对平坦的沿海湿地环境，物理和生物之间的

---

① José Guerreiro, Aldo Chircop, Catarina Grilo, Ana Viras, Raquel Ribeiro, Rudyvan der Elst. Establishing a transboundary network of marine protected areas: Diplomatic and management options for the east African context, *Marine Policy*, 2010, 34 (5): 896 – 910.

复杂反应形成了众多过渡性栖息地，包括潮汐沟渠、暗沙、海草地、贻贝海床、沙洲、泥滩、盐沼、河口、沙 滩和沙丘。该地区生活着无数植物和动物物种，包括海洋哺乳动物，如港湾海豹、灰海豹和港湾鼠海豚，同时也是多达 1200 万鸟类每年的繁殖和迁徙地。该遗产是大部分自然进程未受影响的最后一块现存天然的、大面积的潮间带生态系统。

(二)“协调合作”机制在瓦登海国家公园治理模式中的应用

1. 瓦登海国家公园建立的动力机制。自 1978 年以来，丹麦，德国和荷兰一直在合作保护瓦登海作为一个生态实体，保护区提出“尽可能建立一个自然和可持续的生态系统，使自然过程不受干扰地进行。”合作以 1982 年首次签署并于 2010 年更新的《保护瓦登海联合宣言》为基础，《联合宣言》是一份意向声明，概述了合作的目标和领域以及其机构和财务安排。在过去的四十年中，三方合作促进了政治、自然保护、科学和行政合作伙伴以及地方利益相关者之间的合作与交流。这种基于生态系统的跨界合作是瓦登海被确定为世界遗产的先决条件。瓦登海组织的主要合作目标：一是通过共同的政策和管理保护和保护瓦登海为生态实体；二是与国家和区域当局以及科学机构合作，监测和评估瓦登海生态系统的质量，作为有效保护和管理的基础；三是在保护，养护和管理方面与其他海洋场所开展国际合作；四是通过提高认识的活动和环境教育，使公众参与瓦登海的保护；五是在自然和文化价值方面确保瓦登海地区的可持续发展。[①]

2. 瓦登海国家公园的组织机制。瓦登海三边合作组织机制包括两个层次的决策：三边政府理事会和瓦登海委员会瓦登海三边政府理事会由负责瓦登海事务的丹麦，荷兰和德国部长组成，每三到

---

① 本部分内容参考瓦登海官方网站的介绍，https：//www. waddensea-worldheritage. org/trilateral-wadden-sea-cooperation。

四年开会一次。截止到2019年，瓦登海共召开了13次三边政府会议。在三边政府会议（TGC）上，他们在政策、协调和管理方面讨论了合作的总体方向。瓦登海委员会是三方合作的日常和办事机构。它在三边政府会议之间运行和监督瓦登海理事会的工作，准备、通过和实施瓦登海计划以及政策和战略。委员会实行会长制，目前的会长是德国基尔海洋研究中心的卡琳·洛奇（Karin Lochte）教授。

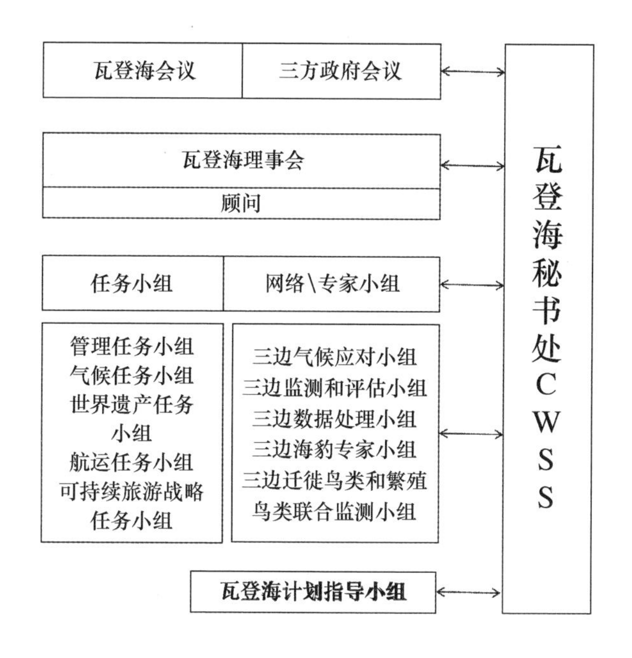

图7—2 瓦登海三边合作组织结构（修改）①

瓦登海设立秘书处，位于威廉港，由瓦登海国家丹麦、德国和荷兰于1987年成立。瓦登海秘书处主要职责是协调，促进和支持合作活动；负责部长级会议，瓦登海委员会（WSB）会议和三边工作组的文件的准备和编制；收集和评估有关整个瓦登海的监测，保

① 来自瓦登海官方网站，https：//www. waddensea-worldheritage. org/organisational-structure。

护和生态状况的信息；是联合国教科文组织瓦登海世界遗产的主要联络人；合作产生并发表报告；通过交流，意识建设和环境教育，让公众参与整个瓦登海地区的保护。2006 年成立了国家公园管理局，负责两个国家海洋公园的运行。

3. 瓦登海国家公园的约束机制。瓦登海之所以能够取得良好的治理成效，与其形成一整套约束规范机制分不开。国际上，双边或多边协议是约束国家间的政治行为的法律工具。瓦登海三方组织在不同历史时期采用了协议、法律、计划等国际规范来约束三国的共同环境行为。1978 年在荷兰海牙举行的第一届瓦登海保护三边政府会议，尽管瓦登海组织还未形成，但是三国已经明确了自身在保护瓦登海中的职责。1982 年成立之初三国就签署了《保护瓦登海联合宣言》，明确了三国的责任和义务，瓦登海受到了三国政治协议的共同保护。1991 年出台了《瓦登海养护海豹协定》，对该区域海洋生物养护出台了第一个国际法。1997 年在德国史塔德举行的第八届瓦登海会议上通过了三边瓦登海计划（WSP），旨在实现和维护瓦登海的地貌和生物完整的栖息地，以保护海洋生物多样性。2018 年 5 月 18 日区域国家达成《吕伐登宣言》，以确保保护和养护瓦登海生物多样化和美丽的滩涂，同时促进整个瓦登海地区的可持续区域发展。2019 年 6 月 30 日的三边瓦登海论坛上环保非政府组织、瓦登海研究部门和可持续旅游业部门的代表与三方瓦登海合作组织达成了一项关于建立“支持教科文组织瓦登海世界遗产的三边合作伙伴关系”的协议，主要目标是保护世界上最大的滩涂系统。2020 年出台了瓦登海航道计划，有效规范出入瓦登海的国际船舶以及治理船舶污染。这系列协议的出台，既体现了国家间的政治支持，也有效约束了区域环境行为。

第八章

海洋环境跨区域治理的理论验证与实证分析：以东海区为例

东海是中国岛屿最多的海域，且是中国三大边缘海之一。东海面积广阔，跨越东经117°11′—131°00′，北纬23°00′—33°10′，海区总面积为70余万平方千米。东海南以广东省南澳岛到台湾省本岛南端一线同南海为界，北起中国长江口北岸到韩国济州岛一线，与黄海毗邻，东至日本琉球群岛，东北面以济州岛、五岛列岛、长崎一线为界。东海在跨国界、国内省市跨界上具有典型性，海洋环境跨区域治理研究以东海为研究样本具有一定的现实价值。

第一节　东海海洋环境污染的现状

东海紧靠于我国社会经济发展最活跃之一的长江三角洲地区，一直是我国海洋环境污染监测的重点区域。近年来，又因多起海洋船舶事故所引致的海洋环境问题而得到了更广泛的关注。自2015年起，国家海洋局东海分局加大了对东海海域的海洋环境监测力度，海区内的监测站位已达4000多个，基本可以满足对东海陆源污染和海洋开发利用活动的监测。

为深入了解东海海洋环境污染现状，本研究对近年来的东海海洋环境污染监测数据进行了整理，并在东海沿岸部分地区的海洋行政主管部门就其辖区内的海洋环境污染问题进行了访谈，因相应的实证研究在2018年就开展且基本完成，且该年初国家实行了包括生态环境管理在内的机构改革，故以此为研究时间点对本研究的实证分析是有价值的，本研究确定使用2017年东海区海洋环境治理数据为研究样本。数据分析和访谈结果显示，尽管东海海区的海洋生物群落结构整体相对平稳，但相关的陆源污染排放和其他海洋开发活动仍对近岸局部海域海洋生态环境增添了较大压力，绿潮、赤潮、海水入侵、土壤盐渍化与岸滩侵蚀等环境问题依旧存在，部分生存环境退化，近岸典型生态系统健康受损，监测的海湾、浅滩、河口等生态系统处于亚健康甚至不健康的状态。

一　近岸局部海域污染严重

据自然资源部东海局的监测结果，东海的海域污染主要发生在河口、海湾及邻近海域，海水质量超标因子主要表现为无机氮和活性磷酸盐，换言之，东海的海域污染主要表现为陆源污染，且主要分布在近岸地区。

从海水水质状况来看，2017年，东海区未达到第一类海水水质标准的海域绝大多数分布在近岸海域（表8—1），其中，冬季的监测结果显示，近岸未达到第一类海水水质标准的海域面积106599平方千米；秋季监测结果，近岸未达到第一类海水水质标准的海域面积100805平方千米，在春、夏的监测结果相对较好。与2012—2016年夏季平均值相比，东海区全海域符合第三类、第四类和劣于第四类海水水质标准的海域面积分别减少14%、4%和30%；符合第二类的海域面积增加13%。

表8—1　东海区未到达到第一类海水水质标准的海域面积（2017）

季节	水质等级	近岸海域（平方千米）	全海域（平方千米）	近海海域占比（%）
冬季	第二类水质	25906		
	第三类水质	22458		
	第四类水质	21105		
	劣四类水质	37130		
	小计	106599		
春季	第二类水质	17230		
	第三类水质	15689		
	第四类水质	14567		
	劣四类水质	32267		
	小计	79753		
夏季	第二类水质	24345	30974	78.60
	第三类水质	12491	13787	90.60
	第四类水质	13291	13346	99.59
	劣四类水质	22760	22911	99.34
	小计	72887	81018	89.96
秋季	第二类水质	27497	35138	78.25
	第三类水质	17779	18425	96.49
	第四类水质	19178	19256	99.59
	劣四类水质	36351	36576	99.38
	小计	100805	109395	92.15

数据来源：《2017 年东海区海洋环境公报》。

从海水富营养化情况来看，东海的海水富营养化现象主要集中在长江口、杭州湾、闽江口、厦门港等局部海域。从四季的监测结果来看，东海区海水富营养化情况最为严重的是秋季，全海域富营养化海域面积 69797 平方千米，近岸海域水富营养化海域面积 68806 平方千米，其重度富营养化海域面积为 21867 平方千米；其次是冬季，近岸海域水富营养化海域面积 64689 平方千米，其重度富营养化海域面积占近岸海域面积的 21%；春季和夏季的情况相对较好。

从富营养化水域在近岸海域和非近岸海域的分布来看，东海区的海水富营养化主要集中于近岸区域，尤其是中度和重度的海水富营养化，几乎全部位于近岸海域。这也是东海区近岸海域“赤潮”现象频发的一个重要原因。

二　海洋生态系统亚健康

海洋生态系统的监测方面，目前东海区内只对苏北浅滩、长江口、杭州湾、乐清湾和闽东沿岸进行了监测。据 2017 年的监测结果，东海区 5 个海洋生态系统监测点中，4 个处于亚健康状态、1 个处于不健康状态，杭州湾海洋生态系统状况最不乐观。其中，苏北浅滩生态系统所面临的最主要问题在于陆源排污、滩涂围垦、过度捕捞、滩涂养殖和绿潮灾害；长江口生态系统所面临的最主要问题在于陆源排污、滩涂围垦和外来物种（互花米草）入侵；杭州湾生态系统所面临的最主要问题在于陆源排污、滩涂围垦和各类海洋

表 8—2　　东海区典型生态监控区海洋生态系统基本情况（2017）

生态监控区名称	生态系统类型	所属经济发展规划区	监测海域面积（平方千米）	健康状况
苏北浅滩	滩涂湿地	江苏沿海经济区	15400	亚健康
长江口	河口	长江三角洲经济区	13668	亚健康
杭州湾	海湾	长江三角洲经济区 浙江海洋经济发展示范区	5000	不健康
乐清湾	海湾	浙江海洋经济发展示范区	464	亚健康
闽东沿岸	海湾	海峡西岸经济区	5063	亚健康

数据来源：《2017 年东海区海洋环境公报》。

海岸工程建设的影响；乐清湾生态系统所面临的最主要问题在于陆源排污、围填海、海水养殖和电厂温排水排放；闽东沿岸生态系统所面临的最主要问题在于陆源排污、围填海、资源过度开发和外来物种（互花米草）入侵（表8—2）。由这5个监测点的情况基本可以推测，东海区的海洋生态系统整体处于亚健康状态。

三 海洋环境灾害时有发生

海洋放射性、绿藻、海水入侵和土壤盐渍化、赤潮、海岸侵蚀、环境污染突发事件等是海洋环境灾害主要表现。近年来，东海近岸海域区域和沿海地区仍遭到各种海洋环境灾害的破坏影响。但由于政府加大了对海洋环境的综合管理，赤潮发生频率及累计发现面积都有较为显著的减少。浙江、福建沿岸海域为赤潮高发的主要区域，黄海南部的近岸海域接连发生大面积绿潮灾害，除2012年外，其他年份分布面积均超过2万平方千米，且有增加的趋势。岱山岛海域、兴化湾和长江口分别发生了输油管道断裂、货轮搁浅和轮船碰撞事故，导致石油类、危险化学品等物质的泄漏，较大程度造成海洋与生态环境破坏。陆源因素仍是海洋环境灾害的主要原因，海洋养殖及其航运因素也包括其中。

东海区近海海洋环境灾害中影响比较大的是大型污染事故的发生。随着长三角经济的快速发展，航运业也随之发展起来，大批油轮货轮往返长江口等水域，船舶碰撞、触礁事故常有发生。例如2006年4月22日舟山的万邦永跃船厂修理的“现代独立”轮与船坞发生剧烈触碰，导致约477吨燃料油（重油）外溢。2007年3月17日在舟山嵊泗浪岗山附近水域香港籍“惠荣”轮与他船意外碰撞后沉没，船中约300吨燃料油泄漏入海，造成大范围的海域污染。2009年在嵊泗绿华山伊朗籍货船“祖立克”轮触礁后导致船体断裂，造成了约400吨溢油。石油污染使得污染区内的生态环境遭到严重污染，导致石油附在鱼类的鳃、粘在鸟类羽毛上，使其死亡，从而更造成海水养殖水体污染，一定程度上增加了清理和捕捞成本，进而在较大范围影响了养殖经营者的经济效益。目前我国能运用先进的海水检测技术，对污染状况进行跟踪监测。例如，2015年4月6日，福建省漳州市古雷腾龙芳烃PX项目联合装置区发生漏油起火事故，引发装置附近中间罐区3个储罐爆裂燃烧。在对古雷石化基地排污口及邻近海域水质开展的监测、跟踪监视的数据分析后得知，事故发生现场周围海域海水中并未检出二甲苯、苯和甲苯等特征的污染物，且该海域的石油类含量检测符合第一、二类海水水质要求，可见爆燃事故没有对附近相关海域的海水形成污染。

海洋环境污染状况还包括海洋倾废管理、海洋垃圾状况、海洋油气勘探开发、涉海工程等，这些污染问题均会致污染源的跨区域转移。据《2017年东海区海洋环境公报》所示，东海区监测的劣于第四类海水主要分布于部分大中城市近岸海域①、大中型河口和海湾等区域，而且全部排污口邻近海域水质均不能满足所在海洋功能区水质要求。陆地污染源是当前东海区海洋污染的最重要因素。

海洋环境污染及其他叠加因素共同作用下，除了造成一定的环境和生态的次生灾害，还可能造成更大范围内的海洋问题，如气候变暖促使海冰融化加快、沿海海洋平面上升等。自然资源部海洋预警监测司发布的2018年《中国海平面公报》指出，1980—2018

① 根据《海水水质标准》(GB 3097—1997)，按照海域不同使用功能和保护目标，海水水质分为四类：第一类：适用于海洋渔业水域，海上自然保护区和珍稀濒危海洋生物保护区；第二类：适用于水产养殖区，海水浴场，人体直接接触海水的海上运动或娱乐区，以及与人类食用直接有关的工业用水区；第三类：适用于一般工业用水区，滨海风景旅游区；第四类：适用于海洋港口水域，海洋开发作业区。

年，中国沿海海平面上升速率为 3.3 毫米/年，高于同时段全球平均水平。2018 年，中国沿海海平面较常年高 48 毫米，其中最近 7 年均处于 40 年来的高位。

以东海区所在的浙江省为例，2018 年《中国海平面公报》对海平面监测和分析结果表明，2018 年，浙江沿海海平面较常年高 57 毫米，且各月海平面变化波动较大，8 月和 12 月海平面较常年同期分别高 153 毫米和 163 毫米，其中 12 月海平面为 1980 年以来同期最高。该年 8 月 2 日至 10 月 19 日，前后有 7 次为浙江沿海天文大潮期，如遇风暴潮袭击，易发生季节性高海平面、天文大潮和风暴增水三者叠加的现象，形成灾害性高潮位，同时钱塘江口易发生咸潮入侵。沿海海平面的持续偏高，将直接造成滩涂损失、低地淹没和生态环境破坏，并导致风暴潮、城市洪涝、咸潮、海岸侵蚀和海水入侵等灾害加重。同时沿海地区地面沉降也将导致海平面上升，加大海岸带灾害风险。

第二节　海洋污染治理影响因素的多元回归：市场与社会关系的验证

作为海洋污染治理的参与主体一般包括政府、企业、社会组织和公民，从主体治理的属性可将其归为政府、市场、社会。污染治理功能的完成必须要有科学技术人员、行政和立法机关、企业和公众等多元主体之间的互动，共同行使治理功能，形成良性的治理结构。因此，分析东海区海洋污染跨区域治理的主体关系，验证在复杂的海洋污染跨区域情形中政府、市场和社会的利益关系是构建海洋污染治理框架的基础。海洋环境治理机制的建立需要进一步梳理造成海洋污染的具体原因，进行系统的多元回归分析，得出多元回归结果，以证明哪些因素对海洋环境产生决定性作用，进而再结合自然地理因素、海洋洋流变化、陆源区域经济社会发展情况，来完善跨区域性海洋环境治理的机制，制定相关制度。

一 指标选择及对应数据的处理

海水污染是属于海洋环境污染的一个大范畴，其包括石油、重金属、海洋垃圾、无机氮、磷酸盐、水质污染、有机物等。例如用生活垃圾填海，工业排放的废气飘到海上，生活污水直接排进海洋，海洋倾倒工业废料等。海洋垃圾污染与沿河、沿海城市化进程和海岸线等密切相关。被污染严重的海水，导致海洋生物发生畸形或死亡，不仅危及了人类的正常食物源，而且使得人类食用含聚积毒素的海产品而得病甚至死亡；与此同时死亡的浮游生物，降低了海洋吸收二氧化碳的能力，加剧了温室效应的发生。本研究从供给侧的角度，用定量分析的方法来进一步探索东海海域海水污染治理的效率机制，有效配置污染治理的资源，从而达到以较低的成本对海洋治理进行有效预测和控制的目的。

由于我国目前尚未建立完整的海洋环境污染治理效果的评价指标体系，但考虑到污染治理的效果最终体现在海洋经济的增长上，为了海洋经济的增长而进行污染的治理，则污染治理的效果考虑用海洋经济增加值指标来表示。但是由于海洋经济增长和环境污染治理有时存在 U 形关系[①]，环境的污染随着经济的增长而产生，而污染的治理可能会关停部分企业，或同时又有其他少污染企业投入运行，其结果必然会对经济增长带来不可预知性。经过一段时间的治理，环境有所好转，反过来又促进了海洋经济的可持续增长，所以海洋环境治理和海洋经济增长两个指标不能简单替代。由于海水污

① 黄灼明、符森：《我国经济发展阶段和环境污染的库兹涅茨关系》，《中国工业经济》2008 年第 6 期，第 35—43 页。

染的治理是海洋污染治理的大范畴，选用海水的清洁度作为模型的因变量来代表海洋环境的治理效果有一定的理论根据[①]，所以本节选用东海区域未达清洁海域水质标准面积的指标作为模型的因变量 y 来代表东海区域海洋环境污染治理的效果。通过考虑海水污染引起的原因，并参阅各种文献资料，选用经济指标东海区域工业废水排放量 x_1，东海区域废气污染物（包括二氧化硫、氮氧化物、烟尘）排放量 x_2，东海区域固体废物排放量 x_3，东海区域生活垃圾排放量 x_4，东海区域城市化率 x_5，东海区域产业结构 x_6，东海区域涉海就业人员数 x_7，东海区域海洋科研教育管理服务业增加值 x_8，东海区域海水养殖面积 x_9，东海区域围填海面积 x_{10} 作为自变量代表治理海水污染的手段，它包括了政府污染治理的科技投入，群众的生活垃圾排放，社会居住结构的改变等，以这些自变量来表示造成海水的无机磷、无机氮及重金属污染，石油污染，海洋垃圾污染，海水富营养化污染的原因。因为《中国海洋环境质量公报》和《东海区海洋环境质量公报》中指标数据的不齐全，上述区域指标均来自《中国统计年鉴》《中国海洋统计年鉴》和《中国城市统计年鉴》中四个省市即浙江省、福建省、上海市、江苏省的相加，其中产业结构是四个省市第三产业增加值之和与第二产业增加值之和的比值，城市化率是平均了四个省市城市化率的简单算术。虽然统计数据越多，大概率上越能说明分析结果的可靠性，但考虑到年代久远有些指标数据的缺失和统计口径的不一致，本节所有数据选取范围为2004年到2014年，所涉及变量的描述性统计见表8—3。

---

① 周申蓓、莫卫龚、刘朋等：《基于三阶段DEA方法的我国海洋污染治理效率研究》，《水利经济》2014年第4期，第11—15页。

表 8—3 中国东海区域环境污染治理分析所选变量的描述性统计

变量	中位数	均值	最大值	最小值	标准差
x_1（亿吨）	13.17	13.34	17.75	10.69	2.59
x_2（万吨）	487.2	525.85	673.56	368.5	113.82
x_3（万吨）	20541	21325	25745.11	12163	3039.49
x_4（万吨）	2994.3	3132.94	2423.1	3788.8	428.47
x_5（%）	59.99	62	64.16	54.13	4
x_6	0.97	1.35	0.51	2.33	0.58
x_7（万）	3270	3323.56	3554	2108	192.73
x_8（亿元）	6839	7831.44	12199	3416	2610.87
x_9（万公顷）	186.59	196.13	231.56	133.15	32.43
x_{10}（万公顷）	1.87	2.27	1.11	3.71	0.84
Y（万平方米）	11.68	11.03	13.68	8.08	1.74

二 多元线性回归探索海洋环境污染治理的有效途径

上述 11 个指标是参阅大量的文章从定性的角度选择的对海洋环境污染有直接或间接影响的因素，那么在众多因素中，哪些因素的变量在影响海洋环境污染方面起决定性作用，哪些不起决定性作用？产业结构的调整是治理环境污染的决定性因素吗？并且如何避免用感性方法来确定海洋环境污染的主要影响因素而导致治理的偏误？

本研究使用多元线性回归模型来探索我国东海区域海洋环境污染治理的路径。为了缩小估计参数 β 的统计误差，对上述 11 个变量数据都取自然对数，运行计量经济学软件 Eviews 来估计模型的未知参数 β，这里 $\beta=(\beta_1,\beta_2,\beta_3,\beta_4,\beta_5,\beta_6,\beta_7,\beta_8,\beta_9,\beta_{10})$。

多元线性回归模型如下：

$$y=\beta_0+\beta_1x_1+\beta_2x_2+\beta_3x_3+\beta_4x_4+\beta_5x_5+\beta_6x_6+\beta_7x_7+\beta_8x_8+\beta_9x_9+\beta_{10}x_{10}+\varepsilon$$

这里环境污染的程度用 y 表示，环境污染有关的各项因素用

x_i（$i = 1, \cdots, 10$）表示，第 i 个因素对环境污染影响的弹性系数用未知参数 β_i（$i = 1, \cdots, 10$）表示，随机误差项则是 ε。运行 Eviews 软件，由于模型自变量太多，而样本量太少，运行结果只有参数 β 值，t 值和 Pr 值无效，在本节中采用了统计的 Bootstrap 方法，通过重复抽样原样本并采用有放回的方式，为了削弱模型的异方差性和参数的估计误差，抽取 8 个新的子样本构成新的总样本，并对全部数据取自然对数，回归分析得到各个变量的参数估计，如表 8—4 所示：

表 8—4　　　　多元回归结果

变量	β	tvalue	Pr（>|t|）	变量	β	tvalue	Pr（>|t|）
废水排放	7.09E−02	0.32	0.7528	生活垃圾排放	1.48E−02	2.169	0.0446
城市化率	9.4136	0.287	0.7773	涉海就业人员	2.68E−03	1.396	0.1804
产业结构	−1.51E−2	−0.81	0.4343	海洋科研支出	−1.32E−03	1.822	0.0862
填海面积	0.6705	0.956	0.3523	固体废物排放	1.1758	2.15	0.0461

从表 8—4 可以看出，整个模型的 R Square 为 0.866，虽然方程整体拟合优度良好，但除了生活垃圾排放和固体废物排放比 0.05 小，大多数变量的 Pr 值都没有小于 0.05，即各个自变量系数估计的 t 值在 5% 的显著性水平下对因变量的影响都不显著。得到这种奇怪的结果与很多变量之间具有很大的线性相关性有关，是典型的经济模型存在多重共线性的现象。模型的数据虽然用了时间序列数据，而 DW = 2.73477，所以模型无序列自相关。虽然模型存在多重共线性，但模型的数据和抽取的样本量都做过了处理，且模型的结果符合一定的经济理论，所以虽然模型的结果不是很理想，但还是有一定的解释意义。即在 5% 的显著性水平下，固体废物排放是引起海水污染的主要原因，在东海区域海洋污染治理中有效途

径是控制企业固体废物排放。下面从反方向进一步探索那么多引起海水污染的因素中，究竟哪些因素权重占得最小，在污染治理的过程中可以少投入一些资源？利用逐步回归法来做进一步的治理机制探索。

本部分使用向后的逐步回归方法，在开始选择前，要让模型包含所有的变量，然后在每一次选择后，就将一个变量从模型中去除。选择的方法即每去掉一个变量后，计算该模型的赤池信息准则 AIC 值，继而找到能让模型 AIC 值取到最小的那个模型，而此时，模型 AIC 值不会因为去掉任何一个变量而变得更小，其中 $AIC = -2l(M) + 2p$ 。此处训练数据样本的对数极大似然估计值由 $l(M)$ 表示，模型 M 中变量的个数由 p 表示。利用赤池信息准则的方法，可以找到能够将数据解释得最好但自由参数包含得最少的模型，模型的精确值随着 AIC 值的减小而提高。使用逐步回归法探寻东海区域海洋环境治理机制的过程列于表 8—5：

表 8—5　　逐步回归初始结果

变量	回归平方和	删除该变量后的 AIC 值	变量	回归平方和	删除该变量后的 AIC 值
废水排放	0. 8419	2. 3079	固体废物排放	0. 8429	2. 3015
废气排放	0. 8727	2. 0910	生活垃圾排放	0. 8385	2. 3293
城市化率	0. 7746	2. 6626	涉海就业人员	0. 8589	2. 1936
产业结构	0. 8390	2. 3259	海洋科研支出	0. 8488	2. 2633
填海面积	0. 8617	2. 1374	海水养殖面积	0. 8687	2. 1220

开始：$AIC = 2.1591$

从表 8—5 可以看出，删除工业废气排放变量后 AIC 值取得最小，则在上述模型中删掉工业废气排放变量。由此结果能够看出，工业废气的排放量相对于众多其他对东部区域海水环境造成污染的因素而言，它对海洋环境的所造成的影响是最小的。废气要通过大气转移和大气沉降污染海水，相对工业中的废水，固体废物直排入海对海水的污染，污染程度应该要轻一点。所以在对海洋环境污染治理中，这方面资源的配置可以少一点。

第一阶段：$AIC=2.0910$

在10个海水污染的影响因素变量中删掉工业废气排放变量后，继续逐步回归分析，其运行结果列于表8—6。从表8—6可以看出，删除海水养殖面积变量后，模型*AIC*值取得最小，且小于第一阶段的*AIC*值。从这个结果可以推测，许多专家认为随着全国沿海养殖业的大发展，尤其是对虾养殖业的蓬勃发展，海水产生了严重的自身污染问题。在对虾养殖中，由于陈旧而不完善的养殖技术，人工投喂时大量配合鲜活饵料和饲料，往往投饵量偏大，池内残存饵料增多，严重污染了养殖水质。另一方面，每天都有大量污水因虾池需要按时排、换水排入海中，而海水的富营养化伴随着这些带有大量粪便、残饵的水中含有尿素、尿酸、氨氮及其他形式的含氮化合物的污水越发加重，进而可能引发赤潮。① 但是随着养殖技术的提升，投饵量可能会越来越适中，并且随着政府对捕鱼的管制，禁渔期的延长，从而使海洋生物回复自然常态，削弱养殖业对海水的污染。所以政府在海水污染治理中在这方面的资源也不用投入太多。

---

① 赤潮发生的原因比较复杂，海水富营养化是赤潮发生的物质基础和首要条件。由于城市工业废水和生活污水大量排入海中，使营养物质在水体中富集，造成海域富营养化。此时，水域中氮、磷等营养盐类，铁、锰等微量元素以及有机化合物的含量大大增加，促进赤潮生物的大量繁殖。另外，一些有机物质也会促使赤潮生物急剧增殖，如本文中虾的养殖过程中剩余饵料的堆积等。

表 8—6　　逐步回归第一个结果（＊表示该变量已被排除）

变量	回归平方和	删除该变量后的 AIC 值	变量	回归平方和	删除该变量后的 AIC 值
废水排放	0. 6048	3. 2041	固体废物排放	0. 8242	2. 3938
废气排放	*	*	生活垃圾排放	0. 8287	2. 3676
城市化率	0. 7351	2. 8040	涉海就业人员	0. 8624	2. 1480
产业结构	0. 8261	2. 3835	海洋科研支出	0. 8654	2. 1271
填海面积	0. 8617	2. 1374	海水养殖面积	0. 8756	2. 0479

第二阶段：$AIC = 2.0479$

在 9 个海水污染的影响因素变量中删掉海水养殖面积变量后，继续逐步回归分析，其运行结果列于表 8—7。从表 8—7 可以看出，删除海水养殖面积变量后，模型 AIC 不再变小。这意味着回归结束，目前的模型是“最好”的模型了。也就是工业废水排放，工业固体污染物的排放，生活垃圾对海洋的倾倒，城市的进程，围填海规模的扩大，产业结构的政绩，涉海就业人员的增加，海洋科研服务管理费的支出都显著地影响了东海区域海水的污染程度。此分析结果中扩大海水养殖面积不是海洋污染的主要原因，可能是因为人类对海洋资源的过度捕捞，导致海洋生物资源数量大幅减少，质量也随之降低，甚至使得某些生物濒临灭绝，极大地破坏了海洋的生态环境平衡，而扩大海洋养殖的面积，恰巧对这些破坏行为有了部分的填补，尽管由于投饵饲料偏多，污染了海洋环境，但随着养殖技术的提高和完善，作为养殖户能尽量减少成本肯定会想方设法减少成本，所以由于养殖活动对海洋带来的环境污染应该会随着海洋养殖技术的创新得到逐步地改善。

表 8—7　　逐步回归第二个结果（ * 表示该变量已被排除）

变量	回归平方和	删除该变量后的 *AIC* 值	变量	回归平方和	删除该变量后的 *AIC* 值
废水排放 x_1	0. 6037	3. 5200	固体废物排放 x_6	0. 7730	2. 6268
废气排放 x_2	*	*	生活垃圾排放 x_7	0. 8372	2. 2940
城市化率 x_3	0. 7185	2. 8419	涉海就业人员 x_8	0. 8689	2. 4135
产业结构 x_4	0. 8347	2. 3097	海洋科研支出 x_9	0. 8513	2. 2037
填海面积 x_5	0. 8699	2. 4056	海水养殖面积 x_{10}	*	*

使用逐步回归方法，依据 *AIC* 准则，从模型中一个接一个剔除无关的变量，结果只消除了工业废气排放量和养殖面积两个变量，还剩余 8 个变量无法消除，因模型中有些变量存在一定的相关性，且可能与海水的污染程度不存在线性关系，建立的模型可能不够准确，不是理想的结果。所以下面从变量的相关性作进一步探索。那么究竟哪些自变量相互之间具有强的线性相关性？海洋环境污染治理的关键因素是什么？治理中各项资源究竟该如何有效配置？

根据以上的逐步回归分析形成的相应结果，就需要进入下一个步骤，即对东海区域海洋环境污染治理途径的相关性分析，下面利用 EViews 软件将影响海水污染的主要因素工业废水排放，工业固体污染物的排放，生活垃圾对海洋的倾倒，城市的进程，围填海规模的扩大，产业结构的政绩，涉海就业人员的增加，海洋科研服务管理费的支出做两两相关性分析，其结果列于表 8—8：

表 8—8 治理途径的相关系数

	x_1	x_3	x_4	x_5	x_6	x_7	x_8	x_9
x_1	1	0. 298	0. 298	0. 54967	0. 649	0. 62002	0. 612	0. 574
x_3	0. 298	1	0. 895	0. 89449	0. 733	0. 82739	0. 799	0. 815
x_4	0. 298	0. 895	1	0. 85959	0. 652	0. 82333	0. 817	0. 703
x_5	0. 549	0. 894	0. 859	1	0. 782	0. 97296	0. 967	0. 932
x_6	0. 649	0. 733	0. 652	0. 78206	1	0. 81058	0. 767	0. 718
x_7	0. 620	0. 827	0. 823	0. 97296	0. 810	1	0. 994	0. 918
x_8	0. 612	0. 799	0. 817	0. 96733	0. 767	0. 99424	1	0. 911
x_9	0. 574	0. 815	0. 703	0. 93298	0. 718	0. 91862	0. 911	1

从表 8—8 可以看出，废水排放跟其他变量相关性不大，所以应加大治理的投入资源。增加的涉海就业人员主要是从事围填海工程，所以限制围填海工程就能缩减涉海就业人员。涉海就业人员减少还能进一步缩减生活垃圾对海洋的倾倒。海洋科研经费的支出与其他变量相关性最大，所以治理海洋环境污染关键途径是加强海洋经费投入来提高海洋污染治理的科技水平。东海海域面积约 77 万平方千米，海岸线占大陆海岸线的 36. 7% ，确实，由逐步回归删选出来的变量，对东海区域海水的污染都有显著影响。东海区域的近岸海域，陆地给海洋环境带来的污染物占了总污染 80% 至 90% ，在 2015 年 36 条被东海区检测的主要江河中，携带入海污染物量超量严重，达到 1158 万吨。废水排污入海口达 139 个，排放污水总量约 51. 8 亿吨，陆源排污入海口达标率为 50% ，河流排海污染物总量居高不下。政府应加强海洋科技服务的投入，实施逐级排污计划，关停、淘汰对海水污染严重、技术落后的产业，促进产业结构升级，要加强技术创新，对污染物、生活垃圾进行回收处理、循环利用，加快城市污水处理厂的升级改造，提高污水处理的达标率。有些围海造田和海岸工程建设缺

乏科学论证，使海岸带生态系统和海岸环境遭到破坏，86%被监测的海湾、珊瑚礁生态系统和河口海域中处于亚健康甚至不健康状态。农业对海洋的污染伴随着农业生产规模的提高和结构的改变不断推进，因此要纠正"重城镇轻农村"这一传统治理污染的方式，对产业结构大力调整，对农村生活污染、农业面源污染着力加强治理。在氮、磷污染物方面，还没有法律做出明确的规定，应严格立法并及时修订法律以适应当今时代发展的需要。通过完善对陆源污染物的监测制度、提升对陆源污染物防治的管理能力和检测水平，来加强其监管监测，禁止污染物排入海洋。由于重大陆源污染事故的频繁发生，应当提高针对陆源风险源的应急能力和管理水平，强化风险意识，建立海洋环境污染的承载力预警机制。

东部沿海地区为保证在同等投入下，实现更高的产出，需加大对海洋经济方面的科学研究和科学技术的投入，引进先进的技术，然后基于技术的进步，提高其技术的效率；加强对船舶及采油平台、钻井的防污管理；为了给实现海洋经济绿色化和发展可持续化奠定坚实的基础，在开发利用海洋资源的同时，不仅要注重环境保护和污染治理，还需通过加强环保教育，提高相关工作人员的环保意识。通过教育培训涉海人员，提高其运用先进技术的能力以提高劳动效率。纠正通过高消耗达到增长经济数量的目的和"先污染后治理"的传统的发展模式，加强对在工厂区域自家附近种植植物的鼓励，增加绿化面积，保持良好的水土环境，建立人造海洋植物生长带、人造海滩、人造海岸，改善海洋生物的生存环境，走资源、人口、环境、经济和社会互相协调的可持续发展的道路。我国的城市化水平已经超过了50%，伴随着城市人口大量集聚，各类污染物也将随着城市化的快速发展和城市人口的急速增长而越来越多，尤其是在人口高度集中，工业企业密集的沿海城市，无时无刻不在产生着大量的工业废水、废气、生活垃圾等废弃物。自然状态下的水循环也因为城市中交通干线、工业企业、住宅的建设，以及生活、生产污水的排放而改变，从而也使各种水体的再分配受到了影响，导致水量、水质以及地下水运动发生变化。不仅海洋填埋区附近的潮汐受到大规模围、填海活动改变部分海岸的地形的影响，近岸的海洋生态平衡也遭到了破坏。此外，海洋生物结构也被破坏，同时，海水对污染物的自净能力大幅度降低。近几年来，随着对农业基础地位的重视，农业生产结构的改变和规模增长也提高了农业化肥对海洋环境的污染。涉海就业人员对环境的影响有的起正向作用，有的起负向作用，综合来说，就业人数的增加，会促使海洋环境正向发展。海洋科研的支出应该是完全促进海洋环境发展的，这里的分析结果不明显，也许是对海洋环境创新研究的效率不高，国家应加强这方面的投资，提高对排入海洋的废水、固体污染物的处理能力，提高循环利用的效率。

多元回归分析的结论是：形成海洋污染的原因是多元的，但陆源污染的影响是主要原因，附近海域其他海洋行为和经济行为产生的污染物影响也是重要因素，因此进行陆地和海洋、邻近海区之间的环境治理跨区域合作十分必要。由于环境影响因素的复杂性、变量源头的实施主体的强势地位决定跨区域合作的主导需要“强政府”框架下的综合整体性治理机制的构建。通过以上分析可以得知变量对海洋污染的影响情况，而后再寻找这些变量的来源，去验证海洋环境问题是否由跨区域相关的变量因素产生，如陆源污染物的比重多则可能形成跨陆地和海域的环境制度的审查，非本区域的其他污染源较多则可能需要跨行政区、跨国界的合作，还可能涉及海洋领域跨界变量的影响度而对跨区域海洋管理体制需要重新考察。

第三节　东海区跨区域海洋环境治理的三重维度分析

东海区因为面临国内多个省市的行政区域的分割，国际上紧邻日本和韩国的管辖水域，虽作为同一生态系统，但海洋环境治理的跨区域特征十分明显。前述部分已经非常详尽分析了我国管辖水域海洋环境污染问题的影响因素，但主要是对跨界即跨海洋与陆地领域的多元要素进行分析，以作为各沿海省市的环境政策参考，而对跨行政区域的因素分析基本没有做到，对跨功能区环境污染的分析也只能依据《海域使用管理法》《海岛保护法》等法律规定，结合现有的功能区治理方式、环境污染检测状况等作出，对跨国界的污染治理机制的分析也是如此。因此进一步的验证分析是基于对跨行政区、跨功能区和跨国界污染的现有机制和制度的分析，来验证“主体关系—利益衡量”的分析框架下整体性治理的必要性和科学性。

一　东海区海洋环境的跨行政区治理机制

东海区各级政府海洋管理机构主要有：海警局、海关、农业农村部东海渔政局、自然资源部东海局、地方海事局。此外，我国每一个沿海的省、自治区、直辖市以及沿海县市和计划单列市为了承担地方政府的海洋综合管理职能，都建立了专门的政府海洋管理职能部门。横向上，这种“碎片化权威”的机构设置，实行行业管理却互不统属，无论是在政策执行、执法、行业监管、行业资源管理和行业立法方面，都存在着相互职能重叠、功能不清、相互推诿、政出多门的现象，缺乏一个部门来协调；纵向上，中央与地方行业管理部门无法适应综合管理的一体化，主要是因为实行垂直管理体系而导致水平方向的联动和合作效应较低，《海洋环境保护法》虽明确了相关职能，但操作仍较为复杂（见表8—9）[①]。

表8—9　　我国法律规定的海洋环境管理部门和管理职能

部门	管理职能
国务院环境保护行政主管部门	全国环境保护工作统一监督管理的部门，对全国海洋环境保护工作实施监督、指导和协调，并负责对全国陆源污染物的防治和海岸工程建设项目，对海洋污染损害的环境保护工作
国家海洋行政主管部门	负责全国防治海洋工程建设项目对海洋环境的污染损害，负责海洋环境的监督管理，组织海洋环境的调查、监测、监视、评价和科学研究，以及海洋倾倒废弃物对海洋污染损害的环境保护工作
国家海事行政主管部门	负责所辖港区水域内非军事船舶和港区水域外非渔业、非军事船舶污染海洋环境的监督管理，并负责污染事故的调查处理；登船检查处理造成污染事故的在中华人民共和国管辖海域停泊、航行和作业的外国籍船舶。船舶污染事故给渔业造成损害的，应当吸收渔业行政主管部门参与调查处理
国家渔业行政主管部门	负责渔港水域外渔业船舶、渔港水域内非军事船舶和污染海洋环境的监督管理，负责渔业水域生态环境的保护工作，并调查处理渔业污染事故
军队环境保护部门	负责军事船舶污染海洋环境的监督管理及污染事故的调查处理
沿海县级以上地方人民政府行使海洋环境监督管理权的部门	由省、自治区、直辖市人民政府根据法律及国务院有关规定确定

因地方职能部门的特殊性和行政层级的复杂性设置，海洋环境治理在区域性海洋管理相关职权的交叉更加复杂。以作为东海海域

① 以下材料依据《中华人民共和国海洋环境保护法》第五条整理。

的主要组成部分的浙江舟山海域为例，在数次政府机构改革后，舟山海域现行的海上行政执法体制属于分散型行业管理体制，与国家层面基本一致。以2018年底公布的《舟山市机构改革方案》为准，舟山海上行政执法力量和市级层面的涉海管理单位主要还有市水利局、市港航和口岸管理局的港航执法支队、市海洋渔业局的海洋与渔业执法支队、市生态环境局（无海上执法队伍）、市自然资源和规划局（无海上执法队伍）、市农业农村局等。在舟山的部省属执法力量主要有省海洋与渔业执法总队东海总队东航支队、舟山海事局、自然资源部东海局、农业农村部东海区渔政局沈家门站等。海洋环境执法的职权重叠交叉情况严重（见表8—10）。

表8—10　　　　舟山市海域海洋环境管理机构及其权责

政府机构	与海洋环境有关的职责	法律依据
市海洋与渔业执法支队	主要负责组织实施全市海域使用、海洋环境保护、海岛开发利用执法检查	《海洋环境保护法》《海域使用法》
市港航执法支队	主要负责全市港口经营、水路运输经营、港口岸线及航道使用的监督检查	《港口法》《海洋环境保护法》
市自然资源和规划局	负责依法打击非法开采海底矿产资源尤其是非法开采海沙的行为	《矿产资源法》《海洋环境保护法》《浙江省海洋环境保护条例》
市生态环境局	主要对全市海洋环境保护工作实施指导、协调和监督，并负责全市防治陆域污染和海岸工程建设项目对海洋污染损害的环境保护工作	《海洋环境保护法》《浙江省海洋环境保护条例》
市水利局	负责滩涂资源的监管工作①	《浙江省滩涂围垦管理条例》

① 这个规定与《中华人民共和国海域使用法》中对于海域的界定存在一定交叉，对于滩涂资源建管基本由海洋部门按照海域使用来进行审批检查。

续表

政府机构	与海洋环境有关的职责	法律依据
自然资源部东海局下属东海总队东航支队	维护国家海洋权益、监管海域使用、实施海岛保护等职责	《领海及毗连区法》《专属经济区和大陆架法》《海域使用管理法》《海岛保护法》
农业农村部东海区渔政局沈家门站	主要参与渔政渔港监督执法、渔业水域污染防治处理	《渔业法》
省海洋与渔业执法总队	主要负责相应区域内的渔业安全监管执法、海域使用监管执法、海洋环保执法、水产品质量安全监管执法	《渔业法》
市海事局	主要承担水上交通安全监督检查和防止所辖港区内非军事船舶和港区水域外非渔业、非军事船舶污染海洋环境的监督管理，并负责污染事故的调查处理、对在舟山管辖海域内航行、停泊和作业的外籍船舶造成的污染事故登轮检查处理等①	《海上交通安全法》《国际防止船舶污染海洋环境公约》《海洋环境保护法》

分析上述两表可见，我国地方海洋环境区域管理中涉海部门间关系的复杂性和矛盾冲突发生的可能性大大增加是因为各地方涉海机构的设置有区别，相应的职责也不同，而且个别地方出现组织结构不健全、职责缺失以及职能交叉这些现象。

针对以上矛盾与不足，可从两方面加以改进：一是尽快修订《海洋环境保护法》，将2018年国家机构改革的成果写入立法之中，体现海洋环境“陆海统筹”管理的基本理念，进一步明晰管理部门的职责；二是地方机构改革后，也应该将海洋环境管理职责综合化，须梳理权力清单和责任清单，并修改地方立法给予职责制

① 据《中华人民共和国海洋交通安全法》整理。

度化。

二　东海区海洋环境的跨功能区治理机制

东海沿海有乐清湾、湄洲湾、象山港、杭州湾和长江口等各类海湾，行政区域包括浙江省、福建省、江苏省南部、台湾省和上海市，均位于我国东南沿海的经济发达地区，使得海洋生态环境因经济的快速发展而面临严峻挑战。国家和地方政府部门为此在区域海洋环境整治上形成了一系列的工作制度，如自然资源部东海局会同苏沪浙海洋部门，启动了“长三角海洋生态环境立体监测网”专项建设①，自然资源部东海局还牵头推进建立多级联合的海洋环境“测管协同”体制制度，这些行动和计划的实施多数为跨功能区为基础展开的，跨功能区主要为跨越海洋特别保护区、海洋自然保护区、海洋公园等区域，相关治理机制具体包括：

其一，海洋生态环境的多级协同机制。自2009年以来，对东海区的海洋生态、海洋环境质量的监测由自然资源部东海局组织东海环境监测中心和各海洋环境监测中心站开展，以此来掌控东海区的实时总体环境状况和实时变化趋势，从而进行对全海域海洋环境的质量评价。与此同时，将对海洋工程建设项目、海洋倾倒区、陆源污染物排海、海洋石油勘探开发区等进行严密监测，摸清人类利用、开发海洋的活动对相邻海域的影响程度和范围，给政府的宏观决策提供了科学的依据。可见，东海区的海洋生态环境的多级协同机制基本构建。除此之外，还开展对重点岸段海岸侵蚀、海洋放射性、海洋溢油、化学危险品泄漏、赤潮等状况的监测，为防患于未然，还需摸清东海区海洋生态环境的潜在风险。《东海区海洋环境公报》是自然资源部东海局每年公布东海

① 据自然资源部东海局网站。

区的“体检报告”，里面详细汇报海洋监管举措，评估海洋灾害与风险，报告海洋环境各项指标，让东海的“身体状况”能及时为公众所了解。

其二，海洋环境立体检测网络。东海区在逐步建立海洋环境立体检测网络上也取得一定成效。目前，东海区共设立了6个海洋环境监测中心站、4个省级监测中心、17个地级监测中心、1个海区监测中心。东海区开展了常态化检测工作，除东海局的监测外，国家海洋局还派了“向阳红28”号检测船在海上巡回监测。设于南通、宁德、厦门、宁波、温州的5个海洋环境监测中心站，在常态化检测中也全都派船出海，一起执行相关东海区海域的“大监测”任务，共监测站位416个[①]。自然资源部东海局除了派船出海开展现场监测以外，还大力推进智能化、实时化、自动化的监测系统建立。2016年，首个潮位站海洋生态环境在线监测系统于舟山海域安装，两套多参数水质仪和营养盐自动分析仪，可自动监测亚硝酸盐、硝酸盐、硅酸盐、氨氮、叶绿素、水温、磷酸盐、pH值、溶解氧、浊度和盐度等共11项海洋环境参数。海洋生态监测浮标、生态环境监测智能平台（无人船）等，也处于积极研制开发中。

其三，跨功能区域海洋环境污染治理的制度。目前对跨功能区域海洋环境污染治理的制度建设还尚未完善。虽然我国海洋环境保护立法中跨部门和跨区域的海洋环境保护工作分工已经被明确规定，但规定均较为笼统。[②]《海洋环境保护法》在2016、2017年修订中没有修改关于跨区域海洋环境治理的机制规定，但对功能区条款的增加凸显了区域海洋管理的创新，其中第三条增加一款“国家在重点海洋生态功能区、生态环境脆弱区和敏感区等海域划定生态保护红线，进行严格保护”，体现了对跨区域生态和

① 《我国东海区开展海洋环境春季体检》，《科技日报》2016年5月6日。

② 《中华人民共和国海洋环境保护法》第九条。

环境管理上的细致化和具体化。

东海区的跨功能区区域环境治理的制度化多以各省、市的地方立法或以规范性文件方式出台，对于跨省市的协作性的制度设计鲜有涉及。东海区的跨功能区环境地方立法或政府规章主要有：江苏省启动了《江苏省海洋生态文明建设行动方案》（2015），福建省编制了《福建省滨海沙滩资源保护规划》（2016），上海市颁布了《海洋工程环境保护设施验收管理办法》（2015），舟山市出台了《舟山市国家级海洋特别保护区管理条例》（2016），宁波市出台了《渔山列岛国家级海洋生态特别保护区保护和利用管理暂行办法》（2015）等。

三　东海区海洋环境的跨国界治理机制

国际合作就是当前国际上对于海洋污染跨区域治理的主要机制。区域海洋环境合作往往可分成三种模式：一是参与式合作，即通过成立区域合作组织，邀请区域内或跨区域相关管理机构和国际组织参加，通过行动计划或研讨、交流达到多方合作治理海洋环境污染的目的；二是功能性合作，即区域内国家之间关于环境领域进行对话与协商；三是制度性合作，即在区域内的国家通过制定条约的方式来进行合作，这种方式需要履行法律上的义务。[①] 近年来，随着东海海洋环境日益恶化，海洋合作的重要性被东海区以及区域外国家逐渐意识到，该区域及国家开始有序推动东海区域海洋环境治理机制的建设。具体表现为：

第一，签订国家间协定或条约，开展有关制度化合作。因为东海涉及的国家只有中国、韩国和日本，故主要在三国间展开环境的制度合作。一般通过签订双边协定的方式三国间环境进行合作。

---

① 姚莹：《东北亚区域海洋环境合作路径选择——“地中海模式”之证成》，《当代法学》2010年第5期，第132—139页。

《中日环境保护合作协定》于1994年签署，之后40个中日环保科技合作项目被日本政府批准，“中日友好环境保护中心”也随之成立，并在中国100个城市以此为基础建立了环保信息系统。该内容涵盖了海洋领域的环境合作。同样，1993年签署了《中韩环境合作协定》，但中韩在海洋环境合作工作上开展不深入。

第二，开展国家间对话与协商，开展功能性合作。海洋环境的功能性合作是主流。韩国在2010年5月29日举行的第三次中日韩领导人会议表决通过了《2020中日韩合作展望》，其中第三条第四款表明：“我们将合作加强地区海洋环境保护，努力提升公众减少海洋垃圾的意识，重申落实西北太平洋行动计划框架性防止海洋垃圾的‘区域海洋垃圾行动计划’的重要性。”该文件规定，将在海洋环境保护领域落实西北太平洋[①]行动计划，同时东北亚区域核心国家中日韩将“机制化”三国的合作关系。但是近年来，中国和日本、韩国在有关国家安全、历史等问题，相关合作受到影响，海洋环境的对话与协商机制一直没有完全构建，除了日本福岛核泄漏这样大的环境危机发生时有一些简短的合作外，海洋环境治理机制的制度化明显滞后。但是，三方也认识到国际海洋合作的重要性，一定级别的政府会谈或民间交流仍在低调进行，如2015年1月，在中日第三次海洋事务高级别的协商后，双方同意依照有关国际法加强在环境、搜救及科技等领域进行海洋合作。[②]

第三，组织成立区域海洋环境管理团队，推动参与性协作。东

---

① 区域海洋项目是一项面向行动的项目，它不仅关注环境退化的结果，同时也注重其原因，并且围绕一个综合途径通过对沿海区域和海洋区域的全面管理来解决环境问题。区域海洋项目目前由18个海区构成，按照地理区域分为：地中海、西非和中非、东部非洲、东亚海、南亚海、西北太平洋、波斯湾和阿拉伯湾、红海和亚丁湾、南太平洋、东南太平洋、泛加勒比海、黑海、东北大西洋、波罗的海等。已有140多个沿海国家和地区参加了该项目。

② 郭海波：《中日第三次海洋事务高级别磋商在日本举行》，《国际海洋合作》2015年第1期，第8页。

海区作为西太平洋的一部分，借力相关国际海洋组织开展一定的海洋环境合作行动成为推进区域海洋环境治理的主要手段。由区域内外相关国家参与的主要组织东亚海海洋环境管理伙伴关系区域组织（PEMSEA）是较为典型的东海区海洋国际组织。

东亚海环境管理伙伴关系计划（PEMSEA）旨在通过机构间、部门间、政府间的伙伴关系，促进海洋和海岸带资源的持续利用和综合管理，以保护海洋生命支持系统。PEMSEA 主要由东亚沿海地区国家参加的区域组织，目标为实现东亚海可持续发展战略。计划执行以来历经了“东亚海可持续发展战略”“东亚海污染预防和管理地区计划”和“东亚海地区环境管理伙伴关系计划”三个阶段，实行推动第四期“推广实施东亚海可持续发展战略（2014—2019）项目”则于 2014 年开始。

PEMSEA 的实行对推动我国海洋环境管理与海岸带综合管理发挥了重要功能。东亚海环境管理伙伴关系计划的实施，对我国的海洋环境管理水平的提升有较显著的影响，主要包括：其一，在海洋规划与管理层面上，把基于生态系统的管理理念和方法主流化；其二，在地方政府海洋管理能力上，提高了我国沿海各地对实施海岸带综合管理的认识和重视程度；其三，在人才培养和能力建设上，通过对地方官员和专业技术人员的广泛培训，为我国培养了一批活跃创新的海岸带综合管理团队；其四，在公众海洋环境意识上，通过广泛的宣传和公众教育，显著提高了公众的海洋环境保护意识。

中国为推进近海海洋环境治理机制，于 2014 年在青岛成立了由国家海洋局和东亚海环境管理伙伴关系区域组织（PEMSEA）协商共同设立的中国—PEMSEA 海岸带可持续管理合作中心（CPC），旨在进一步推动东亚海第四期项目和《东亚海可持续发展战略》在中国的顺利实施，加强国内沿海地方政府海岸带综合管理工作。除了参与 PEMSEA 的海洋环境治理外，利用亚太经合组织（APEC）等跨区域综合组织开展相应的研究与讨论，以参与式合作推进海洋环境治理成为基本的治理路径。近年来，我国国家海洋局积极推动蓝色经济合作纳入 APEC 有关机制战略规划，逐步构建亚太蓝色经济合作网络。我国官方和相应社会机构举办 APEC 蓝色经济论坛，进一步推动 APEC 机制下蓝色经济的可持续发展。

第四节 海洋环境跨区域治理主体间的利益衡量

治理的主要路径导向便是多元参与主体间的合作。东海区海洋环境问题日渐严重，跨区域海洋环境污染具有较大的复杂性，致使跨区域海洋污染主体间的合作存在不确定性。政府、市场和社会处于不同的治理利益取向，难以有效形成合作机制以及建立制度化的治理体系。

一 海洋环境跨区域治理主体关系具有复杂性

第一，环境治理主体不确定性，污染源呈现移动性。随着东海区海洋经济的快速推进，企业作为污染治理主体的作用不断凸显。以海运业为例，船舶作为运输工具，其移动过程是跨区域性的，因此被它所带来的海损溢油污染而损害的区域也是非常不确定的。船舶排放油类等有害物质是海洋环境遭受污染损害的一个基本来源。[①]世界经济的增长带动了海洋贸易的发展，作为海洋贸易主要载体的海洋交通运输企业不仅在数量上迅速增长，并且在船舶体积与容量上向大型乃至巨型发展，尤其是原油运输船，由几万吨上升到几十

① 朱红钧、赵志红：《海洋环境保护》，中国石油大学出版社 2015 年版，第 45—55 页。

万吨。船舶的数量和吨位的增加，必然会造成“海上机动污染源”的增多，尽管其他条件不变，由于吨位的缘故，排放入海的油类和其他废弃有害物质都会大大增加。同时这些巨型油轮一旦发生海难事故，势必会有大量的石油泄漏至海水中，对海域造成不可挽回的污染。东海区多数地区地处长三角，航运业特别发达，作为海洋污染跨区域治理主体的船舶企业多数不是在本地注册，有的甚至是挂“方便旗”[①] 的外籍船舶，致使污染主体呈现出不确定性。另外，多数的陆源污染物如果缺乏监控，在汇流入海后，污染企业的确定也相当艰难。

第二，环境治理主体的治理能力在应对海洋污染突发事件中存在不足。东海海域地理构造比较特殊，如杭州湾两岸陆地围绕、陆源污染物排放密度大，在海域外围又被舟山群岛岛链拦住，海水自净能力差。由于所处地理环境的特殊性，相比于陆域环境突发事件，海洋污染突发事件的管理难度、影响范围和危害程度要更大。海洋污染突发事件一般因生产、经营和运输故障、人为破坏或突发事故所导致，一旦发生，污染物质随着气流、海流和河流等媒介物质以极快的速度扩散。并且由于污染物质的传播、扩散规律与危害难以在很短的时间内明确，从而难以迅速衔接各类应急措施和协调集中应急人力、物力和财力，因此很难在短时间内将突发事件的危害有效地控制起来。然而突发事件对海洋环境造成的损害和影响范围随着控制时长的增加不断扩大，甚至危及不特定人的财产、健康和生命。从东海区近年发生的海洋溢油事件就可以看出，海洋环境突发事件的牵涉面之广，危害之大是其他环境突发事件所无法比拟的。污染的治理主体政府在管理中一般划定一定的海域作为治理范

① 指在船舶登记宽松的国家进行登记，取得该国国籍，并悬挂该国国旗的船舶。实践中，有些国家允许外国人所有的船舶悬挂其旗帜，于是，有些外国船舶为了逃避本国的税收和其他强制措施而往往购买这些国家的旗帜，这种船旗被称为方便旗。但由于悬挂方便旗的船舶与船旗国没有“真正联系”，在发生问题时，方便旗很难发挥作用。

围，如果政府间合作机制尚未构建、设备和人员准备不充分，对海洋突发性跨区域污染事件在治理应对中存在一定的困难。

第三，政府治理的独立性与跨区域污染的多样性存在矛盾。一般情况下，外界干涉行政区内经济社会的发展是地方政府所不愿看到的。因此相对于其他地方政府而言，各个地方政府在法律允许的范围内都是独立运行的，使得各层面政府合作治理观念普遍滞后。所以，东海区地方政府之间构建合作机制存在着不小的挑战，东海沿岸地方政府辖区内的海洋环境污染也就随之带上了这种相对独立性，然而海域是流动相连的，海洋生态互补的能力因为这种相对对立性被间接削弱，久而久之，环境污染转移问题便会因为各地互相干扰转嫁环境污染问题而引发。与此同时，东海区作为经济发达地区，产业结构转型快致使企业迁移频繁，迁移企业也会引发相关问题。环境污染问题在企业迁移时一同被迁走，例如有的以工业生产为主的企业，为调整生产结构向别处迁移的同时，企业自身的污染问题也会随着企业转移而转移，这都是会对环境造成严重的负面影响的。

二　海洋环境跨区域治理的主体合作缺失

人口增长和人为活动给区域海洋环境带来巨大压力，短期经济目标和不当使用自然资源导致了环境的严重恶化，沿岸群众的生命健康在极短时间内受到了影响，这也是对区域海洋经济与社会发展的一个严峻的挑战。虽然东海区以长三角区域合作为契机，已经在大力推进跨区域治理制度化海洋环境，但现有制度和机制特别是在集体理性基础上的行为逻辑仍缺失，在本区域海洋治理中整体性治理理念无从体现。

其一，跨区域合作共识不稳定。地方政府间的跨区域合作一般指的是基于不同行政区共同面临的公共事务问题和经济发展难题，因单一政府无法解决而通过若干个地方政府签订协议章程或合同的形式，将各种资源在地区之间重新分配组合[1]，以获得最大的经济效益和社会效益。这就需要让地方政府达成稳定的合作共识。但是，东海区沿岸地方政府在海洋环境治理方面往往会存在着合作意识不强，难以达成合作关系的问题。地方政府大多以自身利益为出发点来制定关于海洋环境治理的政策和规划，并将难以界定的跨区域海洋污染问题的治理成本转嫁给其他部门。

其二，跨区域合作目标不一致。由于环境会被经济反作用，加上东海区区域具有一定差异性的海洋经济发展程度，所以在海洋环境上会间接体现出这种经济差异。各地区环境的受损程度因为经济发展程度不同而不尽相同，并且由于对环境的追求也因经济基础不同而不一样，各地区治理环境的目标就会存在一定的差异性。出现这种存在差异的治理目标，就阻碍了贯彻与落实跨区域海洋环境治理的步伐。对海洋环境的治理活动因为海洋经济发展较为发达、海洋环境治理理念相对完善而相对提高，而在海洋环境治理体系相对不完善的海洋经济较为落后的地区，仍然只注重对海洋资源的获取而非对海洋环境的保护，因此相比于提高对海洋环境治理程度的要求，他们更需要落实海洋环境治理。由于理念的不一致对构建地方政府合作机制造成了一定的阻碍，而进行技术投资使用先进设备的政府也不愿与经济欠发达地区分享成果，各政府之间难以协调各自的利益。

其三，跨区域合作行动不统一。在治理海洋环境的过程中，东海区范围内的大多数地方政府在海洋污染治理上行动滞后，造成如今实现区域内共同治理海洋环境十分困难。作为一种公共跨区域物品，海洋的环境无法避开外部性原因和“搭便车效应”所带来的维

---

① 许继芳：《建设环境友好型社会中的政府环境责任研究》，博士学位论文，苏州大学，2010年，第39—41页。

护与供给等问题。在权衡利弊后，地方政府往往选择对海洋环境管理不作为。而在东海区海洋环境治理的跨区域合作行动制度化程度相对较低，常见的是采取长三角城市协作体系建设等集体磋商的形式，这是一种由政府所倡导的非制度性合作协调机制。这种磋商机制与领导人的任期密切相关，一旦地方领导调动容易造成地方政府间和合作机制架空，使得区域地方政府合作的高成本和低效率现象普遍存在。[①] 同时在应对海洋环境突发事件时，东海区的跨区域合作决策程序分散，行动不统一有效，从而错失最佳时间，造成海洋环境损害扩大或完全无效的应对实施。

三　海洋环境跨区域主体协作的价值衡量

我国各地方政府包括东海区各级政府在海洋环境污染区域管理中的关系基本为自然无关联与合作并存。尽管区域内各地方政府在面对重大突发性海洋环境问题时，都能够迅速建立统一战线、合作治理。但是，当出现一般的海洋环境问题时，各地方政府则进入“自然无关联”的状态。地方政府之间多数只和各自或共同的上级政府联系，而不积极与相近的地方政府相互竞争、相互合作的现象仍然存在。可见，大部分地方政府在一般的海洋环境管理过程中行动滞后，难以实现区域内共同治理海洋环境。究其原因有：一方面，海洋环境是一种跨区域公共物品，无法避免其外部性原因和“搭便车”带来的维护与供给等问题。另一方面，海洋环境复杂、管理成本高、投资风险大，地方政府更加青睐于投资回报率高、经济效益好的海洋开发活动，有时甚至可以以牺牲海洋环境为代价。因此，在权衡利弊后，地方政府作为理性经济人常常选择忽略海洋环境管理。正如美国经济学家曼库尔·奥尔森在《集体行动的逻

---

① 杨妍、孙涛：《跨区域环境治理与地方政府合作机制研究》，《中国行政管理》2009 年第 1 期，第 66—69 页。

辑》中指出："除非一个集团中人数很少，或者除非存在强制或其他特殊手段以使个人按照他们的共同利益行事，有理性的、寻求自我利益的个人不会采取行动以实现他们的共同或集体利益。"而且，海洋环境有非排他性，因此各地方政府不必为自身开发海洋活动所带来的生态环境破坏和海洋环境污染负责，同时也可以以零生产或供应成本地使用海洋环境。因此在海洋环境管理上，各地方政府的行动都相当滞后，这也是各地方政府合作治理存在极大难度的原因。加之东海区沿岸各地不同的经济发展水平，经济水平高的地方政府不愿意和落后地区共享自己的技术投资的成果或先进设备，各政府难以协调各自利益，海洋环境区域管理中政府间的"自然无关联"便因他们的理性博弈而出现。

具体而言，除了自然资源部东海局牵头的多级协同机制已基本构建外，东海区涉及的浙江、福建、上海（"两省一市"）之间缺乏海域环境跨区域治理执法协作机制。在考察了"两省一市"这些年来在海域环境治理上的执法情况后，主要是以各省、市、职能部门组织单独开展的执法治理，以及陆上执法和海上执法进行各自的执法治理。这种多头式执法方式，其不足有三：

首先，局限性突出。跨区域治理协作要求"两省一市"共同开展的海域环境执法治理，而非各自为政。一是由于其海上执法服务的区域存在一定局限性，对苏浙海域整体执法目标无法实现；二是跨区域协调与治理在涉及跨行政区海域的相关矛盾纠纷时难以实现；三是由于执法主体组织单一，难以实现统一调度和集中支配等要求。并不能与江浙沪海域环境跨区域治理与协作实行有效对接。

其次，协作作用缺乏。据对环保、交通、海洋、海事和农业等部门以往海洋环境执法的调查，他们大部分是各自组织执法治理。分散型的职能执法治理有着较大不足。分散多头执法，不仅大大降低了执法治理的作用，还浪费了执法的资源及成本同时执法合力也无法形成；共享机制和有关信息互通的缺失将因执法利益本位主义而出现；执法矛盾也会因为执法治理中如遇职能交叉性问题而各部门执法中缺乏通力协作而出现。

最后，难显治理实效。除“两省一市”各自组织执法治理和各职能部门执法治理以外，海上执法治理和陆源环保执法也存在各自为政状况。由于海、陆两条线执法治理缺乏协作和结合，导致对海域环境治理实际效果的影响。

四　海洋环境跨区域治理的利益平衡制度化

目前，海域环境跨区域治理与协作法律制度不完善的问题相当突出，这也是区域海洋环境保护现今面临的最大问题。海洋环境跨区域治理与协作不光是政府间的行政职能行为，更是一种法律行为，是被环境法治所要求的。我国当前海洋环境法律制度中的部分规定存在过于书面化、应用价值低的状况，难以在实践中运用。《海洋环境保护法》第八条第二款虽然提到：“毗邻重点海域的有关沿海省、自治区、直辖市人民政府及行使海洋环境监督管理权的部门，可以建立海洋环境保护合作组织，负责实施重点海域区域性海洋保护规划、海洋环境污染的防治和海洋生态保护工作。”但并未界定和细化“合作组织”的职权定位，使得这一条规定难以运行。《海洋环境保护法》第九条同样提到：“跨区域的海洋环境保护工作，由有关沿海地方人民政府协商解决，或者由上级人民政府协调解决。跨部门的重大海洋环境保护工作，由国务院环境保护行政主管部门协调；协调未能解决的，由国务院作出决定。”但显而易见的，这样模糊的规定可操作性是很差的。

目前，东海区在关于海域环境区域治理与协作方面的区域立法仍然处于探索阶段。虽然，2011 年由浙江省和原国家海洋局签署了《共同推进浙江省海洋经济发展示范区建设战略的合作框架协议》等协议，并且江苏、上海、浙江已联合制定推行了《推进长三角海洋生态环境保护与建设合作协议》。但这些协议并不能取代海域环境区域治理与协作具体的区域立法。以东海区海洋环境立法为例，关于我国东海区的海域环境治理协作区域立法同样滞后。长三角地区区域合作以《长江三角洲旅游城市合作宣言》等意向书、备忘录、倡议书、协议、宣言方式出现。总体来说，我国区域行政立法协作还处在基础工作阶段，不论是内容还是形式上，都还需要进一步完善与深化。

当前的制度设定难以平衡海洋污染中各利益主体的平衡，在现有法律设定的《海洋环境保护法》中规定了海洋环境权的权限范围、《海域使用管理法》规定了海域所有权和使用权，而出现利益的冲突性与多样性问题，是因为这些立法对利益的调整也多是以经验性的归纳为基础，进而出现权利冲突的现象。东海区作为我国的重要渔业区，针对海域污染中利益平衡的顺序必然是生存利益—发展利益—个体其他利益，需要按照这个顺位进一步修改《海洋环境保护法》等法律。

在区域海洋环境保护领域，全球有 140 多个国家自联合国环境规划署倡议区域海洋规划后，加入到对区域海洋环境的保护，迄今为止，已经通过了 14 个有法律效力的区域海洋公约和 30 个相关议定书。关于防治海洋污染及养护和管理海洋资源等多方面的区域海洋环境保护都在这些公约和议定书中有体现。[①] 区域海洋环境保护的区域国际制度应运而生，其中包括了许多有法律效力的公约和议定书，以及行动计划、决议、建议或宣言等规范。为了达到合作的

① 李建勋：《区域海洋环境保护法律制度的特点及启示》，《湖南师范大学社会科学学报》2011 年第 2 期，第 53—56 页。

目的，一些惩罚和激励措施被用来重新调节并分配区域海洋国家之间的利益。

在一定区域范围内，海洋环境跨区域防治有明显的共益性，但是因为海洋生态的复杂性与海水的流动性，使得防治收益难以确定，若再加上主权纷争，不同国家很难达成有行动力的合作意向。[①]国家间或区域间就算达成了合作意向，一些成员国也会因为主权问题或者政治原因违背协议，这是因为违背国际环境协议的后果很难拥有确切的解决机制或救济手段。部分发达国家拥有比较完善的环境治理体系和治理环境的能力，但是却极少援助东亚国家防治陆源污染，在确定海洋陆源污染防治资助对象时通常需要考虑较多的政治意图。一个明显的案例，就是日本在防范 2011 年福岛第一核电站核泄漏过程中，与周边邻国的信息共享、区域海洋合作治理等方面推进滞后。

其一，严重的污染现状与没有力度的污染防治使合作变得艰难。

制约所有地区海洋陆源污染工作的重要原因是资金的缺乏，治理能力的不匹配使得合作机制无法形成对于广博的海洋空间与治理效果的外溢性。以东亚海地区为例，一些近海海域的高发污染和污染防治能力缺失阻碍了海洋产业的发展。在中国南海，就有 35 个污染热点地区和超过 26 个敏感或高污染风险地区，一些国家基本没有陆源污染物的减排措施。区域内大多数国家都无法独自进行陆源污染的防治，亟须国际社会的技术与资金方面的援助。在 COBSEA（东亚海协作体）第 22 届政府间会议中，各成员国资金的使用情况、承担的具体责任以及所分担的资金份额等是各方关注的焦点。许多发展中国家希望在能力和资金方面得到帮助。

① 戈华清、宋晓丹、史军：《东亚海陆源污染防治区域合作机制探讨及启示》，《中国软科学》2016 年第 8 期，第 62—74 页。

COBSEA（东亚海协作体）与 PEMSEA（东亚海环境管理伙伴关系计划）不仅有着不完善的组织形式与管理制度、资金筹集与运作机制、达成的目标以及组织章程等。在具体项目实施过程中，会被成员国或受资助区域政府的执行意愿的限制。然而，更为重要的是，陆源污染防治会影响到一些国家内部的社会经济发展，那些治污能力弱的国家十分乐意接受国际组织或其他国家在技术或资金上的援助，但是却做不到承担具体减排的目标以及主动实施陆源污染减排措施。然而 COBSEA 与 PEMSEA 中的绝大多数成员国都面临着迫切的发展任务，缺乏合作开展陆源污染物的治理或减排工作的能力。

其二，区域性环境信息资源的有限性使得合作尤为困难。

有限的信息资源集中体现在三方面：一是可获取环境信息的渠道不畅通。因为有些国家由于与其他国家存在一些纷争或者被利益所制约而不愿意与其分享自己拥有的环境数据，因此就导致优秀的污染治理经验信息无法扩散。二是能够得到的环境信息不一定真实地反映陆源污染防治的需求。受制于科技的发展与国家政治意愿，一部分信息不能够全面且真实地反映不同条件下的治理能力、防治效果和海洋环境状况等。三是对环境信息处理和环境监测能力有限。环境信息处理与环境监测能力需要国家国力的支持。尤其是经济发展到一定程度后，技术进步一方面可以使治污成本大大降低，另一方面也可以减少单位 GDP 的排放，这时，环境污染程度提高的同时国家也在发展，公众的环境意识也随之不断提高，这也将成为督促政府采取措施进行环境治理的一大动力。

第九章

海洋环境跨区域治理的制度构建

进入21世纪以来，海洋国家的海洋活动越来越呈现出区域化的特征。区域海洋的公共问题的解决方式很多，合作治理是当前重要的一种理论路径。2015年以来，习近平总书记多次提出，为了让海洋成为连接亚洲国家的友好、和平、合作之海，要建设海上互通互联，促进建设亚洲海洋合作机制，推进建设渔业、环保、灾害管理、海洋经济等各领域合作关系。为了在世界海洋治理领域起到应有的作用，我国应多方位参与制定国际海洋规则主导。在海洋环境治理领域则要建立具有约束力的规范性制度，指引跨区域海洋环境治理的行为。跨区域海洋环境治理的制度建构必须兼顾制度现状、遵循制度逻辑、寻找理论支撑，以求突破现有困境，达到制度化的良性架构，最终形成制度体系的构建。

第一节　推进海洋环境跨区域法治体系建设

改革开放以来，我国海洋生态环境保护法治经历了光辉发展历程，从起步发展到不断完善，再到今天的海洋生态文明建设战略，发展脉络尤为清晰，发展成果也颇为丰富。但不可否认，在构建“海洋命运共同体”的过程中，各国和国内各参与主体要真正达成海洋利益的共识，需要在共同发展中寻求各方海洋经济利益的最大公约数。因此，我国要不断切合自身的发展现状和具体国情，在兼顾他国利益的同时，尽快构建符合新形势下的法治体系，坚持科学立法，完善法律体系，加强执法力度，建立联动机制，深化陆海统筹，严格公正司法，贡献中国方案，普及全民守法，厘清政企责任，鼓励公众参与，建设具有中国特色的海洋生态环境保护法治体系。

一　海洋生态环境跨区域法治体系的构建

习近平总书记在中国人民解放军海军成立70周年之际指出，“海洋孕育了生命、联通了世界、促进了发展。我们人类居住的这个蓝色星球，不是被海洋分割成了各个孤岛，而是被海洋连结成了命运共同体，各国人民安危与共。”海洋命运共同体理念的提出对反思我国海洋生态环境法律理论基础，完善海洋生态环境法治体系提供了重要的指导。

（一）海洋命运共同体理念引导海洋生态环境法治理论革新

海洋命运共同体是从“天人合一”的角度、从人与自然、海洋一体的视角反思如何保护和利用海洋和海洋资源，以促进可持续发展。在构建“海洋命运共同体”的过程中，要树立共同、综合、合作、可持续的新海洋安全理念[①]。一方面海洋不仅仅孕育了生命，而且人类生存的环境也由海洋提供和调控。另外一方面，海洋也是最主要的国际贸易和运输的通道，大航海时代以来，是海洋将人类居住的家园连接成地球村。但是，当前由于捕捞能力急剧增强以及工业污染、生活排污等因素影响，沿海水域恶化加剧、渔业资源严重衰退，海洋环境与气候灾害问题等日益严重。构建海洋命运共同体，就是应当超越人类中心主义的传统利用海洋模式，从永续发

---

① 侯昂好：《“海洋强国”与“海洋立国”：21世纪中日海权思想比较》，《亚太安全与海洋研究》2017年第3期，第42—52页。

展、人海和谐的视角均衡、全面地认识海洋，强调要把天地人统一起来、把自然生态同人类文明联系起来，按照自然规律活动，取之有时，用之有度，这是我们思考我国海洋生态环境法治理论革新的重要起点。

新中国成立后至改革开放之前，我国对海洋生态环境问题重视不够，因此与海洋生态环境保护相关的法律法规也较为缺乏。改革开放以后，随着《联合国海洋法公约》的出台以及我国海洋事业的不断发展，海洋生态环境问题也随之不断涌现，因此，海洋生态环境法治工作也得到了重视。至今，我国的海洋环境法治建设大致可分为起步阶段（1978—1998 年）、发展阶段（1999—2011 年）以及深化阶段（2012 年—至今），总体上实现了从重近海污染防治到海洋环境保护的系统化、集成化推进，法治体系建设也取得了突出成效。1982 年，我国制定了《海洋环境保护法》，开启了中国有史以来海洋环境保护法律制度的先河，2001 年制定的《海域使用管理法》、2009 年制定的《海岛保护法》以及《渔业法》《海上交通安全法》等构成了现有我国海洋环境的国家立法体系，同时，相应的海洋环境综合化执法体系基本构建，海洋司法制度创新不断，海洋生态环境治理的社会参与机制逐渐形成。2018 年国家机构改革后，《海洋环境保护法》正加紧修正完善，以求更加适应时代进步和形势发展的需要[①]。随着经济全球化和海洋开发能力的提高，海上传统和非传统安全、气候变化和生态环境跨区域问题压力增大，伴随着建设中国海洋强国战略目标的提出，传统的海洋生态环境法律制度大多数过于原则性，执法力量过于松散、执法范围涉及面不广、海洋环境的处罚力度不够等问题造成了我们海洋生态环境法治建设的困境。

---

① 全永波、石鹰婷、郁志荣：《中国参与全球海洋生态环境治理体系的机遇与挑战》，《南海学刊》2019 年第 3 期，第 73—80 页。

（二）海洋命运共同体视野下海洋生态环境法治体系建设的基本原则

“海洋命运共同体”的指导原则与人类命运共同体一脉相承，海洋命运共同体视野下的海洋生态环境法治体系建设是国家治理能力和治理体系建设在海洋领域的重要体现，要从完善制度、优化体制、遵从生态等视角体现海洋命运共同体的理念。

第一，遵循环境正义理念和环境民生原则。海洋生态文明是习近平生态文明思想的重要内容。在经济发展过程中，由于经济社会主体在追求利益最大化过程中必然存在对环境的毁损，只有建立公平公正的环境制度才能合理协调人与人之间在生态资源占有、使用和分配上的矛盾利益关系，实现环境正义①。海洋命运共同体就要求海洋治理的多元主体实现海洋和谐共生，促进人类构建社会公平公正秩序，追求永续发展。关注环境发展必须考虑民众的生存和发展的可持续性，追求“生态优先，绿色发展”“绿水青山就是金山银山”中包含海洋生态文明建设的民生需求，提出了对海洋生态环境治理的终极目标和归宿。对海域各种开发过程中需要进行统筹兼顾、综合平衡，在一些关键性的海洋资源利用中，以不破坏生态和环境为重要的评判标准，使各种资源的有关价值都能得到或保证利用的机会。

第二，推进海洋可持续发展，遵循包容性海洋治理原则②。中国作为一个快速发展中的海洋利用大国，同时又是海洋地理相对不利国，科学的海洋治理模式对于中国未来的可持续发展意义重大。习近平总书记2018年5月18日在全国生态环境保护大会上的讲话中所指出，“生态环境没有替代品，用之不觉，失之难存”。生态环

① 王雨辰：《习近平生态文明思想中的环境正义论与环境民生论及其价值》，《探索》2019年第4期，第42—49页。

② 郑志华：《中国崛起与海洋秩序的建构——包容性海洋秩序论纲》，《上海行政学院学报》2015年第3期，第96—105页。

境的破坏在许多领域是悄无声息的，但后果却是残酷无情的。如果人类合理利用、友好保护海洋，海洋的回报常常是慷慨的；但当人类无序开发、粗暴破坏海洋时，海洋的惩罚也是无情的。海洋命运共同体理念启示我们，人类发展与海洋紧密融合，人类对海洋的伤害最终会伤及人类自身，这是无法抗拒的规律。因此，海洋生态环境法治体系的构建应提倡包容性海洋理论，推进实现更合理、公平的海洋资源分配，在法治框架下实现海洋财富可欲求的最大化，以维护绿色、安全、可持续发展的海洋生态环境为目标制定和完善海洋生态环境立法体系[①]。

第三，完善“陆海统筹”机制，遵循海洋生态学原则。从自身角度而言，海洋本身是一个统一的、循环的生态系统，海水的流动性特征使得整个海洋环境成为一个流动的、循环的整体，因此，对海洋局部环境的破坏必然会对整个海洋生态系统产生不同程度的影响。在海洋活动中，必须充分注意自然界诸多因子之间的关联性，将海洋开发利用的规模和强度控制在正常生态系统维持的允许范围之内，避免出现对海洋生态环境造成过重的负担和超出海洋生态系统自净能力、自我修复能力的情况。海洋生态原则体现在实践上，就需要将海洋资源的开发、利用和保护作为一个系统实施，党的十九大报告提出要以“陆海统筹”推进海洋强国建设，我国现行海岸带地区陆海管理的分散性和衔接不畅的体制已落后于现代陆海统筹管理的要求，也是当前我国陆海开发与保护管理中诸多矛盾的根源之一[②]。我们应当积极探索研究完善陆海统筹、区域联动的海洋生态系统保护修复机制，放眼全局对海洋资源进行综合管理，统筹考虑海洋生态环境治理与陆域生态环境治理的系统性、联动性，以达

---

① 郑志华：《探索中国特色海洋新秩序之路》，《法制日报》2015年2月17日。

② 潘新春、张继承、薛迎春等.：《“六个衔接”：全面落实陆海统筹的创新思维和重要举措》，《太平洋学报》2012年第1期，第1—9页。

到生态环境系统整体最优化。

（三）海洋命运共同体视野下海洋生态环境法治体系的构建

作为海洋大国，我国面临着许多与世界上其他海洋国家相同或相近的治理问题。因此，要从海洋命运共同体的视角，以完善海洋生态环境治理体系，提高治理能力现代化为目标构建科学的海洋生态环境法治体系。在海洋生态环境法治体系构建过程中重点要突出立法的科学性，执法的保障性、司法的实施性和守法的全民性，并以此推进海洋生态环境法治体系的构建。

1. 依据海洋生态原则构建立法体系，按照环境正义原则完善海洋环境制度。海洋根据其特定的区位、自然资源以及自然条件可以划分为不同区域，这些不同的区域构成了海洋区域的自然属性。海洋管理部门应根据各海域特定的区位条件、自然环境、自然资源、开发保护现状以及经济社会发展的需要，按照海洋功能标准并按照不同使用类型和不同环境质量要求设立功能区，立法部门按照功能区设置进行海洋生态环境立法，形成基于海洋功能的立法体系，有助于保护和改善海洋生态环境，促进海域的合理开发和海洋经济的可持续发展的。我国在海洋事业发展过程中，根据地方经济社会发展的不同需要，结合海洋自身的生态环境系统的特殊性，设置了不同类型的海洋功能区，如海洋自然保护区、海洋特别保护区、海洋公园等，具体可包括：港口航运功能区、渔业资源利用和养护功能区、矿产资源功能区、旅游功能区、海水资源利用功能区、海洋能利用功能区、工程用海功能区、海洋保护功能区、特殊利用区和保留区等[①]，并根据这些不同的功能分别立法，如“港口法”“海上交通安全法”“渔业法”“海洋资源法”“海洋旅游休闲

---

① 王印红、刘旭：《我国海洋治理范式转变：特征及动因》，《中国海洋大学学报（社会科学版）》2017 年第 6 期，第 17—24 页。

法”[①]，诸如此类。

海洋环境立法过程中还需要完善相应的环境制度。环境正义原则要求完善海洋自然资源的产权制度，明晰海洋相关领域的所有权、用益物权等权利归属，进而明确责、权、利关系，实现自然资源分配和使用的环境正义。同时，进一步完善海洋生态环境的利益补偿机制，这种机制基于环境民事公平性原则设定，在实施范围上包括跨海陆、跨流域和跨海域之间的补偿，由污染排放实施者作为补偿实施主体。

2. 按照陆海统筹、生态整体性要求构建执法体系。习近平总书记在党的十九大报告中提出了“坚持陆海统筹，加快建设海洋强国”的战略布局，2018 年 5 月 18 日，他在全国环境保护大会上也提出了“统筹兼顾”的理念。因此，基于海洋命运共同体的视角，海洋生态环境的执法体系应当将陆海统筹理念纳入其中。多项案例证明，单一的海上防护措施无法解决我国海洋环境的根本性问题，要解决海洋生态与环境问题，就必须要尊重海洋生态系统的整体性，从传统的海洋环境与生态保护法治体系进行改革创新。在执法过程中只有体现陆海联动机制，在已有的生态环保统一执法机构和队伍的基础上，施行统筹规划、多层次、多边的综合治理，把陆域生态环境保护与海洋生态环境保护问题协同起来，才能有效解决海洋生态破坏、环境污染等环境问题。在执法过程中，要强化对流域环境与近岸海域污染的综合整理力度，建立“海域—陆域—流域”的联动协调机制，不断加强对入海排污口的监管，提升海洋环境执法工作的效率。只有坚持陆海统筹的发展理念，才能不断推进我国海洋环境法治体系的建设，找到符合国情的统筹方式，我国海洋环境面临的现实困境才能得到有效解决。我国从 2018 年开始改革了

① 范金林、郑志华：《重塑我国海洋法律体系的理论反思》，《上海行政学院学报》2017 第 3 期，第 105—111 页。

环境执法体制，有利于陆域和海域执法的统筹性，但相应的法律修改如《海洋环境保护法》《海商法》等仍在进行，国家参与跨区域和全球海洋生态环境治理的执法协作机制仍存在不确定性。

3. 按照可持续发展原则完善司法制度和体系。我国司法体系包括机构体系和制度体系，法院和检察院作为传统司法机关履行包括海洋环境诉讼在内的司法职权，监察机关按照法律规定依法对所有行使公权力的公职人员进行监察，对我国海洋环境司法体系形成有力支持。海洋命运共同体理念要求实行包容性用海机制，司法制度的是完善就需要基于维护绿色、安全、可持续发展的海洋生态环境为目标。可持续发展原则下的海洋环境司法制度应有别于传统的司法制度，我国《环境法》《海洋环境法》《民事诉讼法》《行政诉讼法》等均对环境司法制度作了相应的创新，结合海洋命运共同体理念所需，海洋环境司法制度的完善包括：一是完善环境公益诉讼制度。环境公益诉讼制度是保护环境强有力的救济手段，构建起富有特色的海洋环境公益诉讼机制需要进一步明确公益诉讼的“国家队”和“民间队”，形成相互支持、功能互补的海洋环境公益诉讼体系，大力发展海洋环境保护社会组织、建立诉讼费用合理分担机制和缓减免机制等。二是完善海洋环境刑法制度。我国《刑法》污染环境罪未明确规定海洋环境的污染罪责，在 2017 年实施“两高”“关于办理环境污染刑事案件适用法律若干问题的解释”中虽“严重污染环境”的对象没有涉及海域，因海洋污染损害的评估难度很大、技术要求高，针对海洋环境单独设置污染海洋罪，这不仅是跟随国际海洋环境保护潮流的需要，更是解决海洋环境污染问题，更好地开发、利用海洋，发展海洋经济可持续发展的重要选择[①]。三是海洋环境保护行政执法与刑事司法之间的衔接。实现司法机关与

---

① 赵星、王芝静：《我国海洋环境污染犯罪刑事立法及司法存在的问题及其应对策略》，《中国海洋大学学报（社会科学报）》2015 年第 4 期，第 65—71 页。

行政执法、行业管理等部门的数据共享，加强与海关、港口、海事等部门的协作会商，以及时发布风险预警，发现犯罪线索，提升海洋环境污染防范打击效能。四是实施多样化海洋生态环境修复责任，包括赔偿责任和行为责任①，主要可有司法判决进行支持，实际由专业机构完成修复。

4. 体现环境民生、促进公众参与的原则构建守法体系。“海洋命运共同体”理念中包括“海洋环境安全共同体”，海洋环境既是国家发展的需要，更是社会民生的需要，公众参与是海洋生态环境保护的法律实施的一大推动力量。一方面，公众作为海洋环境保护的维护者和监督者，可以及时发现海洋污染的行为，更加清晰地了解到海洋环境的污染状况和污染程度，直接参与到海洋环境污染的治理和防护过程中。另一方面，公众也是环境良好的受益者，公众的个人行为也可能成为海洋环境污染的主体之一。例如，海洋微塑料垃圾现象。因此，完善海洋生态环境的守法体系，要充分调动公众的积极性，使其不断参与到海洋生态环境保护中来，不断加大信息宣传，让公众能在第一时间掌握环境污染信息，参与的内容除了对污染治理决策制定之外，还应体现在对海洋环境的监督工作中，让公众能知法、守法。除了提高公众参与度外，守法体系的构建还要不断明确各个负责海洋环境保护事项主管部门的权利，建立明确的责任承担制度，确保在海洋生态环境受到破坏时能直接找到责任主体，将责任承担具体化，以增强法律的威慑力。

二 海洋环境跨区域治理的利益规则确立

学术界对区域的界定标准主要有两种：一是地理位置，二是语言文化等非地理概念。随着新区域主义在西方的兴起和发展，在其

① 徐以祥：《多样化海洋生态环境修复的司法实现》，《人民检察》2018 年第 10 期，第 46 页。

进而影响我国的区域规划进程的大背景下，对区域的范畴解读则有了新的发展，更加强调国家之间的互动，越来越远离地理邻近的原始意涵。建构主义强调，海洋区域的划分呈现出动态性，区域通常由一些有相同社会认同感的地区和国家组成，在海洋环境跨区域主体以利益为多元化架构的冲突背景下，区域主体利益规则的确定是环境治理有效性的基础。

（一）区域多元主体的集体理性为引领

奥尔森的集体行动理论提出两个维度，一是研究“搭便车”问题是否存在于小集团，认为“在交易成本为零时，集体理性可以由个人理性演变而来”这一论断仅仅适用于小集团（集体规模很小）的情况；二是研究成员足够多的大集团得出一个结论：成员在存在集体成员利益取向的一致性而非排他性时更愿意选择“搭便车”的方式体现对社会资本的依赖，而不会为了做出贡献提供集体产品，因为这样会得到更高的潜在收益。[①] 而各沿岸国家需要对海洋环境的跨区域治理采取协作的集体行动。实际上，各区域海洋国家不一定会将加强对区域海洋环境的改善和保护与促进本国经济发展、追求各自利益最大化同时进行，这样就会产生“囚徒困境”“公地悲剧”等集体行动困境。奥普尔斯（Ophuls，1973）认为：“由于公地悲剧的存在，无法通过合作解决环境问题……所以具有较大强制性权力的政府的合理性，是得到普遍认可的。”[②] 然而，跨区域海洋环境治理所涉及的这种跨区域除了包括一国内的跨行政管辖区域，也包括跨国界甚至跨越不同生态系统的海洋区域，以及不少区域性海域因环境污染的性质不同而形成“跨区域”污染的状态。因此，想要对海洋环境治理形成效果不

---

① ［美］曼瑟尔·奥尔森：《权力与繁荣》，苏长和、嵇飞译，上海世纪出版集团2005年版，第28页。

② ［美］埃莉诺·奥斯特罗姆：《公共事物的治理之道：集体行动制度的演进》，余逊达、陈旭东译，上海译文出版社2012年版，第11页。

可能只依靠强权政府的治理模式，良好的治理效能取决于三个变量：首先，治理主体权威分配趋向合理，超国家和全球社会两个层次具有相应的治理权威；其次，通过科学、政治和市场三环形成良性互动的治理主体；最后，国家层次的合作不仅存在，而且应该实现“跨国转型”。治理具有较好的效能需要在这些要点都具备的情况下实施[①]（如图9—1）。

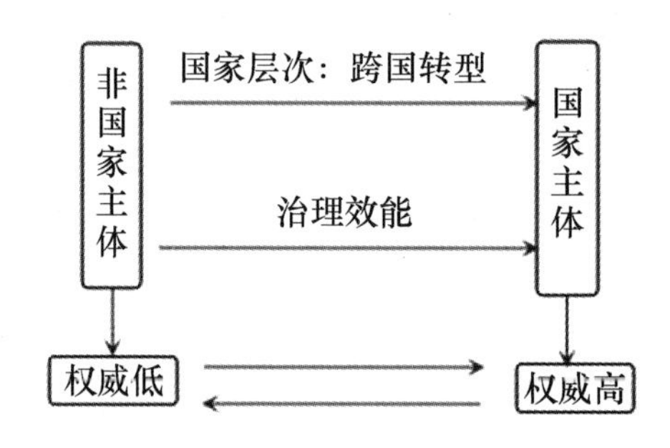

图9—1 区域环境治理效能图[②]

如何引导区域治理的集体理性，成为跨区域海洋环境治理框架制度化的最佳路径。奥斯特罗姆提出，社会资本理论可以寻找一种基本的行动途径，并且指引因文化、社会和制度因素而造成社会主体集体行动的缺失。实际上，社会主体的社会资本模式会在他们一起工作、生活多年以后，逐渐形成“相同的互惠模式和规范”。为了建立制度去解决公共资源使用中出现的困境，以及

① 杨晨曦：《东北亚地区环境治理的困境：基于地区环境治理结构与过程的分析》，《当代亚太》2013年第2期，第77—99页。

② 在区域环境治理的效能模型中，三个坐标轴分别为结构方面的权威分配，国家的跨国转型，以及过程方面的主体间合作。根据对当前全球和地区性环境治理实践的观察，可以发现：越是非国家主体的国际环境安排，在治理效能上往往越不成熟，如联合国气候变化框架公约（和东北亚地区的环境治理等）；反之，国家为主参与的国际环境安排，在治理效能上越成熟，如欧盟的环境治理实践。参见杨晨曦《东北亚地区环境治理的困境：基于地区环境治理结构与过程的分析》，《当代亚太》2013年第2期，第77—99页。

为了促使主体间有相同的归属感，社会资本会形成这种共通、通融的规范和观念。跨区域的海洋环境治理多数所涉及区域海洋之间的“集体成员”数目较少，并且大都将相同生态系统的区域性海洋作为载体，例如最多的如南太平洋区域也只有 30 多个成员国，而少的西北太平洋区域只有 5 个成员国。[①] 相对于各区域海洋国家所取得的总收益来说，虽然为保护区域海洋环境这些区域海洋国家之间采取行动需要付出代价，如信息成本、组织成本、监督成本与奖惩制度的实施成本等等，但这种成本是很低的。而且，在成本的分担方面，由于区域海洋的行动集团成员较少，互相之间比较容易达成一致意见，因而可以较易地说服或引导成员克服搭便车行为，也能较易采取符合成本—效益的集体行动，走出集体行动困境。[②] 这也大致符合奥尔森集体行动理论中提到的小集团更能形成集体行动的设想。

另外，各区域海洋的成员国之间在《联合国海洋法公约》生效实施后通过援助技术与交流信息加深了互相了解与信任，在很大程度上变成了利于区域合作的社会资本。为了实现区域海洋合作，降低区域海洋国家在海洋环境治理上的成本付出、减少不同效益的冲突，从而减少为跨区域海洋环境治理的集体困境，形成区域海洋环境治理的集体理性和行动，我们需要保证社会资本的存在和维系。因此，区域海洋环境保护与全球性环境治理制度相比，能在集体行动的基础上较大程度地实现养护区域海洋环境的立法目的。

（二）整体性治理理论框架下确定区域内要素的共同利益诉求

西方行政学界对新公共管理理论的对立性回应形成了整体性治

---

① 指中国、日本、韩国、俄罗斯、朝鲜 5 国。

② 李建勋：《区域海洋环境保护法律制度的特点及启示》，《湖南师范大学社会科学学报》2011 年第 2 期，第 53—56 页。

理理论，该理论主张用协调、整合和网络化的方法解决治理的碎片化问题。在整体治理理论背景下，若将海洋环境治理看做一个整体，那对一个整体进行一般性的或理论性系统研究的逻辑起点是它们的“目的”。无论是其中任何一个要素，实际上所有侧重于经济的组织大都以增进成员的利益作为目的，而海洋环境治理也是如此。因此，海洋环境治理的有效性取决于各要素治理目标的一致性，将可能碎片化的利益诉求进行整合、协调，进而用整体性的制度设计提升跨区域海洋环境的治理效果。同时如何将区域内要素的各自利益整合为共同利益诉求，在区域海洋间的多元利益主体如个体利益、群体利益、社会利益和制度利益等发生冲突时的利益平衡，也是区域海洋主体集体理性的另一层面的体现。

公共政策的必然价值取向对现代政府而言更关注“公共利益”。但实际上，多元利益主体之间的博弈随着多元利益格局的形成，公共政策制定一般将服从于这种格局，而政府和利益集团的利益在博弈中很可能取代公共利益。因此，为了规范各种利益诉求，形成平衡的利益格局，建立和完善利益的表达机制、约束机制和均衡机制，我们需要分析政府公共政策所面对的利益诉求。提供公共平等的公共服务需强调以合作为基础的社会参与，它也是政府的重要职能之一。针对海洋环境治理的外部性，政府应加强引导和激励，不仅要提高环境治理的效率，还应促使企业实现环境行为外部性的内部化。一方面，海洋环境治理是一个动态的持续发展的过程这是政府首先要明确的，同时还应该丰富激励手段，加强激励力度，切实提高企业参与海洋环境治理的积极性；另一方面，要将管理者角色与服务者角色相互转化，通过多种政策手段，支持引导行业协会或企业联盟的自觉环境治理行为，促使其承担社会责任，关注生态环境、自然资源和环境伦理，从而真正实现区域环境治理多主体、多层次的共同参与。

由于企业的目标是最大的经济效益用最小的代价取得，导致了较少考虑环境治理的公共效益。而海洋环境治理中企业参与的囚徒困境正是因为和集体理性的冲突，即便投入资源进行海洋环境治理能带来更高的收益，但基于自身利益最大化考虑，选择“搭便车”仍旧成为最优策略。由于行政管制缺乏激励性和灵活性以及企业缺乏改进自身环境行为的主动性，导致企业逐渐被摒弃。一定程度上经济工具突破了强制性手段的局限，但由于政府不可能拥有可实现帕累托最优的相关全部信息，也难以明确企业的边际收益或边际成本，再加上激励的成本较高，导致了执行效率较低。在广泛的社会参与基础上进行环境自觉行动，从长远战略角度出发，引导企业改变自身的环境行为模式，重视企业环境行为的自觉性和主动性，让企业认识到主动从自身出发保护海洋环境是有利于企业长远发展的，这将有助于实现个体理性与集体理性的统一。对于社会组织和公众而言，这两者的目的可认为是为了整个社会更好的发展，保护海洋环境从而带来良好的居住环境，避免海洋生态破坏等问题危害人类生存。

因此，为海洋环境治理中各要素间共同的利益诉求应确立整体性治理理念，即维护海洋环境以维持人类可持续发展为目的，在此基础上确立一个统一的制度体系。由此可见，无论公众社会、组织、企业或政府，在未来的发展规划中，当面临海洋长远利益与现时利益的权衡时，都应以长远利益作为目的，规范约束自己的行为，提高社会责任感。对于区域海洋内的环境治理要素，需要形成相应机制才能使利益诉求达到一致性。

（三）完善我国区域海洋治理中的利益层次关系

不管是国家还是个人，都要面临改善生存方式和维系生存的相关问题。此外国家行为和个人行为之间，时常只隔着一层面纱。不同主体之间争夺或争取资源的矛盾也是由人与自然之间

“供”“求”的紧张关系演化成的，除此之外，还可以演化成国际社会上为各国所主张的经济主权以及由之而带来的各种权利的矛盾关系。只不过，第一对矛盾关系相对于第二对矛盾更具有基础性，第二对矛盾则是由第一对矛盾衍生出来的。追本溯源，前述所谓的矛盾关系，仍然是利益之争。在不同场合将这两对利益冲突关系披上不同的外衣后，便游荡在国际社会的每一个角落中。而海洋治理制度的产生、发展和消失，也必然要受到这两对矛盾关系的左右。法律和政策所要面对的主要问题就是如何解决管理领域中的这两对矛盾利益的冲突。在制度设计中，以利益为切入点，利益既是人们思考的起点，也是人们思考的终点，在对海洋治理制度蕴藏的矛盾关系利益之争进行回归其本性的分析时，有助于我们看清制度的原貌。

当二者出现冲突时，哪一种利益更优先呢？换句话说，社会公共利益与个体利益的二元结构中应该如何看待层次问题呢？在现代社会中，不能为了保护一种利益而牺牲社会公共利益，相反这是一个常识，社会公共利益直接影响着社会的健康发展，更应优先受到保护。同样，如何发展制度利益呢？根据什么判别该法律制度的制度利益是否有维护的意义呢？无论是对现实法律制度提出完善和改进的价值主张，还是对既存的法律制度提出价值评判，都应该从维护社会公共利益的要求出发，除了特别要处理好制度利益与社会公共利益的关系之外，还应考察利益层次结构中的法律制度。当社会公共利益能够被制度利益较好地体现时，就不可以破坏该制度利益；但是当社会公共利益不能被制度利益反映时，就应该勇敢地打破它，而不是保护它。

应在制度利益和社会公共利益综合考量中对海洋治理的制度设计进行评判。又因为利益主体的利益需求是具有无限性和多样性，而海洋这一利益客体资源也是各利益层次要面对的，内容又是十分有限的，因此就必须要在有限的利益争夺中使两者达到平衡。为提高海洋经济的竞争能力，在平衡海洋上的各利益相关者之间的海洋权益之争的基础上寻求区域内共同效益的发展形成了区域海洋管理下的合作治理。努力寻求区域内政府之间的竞合博弈的关系是区域海洋合作治理的基本路径，主要表现为以下关系的处理：区域国家之间共赢互利关系、上下级政府之间的相互信赖关系，政府与企业、涉海组织之间的合作关系。

第一，区域内形成政府之间的竞合博弈关系。

区域内政府在海洋治理过程中，合作和竞争两者是不可分割的整体，有合作也有竞争，在合作中竞争，在竞争中求合作，通过合作与竞争可以促进海洋治理的共同发展。区域内政府博弈竞合的着眼点是提高海洋上的经济实力，在一个相对稳定和渐进变化的海洋治理关系中获得较为稳定的发展环境，使区域内政府在海洋产业做大做强的基础上有可能得到比之前更多的海洋治理利益。增强竞争的综合实力，实现各地区优势要素的互补，并将之作为竞争战略之一加以实施，从而促成各政府建设和发展各自的实力地位是区域内政府竞合的实质。

第二，区域国家之间寻求共赢互利关系。

随着经济全球化的发展，为了共同的政治和经济利益，国际生活中的重要组成部分也逐渐包括了国与国之间的区域性经济合作。为了国家海洋利益的需要，在区域海洋治理中各国都在寻求共赢互利的局面。事实上，在以共同的利益为视角的条件下，各国之间共赢互利局面是有可能的。如 1979 年 6 月，我国通过外交渠道正式向日本提出的设想——共同开发钓鱼岛附近资源，首次公开表明了我国为寻求一种互利共赢的局面，同周边邻国之间愿以“搁置争议，共同开发”的海洋治理模式解决领土和海洋权益之争的立场。

第三，上下级政府之间建立相互信赖关系。

我国在当前的海洋治理体制中依然把中央政府当作海洋决策的核心主体。地方政府尽管掌握了不少海洋信息资料，但往往会按照要求将海洋管理中出现的问题层层上报，被动地在请求中央政府的指示后按照其指示的内容最终由中央政府也就是这个单一主体实施海洋治理应对。正因为此，通过中央的单方决策来决定区域海洋事务存在较大的弊端，这是对中央和地方在海洋决策信息上的不对称缺少沟通造成的，因此作出的决策有时也存在瑕疵。上下级政府间应建立一种相互信赖机制，可以基于彼此直接相互的信任、信息互通、权力重构等机制来实现。同时，为了达到一定的海洋治理的目的，中央适当放权给地方政府的一种错位决策机制也是有必要的。

第四，加强政府与企业、涉海组织之间的合作关系。

由于所承担的社会角色和追求的目标不同，政府与企业、涉海组织等非政府组织长期处于对立当中。在区域海洋治理中，政府作为公共利益的代表，必然以社会效益为第一位，而涉海企业等非政府组织从事某种海洋行为往往从自身利益最大化出发，常常是为了追求自身经济效益的最大化。达成伙伴关系，共同合作，实现海洋治理的目标是两者利益冲突的解决途径。为了实现多元主体共同参与海洋治理的模式，要求政府广泛听取社会团体、公众及专家的意见，在区域海洋治理过程中提高其他公众和社会组织的参与积极性。为了提高合作效率，在地方政府与社会组织、企业各种各样可合作的方式的前提下，需要调查国情，结合各地特殊情况调查合作可能性，确定重点的合作内容和领域。

对于国家和社会来说，海洋治理领域所涉及的各层次利益都应该是不可缺少的权利，通过承认国家和社会利益否定个体权利的存在是不可取的，这只会与制度价值背离，形成否定社会的基本价值理念。在利益层次面前，国家主权利益主要是通过国家所有权及其他国家利益体现的，任何其他权利都应予服从，因为其权利利益是最高的；但在海洋治理制度设计上，国家海域所有权应该从以上观点重新审视，在行使治理权限时兼顾海域使用者的个体利益和部分群体利益。

第二节　国内海洋环境跨区域治理的制度完善

由于海洋环境因其自身的公共性、跨国界、跨行政区域等特点，在进行海洋环境治理时一定要考虑到整个社会的利益，当然也要考虑到本国本地区的利益。国内海洋的跨区域治理是为解决我国海洋环境管理中的部门分立、多头管理及数字信息化发展不完善等现实问题，应坚持以协调和整合为中心的整体性治理理论。

一　建立政府“元治理”的海洋环境治理制度体系

治理理论强调元治理即重新定位政府的角色，倡导网络管理体系，重视社会管理力量的多元化，但在治理理论中公民社会和市场的作用被过高估计，因而在现实和实践中的应用效果并不理想，也没有理论界想象得那么美好。所以很多理论家开始反思，美国著名的社会理论家福山提出：“尤其对于广大的第三世界国家而言，治理相对于国家建构也许没那么重要，自组织治理相对于一个强有力的国家也许没那么重要。”[①] 而“元治理”就是对治理理论的完善和修正。

“元治理”与“治理”理论相比，最大的区别就是“元治

---

① 郁建兴：《治理与国家建构的张力》，《马克思主义与现实》2008 年第 1 期，第 86—93 页。

理”在强调社会治理重要作用的同时强调政府（国家）的作用。杰普索指出：“虽然治理机制可能获得了特定的经济、政治、技术和意识形态职能，但国家（政府）还是要保留自己另行建制的权力和对治理机制开启、关闭、调整。”[①] 政府作为国家在海洋环境治理的代表机构，其“元治理”的角色不可取代。理由包括：其一，在海洋环境跨区域治理中，海洋区域中的领海、内水、专属经济区、毗连区等均由国家享有所有权，在管理过程、权益维护中政府或军队行使管理者或所有者的职责，并被法律、社会确认；其二，中央政府在涉及国家之间的海洋治理关系中，也是代表国家治理角色主导海洋治理关系，并进行具有法律后果的决策、协调与合作；其三，海洋环境治理的对象包括海岸带、港口、航道、养殖水域等，海洋在多数情况下无法通过占有方式固定为某一特定主体所有。因此在海洋治理中，为了避免成为非国家主体开发海洋释放污染物的“公地”，政府理应充当“兜底”管理的角色。由此，“元治理”将碎片化治理演变为整体性治理，不仅能体现政府在海洋环境治理的主导或引导作用，还有助于提高跨区域海洋环境治理的效果。政府的“元治理”需要通过一定的制度体系建设形成治理框架。政府的一个核心功能是在整体性治理模式中提供制度资源，有明确的制度安排和制度设计，使各个治理主体的行为有章可循。

近年来，我国在海洋生态文明实施方案中提出要发挥企业和海洋环境保护组织的社会参与作用。在内涵上整体性治理理论也包括公民、企业、社会组织、政府等多元主体的上下互动，它作为参与者或主持者为区域海洋环境治理提供相应的条件协助，并参加规则运行、政策制定。跨区域的海洋环境治理应是在政府主

① 王诗宗：《治理理论的内在矛盾及其出路》，《哲学研究》2008 年第 2 期，第 83—89 页。

导下的治理互动，在各层面上国家有义务主导和引导跨区域的海洋治理行动。政府间治理机制的构建是海洋环境治理在国内行政区域之间的重点，而海洋环境保护在国家法律中是一种社会义务，如《海洋环境保护法》第四条规定："一切个人和单位都有保护海洋环境的义务，并有权对污染损害海洋环境的个人和单位，以及海洋环境监督管理人员的违法失职行为进行检举和监督。"因此，在海洋环境治理过程中，"一切个人和单位"与政府的合作或是沟通同样为法定义务。

建立政府为主导、其他社会主体参与制度规则制定和行使，确定相应的义务权利，外化为海洋环境治理的行动规范，形成其他要素和政府间的合作沟通机制，是作为跨区域治理机制建设的制度化的基本过程。具体应在《海洋环境保护法》等立法修订上明确相应规则，形成政府"元治理"的海洋环境治理体系。

二　完善海洋环境立法体系

虽然我国已形成较完备的海洋环境管理法律体系，已经颁布了《海洋倾废管理条例》《海洋环境保护法》《海洋石油勘探开发环境保护管理条例》《防治海洋工程建设项目污染损害海洋环境管理条例》等相关法律法规，但是现在通用的法律法规还是有较多不足和缺陷。如《海洋环境保护法》第九条第二款规定："跨部门的重大海洋环境保护工作，由国务院环境保护行政主管部门协调；协调未能解决的，由国务院作出决定。"这可以看出现有法律法规对中央及地方政府协调机制的适用范围，跨部门、跨区域冲突以及其职责的解决，海陆两部分保护环境关系以及责任追究机制等方面都没有明确的规定。因此，针对现行法律规定存在的不足，需要制定与完善区域海洋环境治理相关的法律体系。

第一，制定《海洋环境污染治理法》。目前，我国的海洋环境保护法体系中尚未有海洋环境污染治理方面的专门立法,《海洋环境保护法》涵盖了海洋环境管理、生态保护等几方面的内容,跨区域治理污染的条款比较笼统和抽象,关于环境污染治理的基金制度等相应的具体措施不够健全,因此应在《海洋环境保护法》的基础上,从海洋环境污染治理立法体系方面入手,加快出台海洋环境治理的专门法,形成从法律到部门规章的一系列完备的海洋环境污染治理法律体系。此外还应该制定相配套的法律法规,如制定《中华人民共和国信息公开法》等。[①]

第二,出台《海岸带管理法》等综合管理法律。我国海岸线长达34000千米,传统的建造港湾、增养殖、污染物排放等岸线利用方兴未艾,围海造地、挖砂等新型的开发利用海岸带的势头越来越猛。同时,重叠和交叉开发利用的现象越来越多,开发利用者与管理者,以及管理者与管理者之间的矛盾和纠纷时有发生,甚至发生冲突。为保护海洋环境和生态平衡,使海洋资源可持续利用,维持生产和生活正常秩序,加强海岸带使用管理势在必行,尽早制定我国的《海岸带管理法》已经刻不容缓。

第三,制定专门的海洋防灾减灾法律。在我国目前已有的海洋法律中,涉及行业管理,规范用海行为,维护海洋秩序,保护海洋环境和生态平衡的法律比较多。但是涉及海洋灾害防范以及救助方面的立法比较少。我国处于海洋灾害频发地区,台风、海啸、地震、冰冻等海洋灾害时有发生,人民生命财产遭受严重损失,如何防范和抢险救灾,将损失和危害降到最低限度已经成为管理者必须思考的问题。因此,作为一个负责任的大国,将海洋防灾救灾领域的立法尽快提到议事日程上来是必然的趋势。

第四,完善海洋环境污染的刑罚制度体系。在海洋环境污染的

---

① 吕建华等:《整体性治理对我国海洋环境管理体制改革的启示》,《中国行政管理》2012年第5期,第19—22页。

刑罚体系中财产刑在我国并没有得到重视，资格刑等其他刑罚基本处于空白状态，仍然以自由刑为主。因此，调整我国海洋环境的刑罚结构成为完善我国海洋立法的重要一步。应提高惩罚力度，在海洋污染犯罪的刑罚中大规模引入财产刑，尤其对主观过失的量刑要加强财产刑力度，并扩大其使用范围。学习西方国家立法经验，立足我国实际情况，建立多种刑罚相互配合的刑罚体系，我国海洋环境刑罚体系应将资格刑等刑罚辩证地引入。

第五，确立海洋环境责任的归责原则为严格责任原则。严格责任原则源于当事人之间的合同关系，意味着在违约行为发生以后，非违约方不必证明违约方主观上出于故意或过失，只需证明违约方的行为已经构成违约。当前我国环境污染责任适用过错原则或过错推定原则，也就是“谁污染谁治理”的原则，这个原则很难找寻到其他相关责任方，只能查找到污染的直接责任方。尤其在海洋环境污染的跨区域治理中，存在跨行政区域、跨功能区污染，跨海洋国界、陆地污染等情形的跨界污染，通过行政机关很难调查证明相关主体的所有过错性。海洋环境责任以资格、财产或声誉等惩罚来承担责任，因为它是作为民事责任或行政责任的承担，考虑到责任分摊的公平性，确定严格责任原则即由当事单位证明与污染结果的关联性，有利于提高涉海企业或公众的责任意识，使其从保护自身以及避免惩罚角度考虑而减少海洋污染行为。

三　完善海洋环境跨区域治理的相关制度

第一，完善海洋海域产权制度，建立职能部门的权力清单。

在我国海洋环境管理体制中，虽因机构改革使海洋环境的管理部门和执法机制逐渐综合化，地方上的机构和机制改革也在2019年完成，但海洋环境管理的政府间分工仍没有完善，除了生态环境部门外，自然资源、海事、军队、港航等职能部门的合作将是长期存在的问题，政府间协调机制的制度化基础需要形成两个制度架构：一是海洋资源产权制度的完善，加强对滩涂和海域等海洋资源的确权登记，建立归属清晰、权责明确、保护严格、流转顺畅的现代海洋资源资产产权制度①；二是权力清单的落实，将政府部门的职责权属进行完善，公开发布。以上两项制度已经在全国沿海得以推进，但政府间协调机制的制度化存在上下级政府间的权力清单落实，跨行政区政府间协调机制落实，本行政区政府部门间管理清单落实等问题，可能无法迅速地通过当下的机构改革完成协调机制的制度化，需要在《海洋环境保护法》等立法中规范和完善。

我国的海洋空间随着用海强度提高和用海规模扩大面临开发不平衡、开发方式粗放、生态系统受损较重、环境污染问题突出、资源供给面临挑战等诸多问题和严峻挑战。海洋功能区的划分，是针对不同的生境条件下对环境保护的需要②，也是对不同海域在海洋经济社会发展过程中功能发挥的需要。各国均对邻近陆地海域划分了不同的功能区，重点根据功能区划分考察海域环境资源承载能力，跨功能区的海洋环境治理的一系列制度建设，会基于这种能力不同形成相应的体系。

第二，实施主权海域环境治理的分类管理。

依据我国《专属经济区和大陆架法》《领海及毗连区法》，我国主权海域包括内水、领海、大陆架、专属经济区、毗连区，其中大陆架、专属经济区与毗连区的水域有重叠。内水包括湖泊、河流、领海基线内的海域，领海基线外 12 海里内的水域称为领海，其中领海基线内的滩涂、港口海湾等是陆地区域人类生产生活废弃

---

① 沈满洪：《海洋环境保护的公共治理创新》，《中国地质大学学报》（社会科学版）2018 年第 2 期，第 84—91 页。

② 《全国海洋主体功能区规划》（2015）将海洋功能区划分为优化开发区域、重点开发区域、限制开发区域和禁止开发区域四类。

物排放的主要承载地区，也是人类陆地经济活动的延伸。目前，该区域对海洋环境的承载能力很小，主要因为其自净能力差、海水流动性差。因此对于这个区域的治理就应该以保护为主，开发为辅。另一个空间就是大陆架以及专属经济区，范围为不超过领海基线200海里内的水域，其中毗连区是不超过领海基线24海里[①]的区域。大陆的自然延伸形成了大陆架，专属经济区与大陆架上覆水域的海洋环境是重叠的。大陆架以及专属经济区与陆地有一定距离，由于海水流动性强，海域资源丰富，海洋环境的承载能力较大。因此，我国海洋环境治理应实行“内水、领海”和“专属经济区、大陆架”分类治理的模式，如将内水和领海跨功能区整体化形成“保护性开发”的治理模式，将专属经济区和大陆架作为“合理开发”的治理模式，对于我国构建跨功能区域海洋环境保护制度有积极意义。

第三，实施陆源污染物排海总量控制制度。

长期以来造成海洋环境问题的重要原因就是排海的陆源污染物。海洋环境治理制度化的主要内容将包括海域与陆域的跨区域环境治理。在具体修订环境法律时，按照陆海兼顾、河海统筹的原则，把排污总量控制纳入法制化、程序化轨道的要求，制定以海洋环境容量确定陆源入海污染物总量的管理技术路线，建立陆源污染物排海总量控制制度。在调查研究的基础上，测量计算各海域环境容量，确定每个海域可以容纳的污染量和陆源污染物排海的减少量，控制和削减陆源污染物排海总量，制订各海域允许容纳污染量的最佳优化方案，要多方面实行排污许可证制度，使陆源污染物排海管理定量化、制度化、目标化，为实现海洋环境保护的理性管理奠定基础。

---

① 全永波：《海洋法》，海洋出版社2016年版，第27页。

在现实实施路径上，应重视沿海工业污染海域环境，并对其进行控制和及时防止。在加大的环境压力以及快速发展的沿海工业的条件下，政府应该采取更多措施去逐步完善沿海工业污染防治。一是发展循环经济，转变经济增长方式，使调整产业结构和产品结构。二是按照“谁污染，谁负担”的原则，对污染物进行专业处理和就地处理，彻底阻止未经处理的工业废水直接排海，在工业污染源中，更要严禁有害有毒产品排放。三是严格执行“三同时”制度①，加强监督沿海企业环境管理和环境影响评价。四是将传统产业的生产流程和工艺用高新技术进行改造，同时加强重点工业污染源的治理，将清洁生产推行到整个生产流程，减少工业废物产生的量，增加对工业废物的再次利用。五是实行排污许可证制度和污染物排放总量控制，将削减后污染物排海总量指标落实到各个排海企业，做到有计划地减少污染物排放总量。

第四，确定重点污染源管理制度。

制订有毒化学品泄漏和海上船舶溢油应急计划。为了防止、减少突发性污染事故发生，应建立应急响应系统，制定港口环境污染事故应急制度。国家海事行政主管部门依据《海洋环境保护法》制订了《中国海上船舶溢油应急计划》。

对海岸工程建设项目和陆源污染物的监督进行完善管理。在努力发展城市污水集中处理设施的同时，也对沿海城市重点污染源进行了治理，对环境建设起到了促进作用。对海岸工程建设项目和陆源污染物通过监督管理，大幅度削减陆源性污染物对海洋环境的污染，并实现限期削减污染物排放总量和改善环境质量的目标。

---

① “三同时”制度是中国出台最早的一项环境管理制度。《环境保护法》第四十一条规定：“建设项目中防治污染的设施，应当与主体工程同时设计、同时施工、同时投产使用”。《劳动法》《安全生产法》等法律法规也明确了“三同时”制度。

第三节　跨国际海洋环境治理的制度化

海洋的跨国家区域是全球范围内海洋分布的主要状态，一是单个国家海域发生的环境污染由于海域的相通性可能影响到邻近国家，二是区域海洋和大洋的周边存在多个国家，因此目前海洋治理的主要难点将是海洋环境的跨国治理及制度化。而区域海洋的跨国治理又包括两类：一是跨越“区域海”的环境治理，二是相同生态系统“区域海”内的环境治理。由于治理的基础不一致，所需要构建的理论支持和制度化路径也不一致。

一　完善“区域海”框架下海洋环境治理的制度

从20世纪70年代开始联合国就提出了“区域海”概念，它的核心内涵是将区域利益作为环境利益多元化的一部分，防止因变化的利益而破坏海洋环境的无规则性。这一划定在跨区域海洋环境治理时优先考虑了区域利益，并及时进行了权利主张，切断了企业或个人主张“搭便车”式利益的想法，符合环境治理的逻辑基础。为了解决这一问题，联合国环境规划署规划的“区域海”中有18个海域，都有了各自详细且清晰的地理界域。[①]“区域海”直接将某区域海洋环境的规划做了分类并分别提出了治理要求，划定了该区域海洋环境的管理权。多年的实践看来，“区域海”的运作基本还是成功的。作为区域海的设计充分考虑了区域海以生态系统为主要特征的整体性治理的制度化问题。世界范围内的区域海均具有不同的海洋环境治理需求，故也有不同模式的治理制度设计。治理区域海环境的模式有三种：一是“单独协

---

① 钭晓东：《区域海洋环境的法律治理问题研究》，《太平洋学报》2011年第1期，第43—53页。

议”的分立制度模式，构建自己独立的法律法规体系解决不同的海洋环境具体保护问题，如“北海—东北大西洋”的治理模式；二是综合制度模式，如“波罗的海”的模式，6个沿海国都通过了《保护波罗的海海洋环境的赫尔辛基公约》，这一公约基于保护波罗的海整体性海洋环境，需要成立波罗的海委员会这一机构；三是“综合—分立”的环境治理模式，如地中海环境治理模式，但是因为沿海各国国情不同，通常要各方先在统一框架上制定公约，再各自签署议定书。①

“区域海”的不足在于推广的不全面性，或因对海域的所有权归属有争议，还有其他权利如航行权的权益博弈妨碍了“区域海”制度的实行。因此，为了改善跨国海洋环境污染问题，打破海域主权归属的争议，在跨国家管辖不明的部分海区尝试“区域海”制度，在海洋环境的国际合作上进行国家之间以及非政府组织间的合作，或邀请国际组织介入。

“区域海”的机制建设和实体性制度需要注意制度的环境、主体以及运行机制等方面的问题。区域海需要确定参加主体是否具有资格，在各主体参与的基本要求上有所涉及。“权威+依附”是整体性治理的要求，主要治理模式则是以政府为主导，所有社会主体共同参加的区域海洋治理。整体性治理必须通过建立法律法规或者订立条约方式才能将零碎的治理手段整合为一个完整的制度，以统一政府间具有法律约束力的行动。为了提高相关利益方参与治理的牢固性和降低多个海洋跨区域治理和合作的总成本，不论是跨职能组织、跨行政边界还是跨公私合作领域的任一治理过程，绝大多数行为都具有一定的连续性和长久性，需要有绝对约束能力的制度体系和规则框架。这种制度体系中完善或制定“区域海”制度的立法

① 姚莹：《东北亚区域海洋环境合作路径选择——“地中海模式”之证成》，《当代法学》2010年第5期，第132—139页。

是最为重要的，其主要的治理工具为国际公约、国内立法。如我国的《海洋环境保护法》第九条规定："跨区域的海洋环境保护工作，由有关沿海地方人民政府协商解决，或者由上级人民政府协调解决。"该条虽对跨区域海洋环境治理由上级部门协调或政府协商进行了限定，但还是存在着应该先"协商"还是先"协调"的顺序问题，海洋环境主体是否可以申请政府"协调"的权利等，均需要细化后可操作。另外，在实际操作过程中虽然治理这种行为是多元参与且倡导合作的，但往往会因为某些制度合理与否的原因或者利益分配矛盾等导致治理主体破坏合作关系和规则，这就需要有一个制度确定利益发展指数，如监察保障制度，此制度也可以评估跨区域海洋治理是否处于一种平稳健康发展的状态，来保障"区域海"制度的有效实施。[①]

二　推进跨"区域海"环境治理的制度化

区域海的建立往往考虑海洋生态环境系统的相似性、国家地理相近等因素，但联合国对区域海的设定显示较大的不对应性，形成区域海环境治理模式的差别。如波罗的海作为内海，沿海国家国情、国力相近，进而形成一致性的集体行动并制度化是可行的。而西北太平洋也划定为区域海则存在海域面积广阔、沿海国家差距很大。目前把俄罗斯、日本、韩国、朝鲜和中国作为区域海成员国，让虽然是内陆国的蒙古也享有《联合国海洋法公约》的剩余权利[②]，而作为西北太平洋有关联的美国却没有被纳入当事国之列。因此，如何完善跨"区域海"的环境治理问题又面临着成员国的参与模式以及

---

① 全永波：《海洋跨区域治理与"区域海"制度构建》，《中共浙江省委党校学报》2017年第1期，第108—113页。

② 《联合国海洋法公约》第五十九条规定了"剩余权利""不能偏向沿海国也不能偏向其他国家"，如在专属经济区保护海洋环境的管辖权是不明确而且界定不清的，属于专属经济区中的剩余权利。

如何制度化的考量。

因跨区域的范围已经超越了以生态系统为主要特征的治理框架，跨越的情形也各具有特殊性，用“强制度”已经不能涵盖这种情形，故整体性治理框架下的“弱制度”或软法框架构建为主要建设路径。考虑了市场、企业、国家等多元参与，跨国界的区域海治理仍需要以整体性治理原则，形成统一治理理念下的“参与＋合作”的模式。

第一，确立以整体性治理理论为指引的自主治理框架，确立“分立式”环境治理制度模式。

跨区域海的海洋环境治理由于超出了区域范围内的集体理性和集体一致行动的可能，唯一能够制约跨区域海的治理行动的只能是对全球具有约束力的国际公约，如《联合国海洋法公约》《斯德哥尔摩公约》等。虽在全球海洋污染和公海海床海洋资源的勘探、开发与利用、有害垃圾运输、动物迁徙等领域的治理确实取得了一定的效果。但是这种方案并不完美，如关于科威特区域海和东亚区域海的环境保护就很难适用全球性的、统一的环境标准，因为这两个区域海各自具有在洋流、地理、地质、经济等层面的独特性。同样，区域海洋环境因为不完善的全球性法律机制而无法被全面保护。[①] 一种较好的治理模式选择是适合整体性治理基础框架的自主治理，即“综合”基础上的“分立”环境治理制度模式。

“分立”式治理的理论基础是自主治理。自主治理源自多中心治理理论，即允许多个权力中心或服务中心共同存在，为了给予公民更优质的服务以及更丰富的选择权，将通过更多的协作与竞争，将搭便车行为减少，且决策的科学性提高。[②] 埃莉诺·奥斯特罗姆

---

① 李建勋：《区域海洋环境保护法律制度的特点及启示》，《湖南师范大学社会科学学报》2011 年第 2 期，第 53—56 页。

② 王兴伦：《多中心治理：一种新的公共管理理论》，《江苏行政学院学报》2005 年第 1 期，第 96—100 页。

基于众多经验研究的基础上发现颇具影响力的公共池塘资源治理之道，即公共事物自主治理和组织的集体行动理论。自主治理关键在于形成自发秩序，主要问题是，一群互相依赖的人们如何变得有纪律，能够进行自我管理，并且通过自己努力来避免回避责任、机会主义诱惑或“搭便车”，以实现持久性共同利益。埃莉诺·奥斯特罗姆缜密地分析了用于公共事物治理之道的诸多理论模型，如哈丁“公地灾难”“囚徒困境”和“集体行动逻辑”，并从博弈论这一层面提出了除市场与政府以外的处理办法。她认为，人们通过自主合约和自筹资金能做到对问题的有效解决。[①] 自主治理需要多个权力的中心，来形成互相竞争的局面，并且通过自主的方法形成协同治理的基本状态。但在多个权力中心设定上已经形成了“区域海”基础的综合性公约框架，这种协同性的集体理性制度构建必然影响到其他“延伸”的权力主体（国家），进而继续以协同治理的方式分别解决具体的海洋环境治理问题，这一点与“地中海”模式比较相近，但不同的是“地中海”模式是综合制度框架内的分立治理，而跨越“区域海”的海洋环境治理是综合制度框架外的分立。

第二，强调海洋环境治理的跨“区域海”国际合作。

构建跨市场、政府和社会边界的合作式治理模式是海洋环境治理的基本路径。[②] 全球各国在海洋环境污染治理问题上应多多交流并加强合作，充分衡量后更好地制定海洋环境治理公共政策，努力营造共赢的局面。为了明确根本利益，各国还要制定一套适宜的国际合作的行为规范来作为各国在跨界环境治理问题上进行国际合作

---

① ［美］埃莉诺·奥斯特罗姆：《公共事物的治理之道：集体行动制度的演进》，余逊达、陈旭东译，上海译文出版社2012年版，第22页。

② 蒋俊杰：《跨界治理视角下社会冲突的形成机理与对策研究》，《政治学研究》2015年第3期，第80—90页。

的基础。[①]

以2011年日本福岛核电站泄漏为例，尽管日本属于联合国确定的西北太平洋区域海的参与国，但那一年的核泄漏所影响的国家除了区域海范围内的日本、中国、俄罗斯、韩国和朝鲜外，还可能影响了美国和太平洋部分岛国，这起海洋环境跨区域污染事故属于典型的跨“区域海”的环境治理案件。日本政府在国际合作上对福岛核污染事故的处理态度存在一定问题，政府至今对福岛电站核泄漏事故没有明确等级，污水将通过海洋生物变异、海流传导等途径扩散到整个太平洋乃至全球成为危害全人类的灾难。解决这个问题必然是长期的、复杂的，涉及法律、科学、政治等因素。因此，针对类似来自于区域海洋污染的影响，我国必须成立专门机构应对。临时机构可以由自然资源部牵头，海军、交通运输部、农业农村部、外交部等相关部门以及中国原子能委员会等派代表参加。除此之外，对以福岛核电站事故为代表的跨“区域海”环境治理的制度化问题，需要提出制度完善建议，主要包括以下两点：

其一，国内的多行政区、多部门的合作。例如，日本福岛县及其周边城市有许多受到核辐射污染的产品可能会通过一些途径和渠道进入其他国家境内，而这一行为应必须加以制止。我国中央电视台曾有过报道，案情为：湖南省境内截获日本核污染源附近的婴幼儿奶粉；浙江省市场发现涉嫌放射性污染的日本产酱油；日本海域捕捞的5000吨海鲜经由越南转入我国境内，其中有一些被污染的海鲜已经流入北上广等大城市。[②] 同时，到日本旅游的游客需要提高警惕，远离福岛核污染食品以及产品。我国海事部门要对来自日本方向的船只加强管理力度，严禁受到核辐射污染的压舱水任

① 叶良海：《中国与东盟国家跨界环境治理机制研究》，《广西职业技术学院学报》2015年第1期，第1—6页。

② 《震惊！日本辐射海鲜走私进入中国案值达2.3亿元》，中央电视台，2016年8月22日。

意排放至我国管辖海域。因为压舱水除了其中海水遭受严重污染之外，还可能含有变异的海洋生物会对我国生态环境造成巨大威胁。

其二，国际上多国家的治理合作。以福岛核泄漏为例，各国应当紧紧依靠国际原子能机构——联合国系统内组织一切涉及辐射安全活动的专门机构开展宏观指导来协调帮助日本处理福岛核事故。由于危害程度多深，影响范围到底多大，仅仅日方的通报是不够的，美国、中国、韩国、俄罗斯等邻近国家应该联合起来进行实地检测和监测，保证掌握真实资料。还可探索全球海洋环境生态治理的数字化模式，通过建模对基于全球视域下按生态特征进行分区，并进行海洋生态价值评估，提出数字化治理目标。①

三　完善全球海洋生态环境治理与“区域海”治理的关联体系

区域化已经成为世界经济发展的一个重要趋势，而全球化浪潮推动了政治、经济、社会区域化的发展，进而使区域主义成为国际经济和政治发展的重要现象。完善全球海洋生态治理与区域化之间的关联关系需要作相应的理论思考。

首先，需要树立全球海洋整体性治理理念。全球海洋治理理念是伴随着全球治理的提出而产生的一个新概念，是一种有助于国际海洋治理合作的方式。国内对“全球海洋治理”已经有比较多的探讨。王琪等认为，全球海洋治理是指在全球化的背景下，通过严格化的法律条文和规章制度，以及各主体之间的协商合作，进而致力于全球海洋问题的解决，从而能更进一步开发、利用海洋，实现人

---

① 胡志勇：《积极构建中国的国家海洋治理体系》，《太平洋学报》2018 年第 4 期，第 15—24 页。

类与海洋和谐共生、持续发展[①]。庞中英认为，治理“公域悲剧”的集体行动的国际制度是构筑全球海洋治理的理论路径[②]。面对21世纪全球海洋治理的挑战，2017年举办的有史以来第一次联合国海洋大会对全新的全球海洋治理机制的形成起到了有效的促进作用。随着区域化治理理念的发展，全球海洋生态环境治理与区域海洋生态环境治理的关联体系的完善已成为全球海洋治理的必要途径。区域化治理有利于在局部解决生态环境的恶化问题，其有效性不言而喻，但也存在弊端。全球海洋治理理念是一种超国家的治理理念，海洋命运共同体应是未来全球海洋治理的价值导向，推进全球治理主体集体行动，逐渐构建治理的国际规制体系是全球海洋治理落实的路径。

其次，构建全球海洋生态环境治理和“区域海”治理的联动性治理架构。必须准确理解全球和区域治理的关联性，精准把握彼此间的支撑动力、重点领域、基本原则、互动关系等问题。就治理的主体建设而言，提出建设国际组织、区域组织和行业组织，如北极理事会、欧盟、南亚区域合作组织等。2018年5月24日，国家海洋局局长王宏就全球海洋治理提出四点倡议：一是增进全球海洋治理的平等互信；二是推动蓝色经济合作，促进海洋产业健康发展；三是共同承担全球海洋治理责任；四是共同营造和谐安全的地区环境[③]。这对基于全球治理与区域治理的关联行动构建全球海洋生态环境治理机制意义重大。完善全球海洋生态环境治理与区域海洋生态环境治理的关联体系，形成联合国—国际组织—“区域海”国家

---

① 王琪、崔野：《将全球治理引入海洋领域——论全球海洋治理的基本问题与我国的应对策略》，《太平洋学报》2015年第6期，第17—27页。

② 庞中英：《在全球层次治理海洋问题——关于全球海洋治理的理论与实践》，《社会科学》2018年第9期，第3—11页。

③ “国家海洋局局长王宏就全球海洋治理提出四点倡议”，人民网，2018年5月24日，http://world.people.com.cn/n1/2018/0524/c1002-30011497.html。

治理主体，将主权国家、区域国际组织、区域海洋环境治理委员会等进行行动整合，关键需要治理逻辑的统一。将区域治理与全球治理融合，关键在于基于利益秩序的重新架构。在全球海洋生态环境治理过程中，面对多层次利益诉求，如何规范并处理利益关系，匡正失衡的环境正义，需要构建统一的秩序价值、承担国家责任、重视超国家利益，充分体现全球整体环境利益高于个体、区域环境利益的治理逻辑[①]。另外，在完善区域海洋生态环境治理的统一化进程中，区域环境文化的因素考量也可促进环境秩序的构建，实现环境治理区域和全球的融合。

四　形成“全球性与区域性融合”的海洋治理规则

海洋环境治理存在区域化倾向。海洋生态环境治理具有一定的治理逻辑，需要推进海洋环境治理机制建设，提升制度化水平。全球治理考虑全球整体利益，要求强国利益和弱国利益的一致性、全球规则和区域规则的连通性，希望形成全球合作的理念。区域治理更多关注区域内“海洋共同体”的利益，并确定区域治理规则，这些规则可能与其他区域或全球治理理念不一致。要消除这些“不一致”，形成融合性的海洋治理规则，同时不能削弱利益主体参与的积极性，增强利益主体参与的牢固性，减少治理成本，可以在行动上体现两个原则。一是海洋环境规则的针对性，即制定国际规则是有具体目标指向。如针对海上航行的船舶污染，针对陆源污染物排放，针对防止海洋倾废，针对海洋生态保护等等，这些一致性的目标有助于具体问题的解决。如 1974 年 波罗的海国家制定 的《赫尔辛基公约》；1972 年为防止废物倾倒入海，北大西洋国家签署了《防止在东北大西洋和部分北冰洋倾倒废物污染海洋的公约》等。

---

① 曹树青：《区域环境治理理念下的环境法制度变迁》，《安徽大学学报（哲学社会科学版）》2013 年第 6 期，第 119 页。

这些区域性公约对全球国家的影响也是显而易见的。因此，区域性公约在制定时应当要符合联合国体系下的治理框架，达到“全球性”和“区域性”的治理体系融合。二是海洋环境规则的动态性。法律上的冲突不一定对国际社会具有腐蚀性，相反，它往往是一种统一的力量，即使国际法律冲突缺乏实质性解决办法，它也可能对全球秩序具有系统价值[①]。由于海洋环境问题存在一定的变化，合作和规制的要求也在不断变化。现实中，国际上对环境规制也因为不同的制度冲突在不断更新。如上述 1972 年北大西洋国家签署的《防止在东北大西洋和部分北冰洋倾倒废物污染海洋的公约》，当时是针对船舶倾倒废物入海污染海洋，1983 年和 1989 年增加了海上平台和飞机倾倒废物入海。《 伦敦公约》在 1972 年签署后，进行了多次修改，是目前国际范围防止海洋污染方面的主要公约之一[②]；其 1996 年议定书在 2006 年 3 月生效，1996 年议定书明确了预防途径、覆盖范围、与其他国际协议的关系、废弃物评估等内容，意味着国际保护海洋法治进程达到了一个新的里程碑。动态性的变化有助于解决现实性的海洋环境问题，也能将不断更新的全球海洋生态环境治理理念和机制融入区域海洋环境治理中。

海洋生态环境国际规则主要关于海上航行、渔业、划界、能源开发和海洋环境保护的国际协议，国家责任的规制是重点，国家责任的规制将极大程度上约束国家在全球治理和区域治理理念和做法上的差异。《联合国海洋法公约》第二三五条的规定，各国有责任履行其关于保护和保全海洋环境的国际义务，各国应按照国际法承担赔偿责任，也规定了国家应当对其管辖范围内的国家行为造成的海洋污染损害结果承担国家责任，其中也包含了国家对跨界海洋污

---

① Monica Hakimi, Constructing an International Community, The American Journal of International Law, 2017, 111 (2): 1 -40.

② Louise de La Fayette, The London Convention 1972: Preparing for the Future, *The International Journal of Marine and Coastal Law*, 1998, 13 (4): 515 -536.

染责任的承担。[1] 20 世纪 90 年代后，国际海事组织又相继制定了《1990 年国际油污防备、反应和合作公约》《1996 年国际海上运输有毒有害物质损害责任和赔偿公约》《2001 年国际燃油污染损害民事责任公约》等，这些公约均具有法律约束性。

当代海洋活动具有鲜明的国际性特征，所以加强国际合作是保护海洋环境的主要途径。海洋生态环境治理的国际合作属于全球国际合作的一部分，防止和控制海洋污染既是各国自身的需要，也是其对国际社会应尽的义务和责任，所以无论是全球性合作、区域性合作还是多边合作、双边合作，在合作过程中缔结的各种条约或不同国家共同进行的行动计划都要约定相应的责任和义务[2]。全球海洋生态环境治理规则的下一步如何走，一是加紧利用联合国机制，落实 1972 年《伦敦公约》及其 1996 年议定书，加强陆海联动污染治理，避免、减少、控制和消除陆地活动对海洋的影响；二是利用科学技术推进环境评估。随着生态危机的加剧，监测全球生物多样性和气候变化比以往任何时候都更加重要，需要进一步细化在 BBNJ 谈判中的环境评估，科学和技术在海洋生态环境治理中的作用必不可少，治理的手段需要跨越学科和传统的界限[3]。

五　推进构建国际海洋生态环境保护合作的“中国方案”

中国在参与国际事务中具有重要地位，是全球海洋治理过程中的重要参与者。我国承担起保护海洋生态环境的国际责任，有助于彰显中国负责任、有担当的大国形象。我国积极参与区域海洋生态

---

① ［英］M·阿库斯特著，汪暄译：《现代国际法概论》，中国社会科学出版社，1981 年，第 205 页。

② Forsyth. Tim，“Cooperative Environmental Governance and Waste-to-energy Technologies in Asia”，*LSE Research Online Documents on Economics*，2006，5（3）：209－220（12）.

③ Maaike Knol，“Scientific Advice in Integrated Ocean Management：The Process Towards the Barents Sea Plan”，*Marine Policy*，2010，34（2）：252－260.

环境治理，是国内新形势新任务的需要，也是建设生态文明与实现可持续发展必不可少的要求。中国当前正处于海洋大国向海洋强国的转变期，如何建立中国特色话语权，推动全球多边海洋生态环境治理体系建设，将影响中国海洋强国战略目标和全球“海洋命运共同体”的实现进程。

对中国而言，如何参与全球海洋环境治理，需要有基本的价值逻辑确定，寻找全球海洋环境治理的“共益性”元素，建立综合性合作机制，逐渐形成参与性合作与制度性合作的中国方案。

（一）寻找海洋环境治理的“共益性”元素

全球海洋治理因利益冲突和利益选择的需要，在环境治理方面存在“集体行动缺失”和“搭便车”的可能性。如何引导环境治理主体的集体理性，成为全球海洋环境治理的行动基础。治理作为一个持续的过程，治理主体必然基于利益的关系寻找各自的“最佳化”方案，但利益应当有共同性和共通性，即“超国家利益”的存在，寻找“共益性”元素成为全球海洋环境治理的基本要求。

奥斯特罗姆提出，社会资本理论可以寻找一种基本的行动途径，并且指引因文化、社会和制度因素而造成社会主体集体行动的缺失。社会资本理论的核心要义在于相对强的海洋国家在全球海洋治理中寻找多数国家的环境“公益性”，如多年来全球大国间的“G20宣言”、亚太经合组织会议等形式构成全球治理的共通元素，进而建立相应的实施机制。在全球海洋环境治理领域，各成员国之间在《联合国海洋法公约》生效实施后通过援助技术与交流信息加深了互相了解与信任，在很大程度上变成了利于国际合作的社会资本。为了实现全球海洋合作，降低海洋国家在海洋环境治理上的成本付出、减少不同效益的冲突，从而减少为全球海洋环境治理的集体困境，形成海洋环境治理的集体理性和行动，需要保证社会资本的存在和维系。因此，中国参与全球海洋环境治理也应当寻找全球海洋环境保护的“共益性”资本，作为主要角色推进全球海洋治理集体行动的形成。

推进国际海洋生态环境保护合作应遵循“海洋命运共同体”原则。中国是海洋大国，海洋命运共同体理念是中国推进、参与全球海洋生态环境保护合作的基本遵循，也是新时代下中国参与全球海洋生态环境治理体系规范的基本范式。海洋生态环境治理是实现海洋生态环境可持续发展的核心与关键。随着全球治理的深入推进以及治理体系和治理能力现代化的内生要求，全球海洋生态环境治理体系的构建应以海洋命运共同体理念为价值指导，全球治理理论为基础，积极回应海洋生态环境污染形势日益严峻的现实之问。

海洋命运共同体理念是人类命运共同体理念的发展，具有全球海洋生态治理体系治理思想应有的合理性、包容性与可持续性，以摒弃西方世界新自由主义理论且能够弥补全球治理理论的缺漏，为实现发展中国家与发达国家平等对话，共同合作治理海洋生态环境提供了可能。众所周知，长期以来，发展中国家在建构国际秩序过程中经常处于“失语”状态。而海洋命运共同体原则体现人类命运共同体的核心理念，其秉承多边主义，谋求共商共建共享，在尊重发达国家话语权的同时兼顾发展中国家的话语诉求，保证全球海洋生态环境保护体系不沦为发展中国家的“传话筒”与“扩音器”，从而实现全球海洋生态环境治理体系的构架秩序与全球海洋生态环境的共同保护。

总之，中国在推进、参与国际海洋生态环境保护合作的过程中，应在遵循现有国际法治体系的基础上，凝聚打造全球“海洋命运共同体”这一基本共识，从而将全球海洋生态治理体系打造成中国与世界互联互通的平台，促进中国与世界海洋生态建设的沟通，在保护全球海洋生态环境的同时促进海洋生态经济的发展，实现中国与世界的双赢、共赢、共同繁荣，从而实现全球意义上的海洋命运共同体。

参与全球海洋环境治理的突出表现是参与“区域海”治理，因“区域海”治理所涉及的“集体成员”数量较少，最多的南太平洋区域也只有30多个成员国，而少的西北太平洋区域只有5个成员国[①]。“区域海”治理形成的制度框架以相同生态系统的区域性海洋作为载体，基于“区域海”治理的社会资本形成中更多体现为信息、技术、物资、执法力量和制度的实施等，区域内的强国为维护本国海洋环境利益而付出一定的环境维护成本，并作为区域内其他海洋国家的共享社会资本，其利益和动机具有正相关性，而且这样的成本付出具有可控性。因此，对于“区域海”环境治理而言，国家之间比较容易达成一致意见，在区域强国引领下可以引导成员克服搭便车行为，走出集体行动困境。中国近海的海洋环境治理行动可以在南海、东海的治理合作上逐渐形成相应的机制，并以环境治理引领合作机制的构建，进而在权益解决机制上寻求广泛的“共识”。

（二）参与式合作形成全球海洋环境治理的基础性机制

国际合作是当前全球海洋环境治理的主要机制。“主体参与”和“利益关系”分析框架下的海洋环境合作往往可分成参与式合作和制度性合作，两种合作均是基于国家主体为代表开展的环境治理的政策互动，而且相互融合、相互支撑。

参与式合作的方式也是多元性的，一般是通过国际合作组织或国际上有影响的国家邀请相关管理机构和国际组织参加，通过行动计划、组织建立或参与等达到多方合作治理海洋环境的目的。近年来，随着全球海洋生态环境日益恶化的状况，海洋合作的重要性被多数国家逐渐意识到，并开始有序推动和参与全球海洋环境治理机

---

① 指中国、日本、韩国、俄罗斯、朝鲜5国。

制的建设。国际海洋生态环境保护合作可以分为全球合作、区域合作、双边合作几个层次推进。

其一，推进全球海洋生态环境保护合作（全球合作）。从全球合作而言，主要是推进以联合国机制为中心的海洋生态保护合作。例如，针对《联合国海洋法公约》对海洋环境保护相对不足的现状，进一步推进以联合国为中心的海洋生态环境治理体系建设，促进各种类型的海洋治理集体行动。在这一领域，目前很有代表性的是从 2018 年开始的治理公海问题的全球多边条约《海洋生物多样性养护和可持续利用的具有法律约束力的国际文书建议草案》（BBNJ）法律文书的政府间谈判，这是全球海洋生态环境治理向全球化推进的重要国际共同行动。BBNJ 最新主席文件的序言明确提出“强调有必要建立全面的全球制度，以更好地处理养护和可持续地利用国家管辖范围以外地区的海洋生物多样性”。近年来，中国成立了“海洋垃圾和微塑料研究中心”，为深度开展全球海洋垃圾和微塑料治理提供技术支持和公益性服务。中国近几年来的这些参与性合作有力地提升了中国参与全球海洋治理的能力，为形成全球海洋环境治理的中国方案提供了较好的实践积累。但全球机制和区域机制将长期存在利益相关者的博弈，就如 BBNJ 参与谈判国在公海保护区机制等方面存在一定分歧，中国参与全球海洋环境治理过程中力争在坚持国家利益的基础上，推进基于《联合国海洋法公约》等的全球海洋治理机制，适当主导和参与区域海洋环境治理，切实推进全球海洋环境治理的有效性。

其二，推进、参与区域性海洋生态环境保护行动（区域性合作）。海洋环境保护是低敏感领域，中国可以多主动参与。如中国就国际上破坏海洋生态的违法行为应该表明立场和态度，并联合相关国家和国际组织开展调查，完善全球海洋环境的公益救济机制。具体而言，在太平洋公海区域，个别国家存在滥捕金枪鱼和鲸鱼等大型鱼类是违法行为，中国要基于国际条约联合国际社会予以警告和加以制止。在联合国环境署下的西北太平洋行动计划（NOWPAP）、东亚海行动计划（PEMSEA）中，我国作为参建国，应积极主动推进行动计划的落实，针对行动计划实施过程暴露的不足，开展有针对性的推动工作。例如，我国可利用东亚海计划（PEMSEA）组织培训东亚海区域国家管理人员在国际海洋环境合作方面的能力，体现“海洋命运共同体”的中国担当。

2012 年以来，我国在多个国际场合提出“海洋合作”的倡议，国际性的海洋合作呈现出区域外部大国共同参与的特征。中国提出期待以开放包容、合作共赢理念为引领，推动构建更加公正、合理和均衡的全球海洋治理体系。在海洋合作过程中主要体现为多层面立体化的对话、协商与合作。如 2015 年 1 月中日第三次海洋事务高级别的协商后，双方同意依照有关国际法加强在环境、搜救及科技等领域的进行海洋合作。2017 年中国与欧盟开展“中国—欧盟蓝色年”，促进中欧蓝色交流与合作，推动海洋领域政策沟通、投融资服务、技术交流合项目对接等系列合作。中国在 2017 年举办中国—小岛屿国家海洋部长圆桌会议，促进中国与全球“小岛屿”国家间在海洋环境治理等方面的“共益性”合作。这些对话与协商的治理模式选择以特定类型国家的海洋合作为目标，将成为中国参与全球海洋环境治理的重要支持。

在中国的临近海域以及西太平洋、印度洋和北冰洋治理体系构建中和具体行动中，中国应起到关键性作用。在南海和东海地区，作为引领者角色，以环境治理为突破口邀请沿海国家形成“宣言”或“倡议”“行动计划”等。已有的国际条约也证明了建立区域内国际规制的针对性，在全球重要“区域海”中个性立法占据了相当的数量，根据联合国环境规划署的《区域海洋行动项目》，已经有地中海、波斯湾等 10 多个遭受到严重污染的区域性海域制订了区域性公约。中国近年来在参与南北极治理方面不断深入，2017 年中国首次发布南北极国家政策。因此，在关键国际区域的治理合作将是中国参与全球海洋环境治理的重要突破口，也是中国参与其他全球事务的关键领域。

其三，努力构建周边区域海洋生态环境治理合作机制（双边合作）。我国提出“海洋命运共同体”理念后，需要有国际实践，而对于和周边国家海洋环境治理合作既切实可行，又对多方有利。对于双边海洋生态环境治理的制度和机制探索，可重点以我国与黄海、东海周边国家的海洋生态环境治理合作为开端，在管控我国与周边邻国存在岛礁和海域争议前提下，经过谈判形成海洋生态环境治理合作机制，实施路径具有一定的可行性。双边海洋生态环境合作的成功，也可为海洋主权争议解决带来契机。

（三）制度性合作促使全球海洋环境治理的约束性机制

制度性合作主要表现为签订国家间协定或国际条约，开展有关制度化合作。国际上把体现自然规律要求的大量的技术规范、操作规程、环境标准等吸收到国际环境立法之中，这样就使国际环境法成为国际法中一个技术性极强的法律部门。在全球海洋环境治理的参与中，中国参与《联合国海洋法公约》制定，并积累了较多的国际参与的经验。中国与周边国家间的制度化协定最为多见，如涉及渔业资源管理的《中日渔业协定》《中韩渔业协定》，部分内容涵盖了海洋领域的环境合作。中国在参与全球海洋环境治理方面的协定签署较少，在未来可以进一步深入。未来的国际规则制定的参与应当成为中国扮演全球海洋环境治理重要角色的机会。

制度性合作还需要完善国内环境立法对接国际规范。2018 年 3 月全国人大常委会审议决定成立自然资源部、生态环境部，整合海洋环境执法机构，对跨国家区域的海洋环境治理，提出通过外交途径，建立一个有效的协商机制和海洋之间的不同国家不同地区的有效管理，达到一定效果的海洋治理。这为中国参与全球海洋环境治理提供了思路。我国《海洋环境保护法》在最近几年多次修改，但仍未完全和国际接轨，随着我国海洋环境管理体制的变化，相应的修改需要进一步加强。作为综合管理的海岸带管理法、海洋基本法需要逐步形成立法框架，对应国家参与全球海洋治理的需要。

多年来，中国积极参与全球海洋生态环境治理，积极投入到全球海洋问题的治理中。我国是联合国安理会常任理事国之一，在国际海洋政治、海洋经济领域中扮演重要角色。我国坚持和平崛起，倡导海洋命运共同体理念，具有较高的国际影响力和美誉度，在国际社会中树立了负责任大国的良好形象。我国要参与全球海洋生态环境治理，首先必须把国内海洋生态环境治理好，完善国内海洋生态环境治理机制，不仅实现“绿水青山就是金山银山”的新时代理念，也为中国参与全球海洋生态环境治理提供中国成功的治理模式和经验，形成全球和区域海洋生态环境治理的“中国方案”。

第四节　海洋环境跨区域治理的实施保障

海洋环境跨区域治理的制度化路径实现需要有一定的实施保障机制，这种机制既是对国内跨行政区域、跨行政层级的制度响应，更主要包括跨国际海洋区域的共通适用。

一　推进海洋环境跨区域治理的协调机构建设

现如今，在我国的海洋环境管理体制下，无论对于跨区域还是跨部门的问题，最佳的选择都是依靠政府去建立综合协调机构。无论是新公共管理模式还是传统公共行政模式都不能很好地解决跨界问题。在因为结构不当而造成社会问题的时候，如危机处理、环境保护等方面，整体性治理模式是具有其独特的优越性的。基于海洋环境治理的基本要求，我国已经在行政体制改革层面启动了生态保护的整体性运行。2018 年 3 月，中共中央印发的《深化党和国家机构改革方案》明确组建生态环境部，为整合分散的生态环境保护职责，统一行使生态和城乡各类污染排放监管与行政执法职责，把包括原国家海洋局的海洋环境保护职责和其他部门的环境保护职责统一起来，基本解决了环境保护在部门间的冲突问题。地方政府也正逐渐依中央部署按照生态环境保护的“大部制”模式推进。然而，作为海洋生态环境治理的体系运行，更多需要在制度设计、部门整合与协同、社会参与等方面展开，而海洋生态环境还可能涉及国际化的合作，因此跨区域海洋环境治理应在整体性治理框架下基于主体关系形成市场、政府、社会的多元协作（见图 9—2）。环境治理过程中涉及海洋权益、经济利益、社会民生等问题，综合性机构的建立可能还不足以解决海洋环境治理的问题，因此，由同级环境保护行政主管部门协商跨部门的非重大海洋环境保护工作，倘若协商解决不了，由同级人民政府或上级人民政府做出决定。

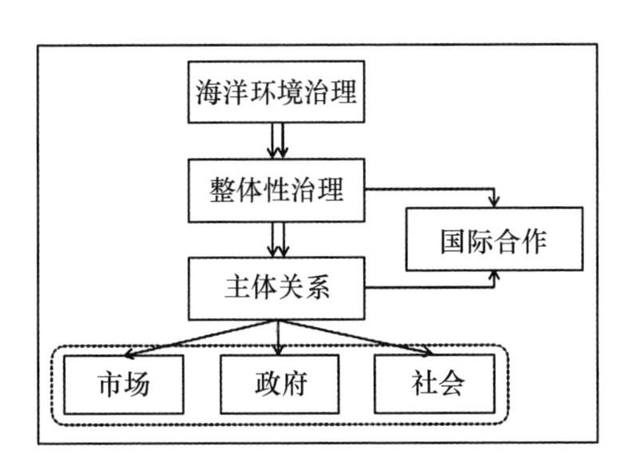

图 9—2　海洋环境治理的主体协作

在现实的海洋环境污染事件中，涉及跨陆域和海域、跨不同行政区管辖海域的现象十分普遍，就此学习国外的区域海洋的治理经验如波罗的海、地中海治理，在超越现有各涉海行业部门之上，组建国家海洋事务委员会，其功能既是区域海洋环境治理的协调机关，也是国家对海洋事务的管理和决策机关。委员会一同行使海洋管理职责，对海洋管理行为进行协调；在广大人民群众当中宣传海洋环境管理知识，并且建立相应的综合管理机构，配合地方和中央的海洋环境管理工作。[①]在地方沿海省、自治区、直辖市进行分级管理，设立相对规模较小的协调机制和管理部门。下属各部门在明确各自职能的基础上严格按照规定行使权力，履行职责，随时随地和上级管理部门紧密联系，形成协调联动、上下统一的管理机制。

推进区域海洋管理的第三方参与，尤其在技术领域的参与和合作。区域各省在编制沿海发展计划时，应当把海洋生态环境变化、海洋灾害、海平面上升影响等纳入评估程序，帮助沿海管理区和侵蚀易发区重视各类海洋损害对公共投入和社会投资可能带来的负面影响进行监测、审查，以进一步完善落实海岸带开发规划、土地利用规划和沿海发展评估制度，防止扩大或加重海岸带灾害，保护近海海域、海岸带等免受生态环境破坏带来的冲击。

针对跨国际的海洋环境治理机构设置问题，一般结合“区域海”的治理模式确定以“区域海”参与国为成员国建立区域海治理委员会，如“东亚海委员会”。在订立综合性公约的基础上，协调并决定关于跨区域海洋环境治理的相关问题。

---

① 吕建华等：《整体性治理对我国海洋环境管理体制改革的启示》，《中国行政管理》2012年第5期，第19页。

二　完善跨区域海洋环境治理的执法协作机制

对我国而言，跨区域的海洋环境执法协作已经开展多年。协作执法包括：一是跨行政区域的环境执法协作，如上海、福建、浙江海洋执法队伍联合执法；二是跨部门海洋执法协作，在综合化环境执法体系建立后，跨部门的海洋环境执法部门还有如海事、环保、军队等部门之间关于某区域海区生态环境的协同执法需要解决；三是跨行政层级的环境执法协作，如地方海洋执法队伍和中国海警局的执法协作；四是跨国家海洋执法队伍的协作，如东南亚国家和中国海警在南海海洋环境执法上的合作。

对于区域内的海洋执法协作，许多地方已经尝试联合执法的模式，如浙江省舟山市将文化、渔政、港务、海监等合并成海洋综合执法局，在舟山所管辖水域统一对外开展综合性执法试点。由于海洋环境执法权由国家法律授权决定，海洋综合执法的全面推进还需要相关国家法律的支持和修改。近年来，自然资源部（国家海洋局）所属北海、东海、南海局牵头在邻近海域开展协作执法，各相关省市派出地方海洋执法队伍参加，也已经形成常态。在东亚海区域，现今已有 14 个国家参加了 PEMSEA（东亚海环境管理伙伴关系计划），与此同时成立了东亚海 COBSEA（东亚海协作体），这些组织已经从民间发起演变为官方参与，如我国国家海洋局长期重视 PEMSEA 组织的参与，积极倡导以这个组织为核心形成共同行动规则，甚至包括联合域内国家开展海洋环境合作执法。

执法协作的重要事项是构建国际化的海洋环境风险防控体系。不管是全球海洋生态环境保护合作，还是区域性、双边合作，甚至包括国内海洋生态环境保护，构建海洋环境风险防控体系都是至关重要的。这一体系的构建主要是针对突发应急事件和海洋生态灾害风险的防控。前文也提到国际上一些典型的海上溢油事故、海啸、海冰、赤潮等，都对海洋环境造成巨大破坏。

针对海洋污染突发事件，一是应加强信息共享的合作；二是强化我国对海洋环境突发事件的管辖权，尤其是不在我国海域但可能影响我国海域环境的事件，及早介入干预甚至及早预防非常重要；三是尽快整合我国海洋环境执法机构，明确职能分工，理顺国家生态环境主管部门、渔业部门、生态资源部、海洋局等所有相关部门的执法力量，确立在国际海洋环境行政执法中的代表。针对海洋生态灾害的国际合作主要体现在灾难预警和应急两方面。除了与周边国家的相关机构定期举办的会议、实施联合搜救训练、参加国际组织的国际海事活动等之外，针对不同类型的海洋灾害交给专门的机构检测和管理（例如海啸预警，海冰预警，赤潮预警等）。与其他周边国家合作在区域甚至全球范围内建立海洋观测系统，建立先进的信息化灾害预警体系。

三　完善司法协同与救济机制

在近年来，不论是常态性的海洋治理合作还是海洋生态环境突发事件的应急处理中，跨区域海洋环境的司法救济机制成为各方研究和实践应对的重点。本研究认为，需要分析国家区域发展战略的背景，发现现有沿海区域生态环境司法协作机制存在的问题和因素，形成跨区域海洋生态环境治理的系统性和协同性思维，构建国家治理、区域协同、基层融合的“多层级”跨区域海洋环境司法协作机制。

（一）完善跨区域海洋生态环境公益诉讼机制

首先，规范跨区域海洋生态环境公益诉讼主体。针对《环境保护法》、《海洋环境保护法》以及《民事诉讼法》对于诉讼主体的不同规定，按照逐步统一规范原则，首先通过最高人民检察院、最高人民法院做出司法解释，明确当前诉讼主体提起诉讼的顺位，确立检察机关作为海洋生态环境公益诉讼机关提起诉讼的情形。

再次，进一步明确人民法院诉讼受理的职权。针对跨区域海洋生态环境诉讼等多种情况，最高人民法院出台了《关于审理海洋自然资源与生态环境损害赔偿纠纷案件若干问题的规定》，其中明文规定，对于存在海洋环境损害涉及不同区域或者该损害应由其他主管部门进行索赔的情况时，人民法院可以向其他行使海洋环境监督管理权的部门进行书面告知。建议“书面告知”的对象进行扩大，包括检察机关、有关社会组织等，以与《环境保护法》第五十八条、《海洋环境保护法》第八十九条、《民事诉讼法》第五十五条的相关规定对应。

构建起富有特色的海洋环境公益诉讼机制需要进一步明确公益诉讼的“国家队”和“民间队”，形成相互支持、功能互补的海洋环境公益诉讼体系，大力发展海洋环境保护社会组织、建立诉讼费用合理分担和缓减免机制。因此，完善跨区域海洋生态环境公益诉讼，需推进两项措施：一是建立海域互联网诉讼平台，其范围囊括中国本区域，以及与其他地区相互接触的海域，实现诉讼的便捷性，避免了由于诉讼不及时而产生的权益纠纷。二是健全诉讼案件筛选分层机制，由于不同案件涉及的赔偿金额，受理范围不同，通过案件筛选分层，将不同的案件进行不同层次的归类，极大地降低了受理部门的操作时间，实现资源的合理分配。在此基础上完善诉讼案件标准监督机制。

（二）建立跨区域海洋环境污染的检察协作机制

检察协作是指，检察机关按照法律规定的监督职能，在检察过程中对出现破坏生态环境类的情况，可以直接向海洋环境监督管理部门、相关的公益组织告知有关案件线索，督促海洋环境监督管理部门、相关公益组织提起公益诉讼，或委托有权开展调解活动的有关部门开展调解工作。

《民事诉讼法》规定，检察机关作为诉讼主体原告需要管理机关不履行“先诉”权利情形下可以履行公益诉讼职责，法律可以设定合理诉讼期限，如果管理机关和有关组织明示其不行使诉讼权，或者待合理期限过后仍未行使诉讼权，则认定检察机关可以按照《民事诉讼法》中规定的情形取得海洋环境公益诉讼的主体权利。

因此，为了解决此类困境，需要开展跨区域海洋生态环境检察协作。一是在实行区域一体化的沿海地区实行检察机关信息共享机制，如长三角、京津冀、珠三角可以率先实行构建海洋生态环境法律监督信息平台，实行信息共享。二是建立跨区域案件管辖移送机制。我国的福建省早在2019年就启动海洋生态环境的检察协作机制，在省级检察院的协调下，海洋生态案件实行管辖协商、委托调查取证、专项活动协同等方式，大大提升了检察协作解决海洋生态问题的效率。

（三）构建司法机关多层级联动机制

第一，构建跨区域民刑和民行衔接机制。其一，针对《海洋环境保护法》第八条、第九条中规定由政府部门协调解决跨区域海洋生态环境保护工作，在原则上修改为政府、社会公益组织、司法机关等多主体联动协同的机制。其二，将民事诉讼分别和刑事诉讼、行政诉讼有机结合，修改《行政诉讼法》规定，允许《海洋环境保护法》中规定的“海洋环境保护区域合作组织”作为诉讼主体参与对海洋环境保护主管部门的诉讼活动。

第二，构建多元化跨区域环境治理主体合作机制。其一，跨区域“检行”机制。为了防止在执法过程中存在的有罪不究、以罚代罪等问题，检察机关通过与公安等执法机关相互协作，将执法过程中涉嫌犯罪的案件移交司法机关，能够保证案件审理的及时性和法律权威。其二，实行环境治理公私合作。司法协作需要行政机关和海洋公益组织、社会公众在信息沟通、人员等方面的紧密合作。司法诉讼中也存在公益诉讼和私益诉讼的协调，需要形成诉讼的顺位审理，而不是简单合并，如要规定公益诉讼案件优先审理、确定不同的赔偿标准等。其三，跨区域“法检”衔接机制。法院和检察院作为传统司法机关履行包括海洋环境诉讼在内的司法职权，监察机关根据法律规定对所有行使权力的公职人员进行监察，对我国海洋环境司法体系形成有力支持[①]。人民法院和人民检察院通过共同合作，支持起诉、公益诉讼、服判息诉等方面，为维护社会公正提供司法保障，将网络辅助手段融入到法检监督管理当中，构建形成法检网络监督管理机制，同时，为了激发公益诉讼的积极性，完善公益诉讼举报奖惩制度，建立第三方多元监督等措施，加强环境司法的治理力度。

第三，构建跨区域司法审理集中管辖机制。在环境司法中，都存在或多或少的地方保护主义，使得在案件审理过程中会缺少一定的公正性，因此，需要加大中央对地方的矫正力度，可以以不同的海域为划分原则，跨越行政区划，建立特定区域的“中央司法管辖区”来避免地方保护主义。

第四，建立跨市级与跨省级相结合的生态环境案件集中管辖机制。在跨市级层面上，案件处理由该省的高级人民法院来进行管辖，不同省份不做强制规定，在跨省级的层面上时，统一由最高人民法院来进行管辖，这样有效避免了由于权责不清而导致的各类问题的出现。

四　完善海洋生态环境“微治理”机制

近年来，我国在沿海地区开始探索实施“滩长制”“湾长制”

---

① 全永波、盛惠娟：《海洋命运共同体视野下海洋生态环境法治体系的构建》，《环境与可持续发展》2020 年第 2 期，第 32—34 页。

等海洋“微治理”机制。但现实中往往存在治理能力低下，公众参与度不高，政社协同关系不顺等问题，因此，探讨完善海洋生态环境治理视角的“微治理”机制，是实现海洋生态环境治理现代化的当务之急。“微治理”包括治理主体微型化、治理对象细小化、治理载体方便化技术化等。信息技术的发展是公共治理进一步得以实现的助推器，因此，借助信息技术，借助微信、微博等微平台，通过现代信息技术手段为治理提供保障和便利，是微应用时代背景下政府治理的一种新手段、新模式[①]。

（一）打造并推广“互联网+滩长制”的创新模式

搭建信息共享平台，确保海洋生态环境治理及时、准确公开，并且开放社会资源参与到民主决策、民主监督以及志愿服务当中来，对海洋生态环境治理的社会有形参与实现有效补充。当前，国家正全力推进智慧海洋工程，这是“工业化+信息化”在海洋领域的深度融合，是全面提升经略海洋能力的整体解决方案，海洋环境治理符合国家智慧海洋发展的基本框架，通过信息技术为载体的“微治理”解决微小单元环境问题，是达到治理有效性的较好手段。在操作上，可以依托现代信息技术，打造“滩长制”管理信息系统，基层滩长可以将海洋生态环境的具体情况以图片、文字、视频等形式上传到系统之中，实现海域生态环境的全网公开，打破各地区海域治理孤立封闭的状态，也有利于上级滩长对下一步治理做出更为合理和准确的判断。

（二）推进海洋环境“微治理”制度化进程

克里斯强调整体性治理需要被不断制度化，唯有制度化的治理才能发挥力量[②]。海洋环境保护以微单元治理为突破口，其制度化

---

① 程同顺、魏莉：《微治理：城市社区双维治理困境的回应路径》，《江海学刊》2017 年第 6 期。第 123—131 页。

② 竺乾威：《公共行政理论》，复旦大学出版社，2012 年，第 469—470 页。

需要从三个层面加以推进：一是宏观层面，要求实施跨行政区域的海洋生态环境治理的协同立法，生态系统相近的海域沿海省市必须实施最严格的生态环境标准开展海陆统一的环境立法。二是中观层面，进一步推进地方环境保护职能部门的整合，真正实行“陆海统筹”，执法实行“陆海统一”，并将职责制度化。三是微观层面，制定或完善地方立法，如浙江省可将“滩长制”纳入到《浙江省海洋环境保护条例》中，明确“滩长”和“滩长制”的参与者在海洋环境保护中的法律地位、相关主体的权利和责任等。

（三）完善海洋环境“微治理”运行机制

形成包括纵向和横向政府间的“行政协议”，以契约方式寻求政府间合作，明晰各级滩长与相关职能部门的责任细分，省、市、县、乡等各行政层级的“滩长制”形成“首长责任链”的管理模式，由上级滩长细化分解到下级滩长，与各级滩长签订履职责任书。对于基层“滩长”，实行治理主体透明化，在海滩显著区位设立了公告栏，标明滩长的姓名、职能、管辖区域和监督电话，这在强化滩长的身份地位和责任意识的同时，还应进一步增加协同参与海滩治理的其他参与人的信息。对于跨行政区域、跨乡社的环境治理需要进一步配套建立滩长联席会议制度，形成上下、左右协调机制，实现“滩长制”为代表的海洋环境小微治理常态化实施机制。

海洋环境“微治理”机制的完善还需要发动社会组织和乡贤力量，扩大社会资本投入。以“滩长制”为代表的海洋生态环境“微治理”机制的运行，单靠政府资金的投入是远远不够的。在中国的许多沿海地区，总会有社会力量主动发起“净滩行动”“环保一日行动”等，这些来自民间的力量投入中，资金和设备均不需要政府投入，实际上在社会影响和治理效果看还是比较明显。另外，在参与治理的主体环节，以“滩长制”为例，滩长及其管理团队的聘用可以多元化。可用通过政府购买服务的方式，请企业负责人、社会组织负责人等作为海滩的管理人和监督人，加强社会主体参与的力度。因此，激发社会资本和主体多方介入环境“微治理”，可以有效弥补“微治理”中的治理动能不足问题。

五 建立海洋环境治理基金制度

跨区域海洋环境治理的途径主要是通过基金解决不同发展水平的成员参加合作的激励问题。例如，欧盟的环境治理，欧盟各个成员国之间的经济结构和水平存在极大差异，为了防止因为成员国之间不平衡发展导致的“合作博弈”，欧盟将“协调和平衡发展”与“经济和社会凝聚”定为政策目标。其中的含义是，为了加固合作，可以通过公平的分配利益和调整资源的配置来减小盟国之间的发展差距①。基金设立是一种较好的平衡资源配置方法，基金可以通过国际组织设立，也可以在本国国内设立。

首先，必须对治理海洋环境污染造成恶劣影响的个人或者组织设立损害赔偿基金制度。由于海洋污染损害案件带有受害方基数大、污染范围广、赔偿数额大的特点，海洋污染造成的损害一旦发生，单纯依靠单方面的经济能力很难对受害方实施充分补偿，更不要说对海洋环境进行有效修复。而基金制度恰恰是风险分摊和赔偿损失的重要手段。既能防止因赔偿而导致企业破产或濒临破产，减轻其赔偿负担，也能为受害方提供真实的损害赔偿保障，维护区域社会的公平与正义，保证对受害方的真正救济，同时能增强治理或者控制环境污染的能力。

对我国而言，目前只是根据 1969 年《国际油污损害民事责任公约》以及它在 1992 年议定书的要求在部分远洋船舶中实行了强

---

① 卓凯、殷存毅:《区域合作的制度基础：跨界治理理论与欧盟经验》,《财经研究》2007 年第 1 期，第 56—65 页。

制保险制度，1971 年《国际油污损害赔偿基金公约》及其 1992 年议定书仅仅适用于我国香港地区，并没有广泛的为大众所熟知也没有应用于更多更广的环境保护中。为了加强治理环境污染的能力，同时减轻环境侵权人的经济负担，维护环境侵权受害人的赔偿利益，我国需要在海洋污染环境治理中全面实施环境损害赔偿基金制度。

其次，基金的来源可以打破传统的依靠政府财政拨款和公共政策支持的简单渠道，从民间以及相关责任方拓展融资渠道，以减轻财政压力。加强对相关责任方的资金查处征收力度，严格税务以及行政罚款制度，既严格了环境污染企业的相关责任的履行，又加强了企业对于环境保护的意识。吸引民间资本进入环境治理体系，运用财政手段鼓励支持民间资本参与环境治理，以此为基础设立海洋环境污染治理基金，吸引社会群体“有钱出钱，有力出力”以全方位参与治理海洋污染。

再次，为了更好地监管资金，通过庞大的银行业体系，设立财政专项账户控制财政转移支付，做到从资金的源头开始到资金的每一笔流向都了解。争取每一笔资金的运作与流动方向甚至运转结果都得到有效的控制与监测，并能够在运行结束后及时进行反馈，从而完善资金的运行效率。

最后，广泛运用金融工具为海洋环境融资进行保障。放宽地方政府的环境保护融资债券，强制环境污染企业为该地区上缴环境污染保险，通过局部的宽松财政以及利率政策促进海洋环境治理资金的流动性增长。

六　构建一体化的海洋环境监测和管理信息平台

其一，完善海洋环境检测监测，形成系统化的监测体系。可以借鉴日本建立 700 多个海洋环境监测点的经验和参考我国现有的环境监测点布局，在自然资源部系统完善相应机构进行管理，这个机构可以附属于国家海洋局及其各区域分局，与当前国家和地方的环境监测体系融合。

海洋环境治理需要加强网络数字信息技术应用。由于我国海洋环境管理信息化工程建设工作相对起步较晚，海洋环境管理的各方面尚没有被完全覆盖，很多地区仍在采用较原始的方法进行管理。随着海洋经济的发展，网络信息化技术应用水平低的问题在海洋环境管理中日益突出，这都对海洋环境管理在手段、技术上都提出了更高要求。在海洋环境管理中，强化网络数字信息技术的一体化应用，既符合整体性治理理论中将网络信息技术作为整体治理手段的要求，也符合现代环境管理一体化建设的急切需要。①

其二，建立以大数据为基础的海洋环境信息资源智慧海洋平台系统。一方面要认识到大数据平台在海洋环境管理中的重要性，网络化和信息化是现在和未来我国海洋环境管理工作的发展方向；另一方面，认识到信息化技术开发与创新是必不可少的，为了最终建立和发展现代海洋产业管理以及找到相对完善的海洋信息数据库，需要学会利用可利用的资源，实行以完善的海洋信息采集和传输体系为基础，运用工业大数据和互联网大数据技术，达到智慧经略海洋的目的。将碎片化的海洋资料信息采取集中式的管理，整合收集信息、处理信息、利用与交流等各个环节，并规划海洋信息科学管理的标准。如针对东海区海平面上升的现状，可由沿海各省及国家相关监测机构建立应对海平面上升专项数据库。智慧海洋工程是“工业化 + 信息化”在海洋领域的深度融合，也是军民深度融合，全面提升经略海洋能力的整体解决方案，对于推进海洋环境跨区域治理有很大的现实支撑作用。

---

① 吕建华等：《整体性治理对我国海洋环境管理体制改革的启示》，《中国行政管理》2012年第5期，第19—22页。

七　推进非政府组织、企业和社会公众参与海洋环境治理

海洋跨区域治理一个重要的理念就是治理机制的优化与完善。所谓“治理”，大致是指在20世纪后期西方公共管理范式进步的历程中，出现的一种主体间责任边缘模糊化、倡导治理主体多元化、主体间权利的相互交织基础上重新确定。经济效益是企业追求的首要目标，但是过于追求经济效益往往会导致海洋生态的破坏和环境的污染。因此要重视企业在海洋环境治理中的重要作用，主动与企业进行环保和治污合作。从长远来看，环保型企业更能赢得政府和非政府组织的支持。同时，督促政府的环保法律规定的制定，充分发挥非政府环保组织的影响；为增强社会公众的环保意识，增加环保投入，可以积极宣传和推广社会环境保护知识，并寻求多方合作。除此之外，政府应引导市场主体建立基于自觉的承诺机制和基于市场的激励机制。政府主导下的行业环境行动、企业区域环境治理承诺理解备忘录，制定海洋环境开发行为标准等①通常称之为环境的自觉行动。激励机制主要指政府运用市场手段，通过环境政策控制环境风险也就是适当的有效契约，代表性手段为促使企业积极地参与区域海洋环境治理给予适当的补贴。

区域内或企业间的其他社会主体对于环境的行动是多元的，也会根据不断变化的形势做出自我行动的判断，并非单纯的基于利他主义。而通过发布公开环境信息、承担环境责任，涉海企业主动参加区域海洋环境治理，一方面提升企业形象，增加了社会公众对企业的认可，另一方面，从区域海洋环境治理的多元主体的有限性看，企业参与环境治理能获得提供的区域内社会资本，实现环境效益和经济效益的有效统一。

---

①　滕敏敏、韩传峰：《区域环境治理的企业参与机制研究》，《上海管理科学》2014年第2期，第6—8页。

海洋环境问题的发生从源头来看均可追溯到基层，包括沿海企业、海岛乡村、船舶等单元，作为自主治理网络体系中最清晰可见的部分均在基层。基层县区更容易将社会组织、公众作为治理单元融入海洋环境保护中，因此，地方上将海洋环境的主要职责下放到县市一级的管理部门，协同相应的企业、社会组织达到对海洋环境的“共治”，上级部门主要负责指导和政策制定（见图9—3）。对我国而言，需要不断培育基层海洋环境治理的社会组织（NGO），形成基于生态系统的区域海环境治理网络框架。当前海洋治理的趋势是以生态系统的海洋环境治理为基础，来建立以政府为主体、其他公众、社会组织、企业以及各过境船舶等加入的海洋环境网络治理体系，并且适应以海洋环境为特殊治理对象的生态系统特点。

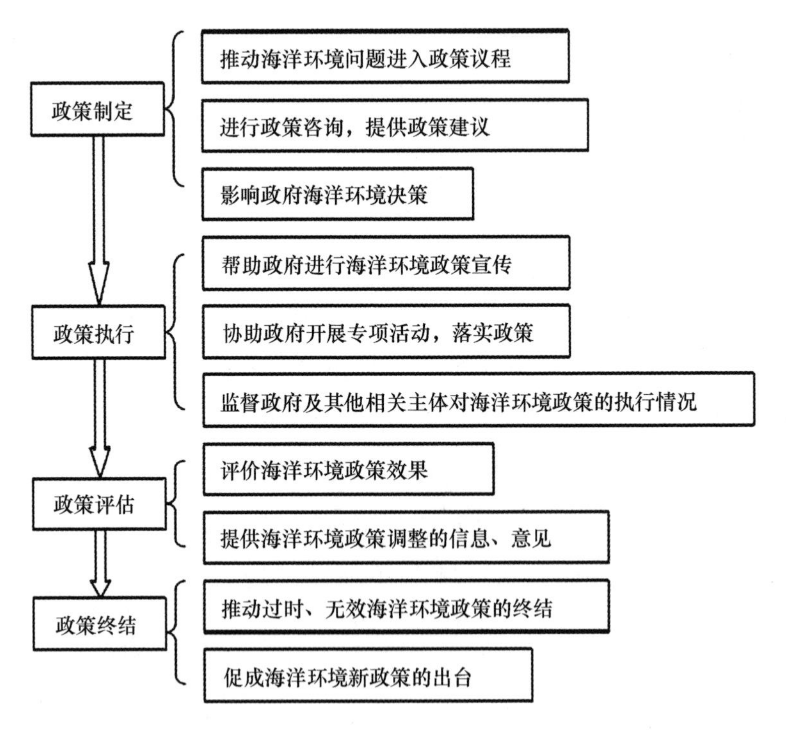

图9—3 社会组织参与海洋环境治理示意图

结　语

海洋环境的跨区域治理问题是当前国家治理体系和治理能力现代化的重要议题，为国家海洋生态环境治理体系建设与我国参与全球海洋合作在理论上的积累，为解决当前国内海洋环境治理体系构建和跨国海洋环境治理合作提供建议。本书较全面地分析界定了海洋环境跨区域治理的概念含义，结合当前海洋环境治理在区域化的大背景下的困境、影响因素、主体要素，提出跨区域治理海洋环境的行为逻辑，以我国东海区域影响海洋环境的多种因素进行回归分析，得出影响因素变量，进而为海洋治理制度化提供参考，形成海洋环境治理跨区域治理的理论支持体系，提出制度化的政策设计。

海洋环境的跨区域治理问题是一个复杂的问题，这个问题横跨政治学、公共管理学、法学、经济学、海洋学等领域，不是一本著作、几名研究人员的短暂研究就能解决的。当前，我国正面临着国家发展的重大机遇和挑战，党的十八大将建设海洋强国确定为国家战略以后，海洋治理和国际海洋合作已经日益受到党和各级政府的重视，党的十九大进一步提出“坚持陆海统筹，加快建设海洋强国”，习近平总书记多次提到“绿水青山就是金山银山”，其中涉及的领域也包括海洋环境治理，海洋环境治理成为国家生态文明建设的主要组成部分。

对于跨区域海洋环境治理制度化的研究，特别是我国如何参与邻近区域海洋环境治理，政府在参与国际海洋治理规则制定上起到哪些引领作用等等还有许多领域需要展开研究，未来还应该在理论支持、制度实践上深入研究。本书仅是抛砖引玉，未来的研究期待有更多、范围更大的学者、实践工作者的加入，以求形成学术共同体持续推进本领域的成果产生，为国家海洋环境保护、全球海洋治理合作做出应有的努力。

参考文献

英文文献

[1] ACZISC. The role of the ACZISC in integrated coastal and ocean management policy development and implementation in Atlantic Canada [R] . 2009.

[2] Acharya A, "Multilateralism: Is There an Asia-Pacific Way", *The National Bureau of Asian Research Analysis* [J]. Vol. 8, No. 2, 1997.

[3] Acharya A, "Culture, Security, Multilateralism: the 'ASEAN Way' and Regional Order" [J]. *Contemporary Security Policy*, Vol. 19, Issue. 1, 1998.

[4] Andresen S. The North Sea and Beyond: Lessons Learned [A]. Mark J. Valencia. Maritime Regime Building [C]. *The Hague: Kluwer Law International*, 2001.

[5] Aretsen M. Environmental governance in a multi-level institutional setting [J]. *Energy & Environment*, 2008, 19 (6) .

[6] Ayres I, Braithwaite J, *Responsive Regulation: Transcending the Deregulation Debate* [M]. Oxford University Press, 1992.

[7] Barrett S. Self-Enforcing International Environmental Agreements [J]. *Oxford Economic Papers*, 1994, (46) .

[8] Barrett S. The Strategy of Trade Sanctions in International Environmental Agreements [J]. *Resource and Energy Economics*, 1997, 19.

[9] Barren S. *Why Cooperate? The Incentive to Supply Global Public Goods* [M]. Oxford: Oxford University Press, 2007.

[10] Barrett S. The Incredible Economics of Geo-engineering [J]. *Environmental and Resource Economics*, 2008, (39).

[11] Bartik T J. The Effects of Environmental Regulation on Business Location in the United States [J]. *Growth and Change*, 1988, (19).

[12] Basiron N. The Global Program of Action for the Protection of the Marine Environment from Land-based Activities [J]. *Malaysian Institute of Maritime Affairs Bulletin*, 1996 (3).

[13] Baumol W J, Oates W E. *The Theory of Environmental Policy* [M]. England, Cambridge University Press, 1988.

[14] Bell S, McGillivray D, Pedersen O. *Environmental Law* [M]. Oxford University Press, 2013.

[15] Bernstein S. International Institutions and the Framing of Domestic Policies: The Kyoto Protocol and Canada' s Response to Climate Change [J]. *Policy Sciences*, 2002, (35).

[16] Benarroch M, Thille H. Transboundary Pollution and the Gains from Trade [J]. *Journal of International Economics*, 2001, (55).

[17] Biliana S C, Robert W. *Integrated Coastal and Ocean Management: Concepts and Practices* [M]. Washington D. C: Island Press. 1998.

[18] Birnie P W, Boyle A E. "*International Law and the Environment*" [M]. Oxford: Clarendon Press, 1992.

[19] Breton M. A dynamic model for international environmental agreements [J]. *Environmental and Resource Economics*, 2010, 45 (1) .

[20] Bums C, Carter N. "Environmental Policy," Erik Jones, Anand Menon Stephen Weatherill, ed. , *The Oxford Handbook of the European Union* [M]. Oxford: Oxford University Press, 2012.

[21] Carraro C, Siniscalco D. International Environmental Agreements: Incentives and Political Economy [J]. *European Economic Review*, 1998, (42) .

[22] Carollo C. Ecosystem-based management institutional design: Balance between federal, state, and local governments within the Gulf of Mexico Alliance [J]. *Marine Policy*, 2010.

[23] Chang Y *C. Ocean Governance: A Way Forward* [M] . Springer Briefs in Geography, 2012.

[24] Coase R H. The Problem of Social Cost [J]. *Journal of Law and Economics*, 1960, (3) .

[25] Congleton R D. Political Institutions and Pollution Control [J]. *Review of Economics and Statistics*, 1992, 74 (3) .

[26] Covello V, Sandman P M. Risk Communication: Evolution and Revolution [C]. /Wolbarst A. Solution to an Environment in Peril. Baltimore: John Hopkins University Press, 2001.

[27] Cumin R, Prellezo R. Understanding marine ecosystem based management: A literature review [J]. *Marine Policy*, 2010. 34 (5) .

[28] Daniell K A, Coombes P J, Write I. Politics of innovation in multi-level water governance system [J]. *Journal of Hydrology*, 2014, 5 (19) .

[29] Danielle T, Brzezinski, Wilson J, Chen Y. Voluntary Participation in Regional Fisheries Management Council Meetings [J]. *Ecology and Society*, 2010. 15.

[30] Dieter H. Changing Patterns of Regional Governance: From Security to Political Economy? [J]. *The Pacific Review*, 2009, 22 (1).

[31] Dietz T, Stern P C. *Panel on Public Participation in Environmental Assessment, Public Participation in Environmental Assessment and Decision Making* [M]. The National Academies Press, Washington D. C. 2008.

[32] Eckerberg K, Joas M. Multi-level environmental governance: a concept under stress [J]. *Local Environment*, 2004, 9 (5).

[33] Eliste P, Ferdriksson P G. Environmental regulations, transfers, and trade: theory and evidence [J]. *Journal of Environmental Economics and Management*, 2002, (2).

[34] Elferink A G O, Brothwell D R. *Oceans Management in the 21st Century: Institutional Frameworks and Responses* [M]. Netherlands: Martinus Nijhoff Publishers Leiden; Brill, 2005.

[35] Ernst B H. "international Integration; the European and the Universal Process" [J]. *International Organization*, Vol. 15, Issue. 3, 1961.

[36] Eskeland G S, Harrison A E. Moving to greener pastures? Multinationals and the pollution heaven hypothesis [Z]. *NBER working paper*, 2002, 4 (8888).

[37] Fayette L. The OSPAR convention come into force: continuity and progress [J]. *The International Journal of Marine and Coastal Law*, 1999, 14 (2).

[38] Feiock R C. Rational Choice and Regional Governance [J]. *Journal of Urban Affairs*, 2007, 29 (1).

[39] Fisher D E. Land-based Pollution of the Marine Environment [J]. *Environment and Planning Law Journal*, 1995, 12.

[40] Fitzmaurice *M. International Legal Problems of the Environmental Protection of the Baltic Sea* [M]. The Hague: Kluwer Academic Publishers, 1992.

[41] Forsyth T. Cooperative environmental governance and waste-to-energy technologies in Asia [J]. *International Journal of Technology Management & Sustainable Development*, 2006, 5 (3).

[42] Friedheim R L. Designing the Ocean Policy Future; An Essay on How l Am Going To Do That [J]. *Ocean Development and International Law*. 2000, 31.

[43] Friedheim R L. Ocean governance at the millennium;: where we have been where we should go [J]. *Ocean & Coastal Management*, 1999. 42 (9).

[44] Grotius *H. The Freedom of the Seas* [M]. Kitchener: Batoche Books Limited, 2000.

[45] Gunnar S, Eskeland A H. Moving to greener pastures? Multinationals and the pollution haven hypothesis [J]. *Journal of Development Economics*, 2003, (70).

[46] Gupta M. Indian Ocean Region [M]. *The Political Economy of the Asia Pacific*, 2010.

[47] Hannan M T, Freeman J H. The Population Ecology of Organizations [J]. *American Journal of Sociology*, 1977, 82.

[48] Hao H K. Towards integrated coastal governance with Chinese

characteristics-A preliminary analysis of China's coastal and ocean governance with special reference to the ICM practice in Quanzhou [J]. *Ocean & Coastal Management*, 2015.

[49] Hassan D. *Protecting the marine environment from land-based source of pollution-towards effective international cooperation* [M]. England: Ashgate Publishing Ltd, 2006.

[50] Hildebrand L P, Chircop A. A gulf unite; Canada-U. S. transboundary marine ecosystem-based governance in the gulf of marine [J]. *Ocean and Coastal Law Journal*, 2010, 15 (2).

[51] Hirst P. "Democracy and governance", in J. Pierre (ed.), [M]. *Debating Governance Authority Steering & Democracy*, New York: Oxford University Press, 2000.

[52] Hoel M. International Environmental Conventions: the Case of Uniform Reductions of Emissions [J]. *Environmental and Resource Economics*, 1992.

[53] Horst S. The Harmonization Issue in Europe: Prior Agreement or a Competitive Process? [J]. *The Completion of the Internal Market*, 1990.

[54] Jaffe A B, Peterson S R, Stavins P N. Environmental regulation and regulation and the competitiveness of US manufacturing: what does the evidence tell US? [J]. *Journal of Economic Literature*, 1995, 33 (1).

[55] Jan P M, Tatenhove V. How to turn the tide: Developing legitimate marine governance arrangements at the level of the regional seas [J]. *Ocean & Coastal Management*, 2013 (71).

[56] Jan T, Judith L, Soma Katrine. Marine governance as process of regionalization: Conclusions from this special issue [J]. *Ocean*

& *Coastal Management*, 2015.

[57] Juda L, *international Law and Ocean Management* [M]. Published by Routledge, 1996.

[58] Kasperson R E, Jhaveri S. Places Social Amplification of Risk: Toward a framework of Analysis [C] //Flynn S. Risk, Medical and Stigma: Understanding Public Challenges to Modern Science and Technology. London: Earth scan, 2001.

[59] Katsanevakis S, Stelzenmüller V, South A. Ecosystem-based marine spatial management: Review of concepts, policies, tools, and critical issues [J]. *Ocean & Coastal Management*, 2011 (11).

[60] Keating M. The Invention of Regions: Political Restructuring and Territorial Government in Western Europe [J]. *Environment and Planning C: Government and Policy*, 1997 (115).

[61] Keohane *R. After Hegemony: Cooperation and Discord in the World Political Economy* [M]. Princeton: Princeton University Press, 1984.

[62] Knol M. Scientific advice in integrated ocean management: The process towards the Barents Sea plan [J]. *Marine Policy*, 2010 (34).

[63] Lew Y K, Sinkovics R. Crossing Borders and Industry Sector: Behavioral Governance in Strategic Alliances and Product Innovation for Competitive Advantage [J]. *Long Range Planning*, 2013, 46 (1-2).

[64] Luhmann *N. Risk: A Sociological Theory* [M]. New York: Aldine De Gruyter, 1993.

[65] Maria G. New Forms of Cooperation in the Mediterranean System of Environmental Protection [A]. Nordquist, Myron H& Moore,

John Norton. The Stockholm Declaration and Law of the Marine Environment [C] . Leiden; Boston: Martinus Nijhoff Publishers, 2003. 223.

[66] Millennium Ecosystem Assessment. *Ecosystems and human well-being, Ucneral synthesis* [M] . Washington: Island Press, 2005.

[67] Miranda A, *Environmental Politics in Japan, Germany, and the States* [M]. Cambridge University Press, 2002.

[68] Modelski G, *Thompson W R. Sea power in global politics, 1494 – 1993* [M] . Seattle: University of Washington Press, 1988.

[69] Naresh R P. The Creation of Theory: A Recent Application of the Grounded Theory Method [J]. *The Qualitative Report*, 1996, 2 (4) .

[70] Ostrom *E. Understanding Institutional Diversity* [M]. Princeton University Press, 2005.

[71] Ostrom E, Ahn T K. The meaning of social capital and its link to collective action [J]. *Handbook of social capital: the troika of sociology, political science and economics*, 2008.

[72] Ostrom *E. Crafting Institutions for Se* 1 *f-Governing Irrigation Systems* [J]. San Francisco: Institute for Contemporary Studies Press, 1999, 2 (5) .

[73] Panayotou *T. Globalization and Environment* [D] . Center for International Development at Harvard University, CID Working Paper, No. 53, 2000.

[74] Perri *P. Towards Holistic Governance: The Reform Agenda* [M]. New York: Palgrave. 2002.

[75] Petrakis E. Xepapadeas A. Environmental Consciousness and Moral

Hazard in International Agreements to Protect the Environment [J]. *Journal of Public Economics*, 1996, (60).

[76] Provan K G, Fish A, Sydow J. Inter—organizational networks Networks at the network Network Level: a review Review of the empirical Empirical literature Literature on whole Whole Networks [J]. *Journal of Management*, 2007, 33 (36).

[77] Rauschmayer F, Paavola J, Wittmer H. European Governance of Natural Resources and Participation in a Multi-Level Context: An Editorial [J]. *Environmental Policy and Governance*. 2009, (19).

[78] Regional Profile, Northwest Pacific Region [EB/OL]. p6. [2011-3-10] http://www.unep.org/regionalseas/pro-grammes/unpro/nwpacific/instruments/r profilenowpap.pdf.

[79] Rosegrant M W, Schleyer R G. Establishing Tradable Water Rights: Implementation of the Mexican water Law [J]. *Irrigation and Drainage Systems*, 1996, 10.

[80] Saleth R M, Dinar A. Institutional Patterns, and Implication [J]. *Water Change in Global Water Seder: Trends, Policy*, 2000, 2.

[81] Schreurs M A, *Environmental Politics in Japan, Germany, and the United States* [M]. Cambridge University Press, 2002.

[82] Sprinz D, Vaahtoranta T. The Interest-Based Explanation of International Environmental Policy [J]. *International Organization*, 1994, 48 (1).

[83] Strauss C. *Basic of Qualitative Research: Grounded Theory Procedures and Technique* [M] (2nds.). CA: Thousand Oaks, 1998.

[84] Takahashi W. Problems of Environmental Cooperation in East Asia, in Paul G. Harris, ed, *International Environmental Cooperation: Politics and Diplomacy in Pacific Asia* [M]. CU: University Press of Colorado, 2002.

[85] Taylor *P. An ecological approach to international law* [M]. London: Rout-ledge, 1998.

[86] Unteroberdoerster O. Trade and Transboundary pollution: Spatial Separation Reconsidered [J]. *Journal of Environmental Economics and Management*, 2001 (41).

[87] US Commission on Marine Science, Engineering and Resources. Our nation and the sea: A plan for national action [R]. Washington D. C.: US Government Printing Office. 1969.

[88] Vallega *A. Fundamentals of Integrated Coastal Management* [M]. Netherlands: Kluwer Academic Publisher, 1999.

[89] Vallega A. The regional approach to the ocean, the ocean regions, and ocean Regionalisation-a post-modern dilemma [J]. *Ocean & Coastal Management*, 2002 (45).

[90] Walmsley J, Coffen S, Hall T, etc. The development of a human use objectives framework for integrated management of the Eastern Scotian Shelf [J]. *Coastal Management*, 2007, 35 (1).

[91] Wen X, Donald W H. Cultural Worldviews and Environmental Risk Perceptions: A Meta-analysis [J]. *Journal of Environmental Psychology*, 2014, 40.

[92] Wendt A. Driving with the Rearview Mirror: On the Rational Science of Institutional Design [J]. *International Organization* (Volume 55), 2001 (4).

[93] Weiss K, Hamann M, Kinney M. Knowledge exchange and policy

influence in a marine resource governance network [J]. *Global Environmental Change*, 2012, 22 (1) .

[94] Wheele S M. The new regionalism: key characteristics of an emerging movement [J]. *Journal of the American Planning Association*, 2002, 68 (3) .

[95] William K, Mare D L. Marine ecosystem-based management as a hierarchical control system [J]. *Marine Policy*, 2005, 29 (1).

[96] Yanase A. Global environment and dynamic games of environmental policy in an international duopoly [J]. *Journal of Economics*, 2009, 97 (2) .

[97] Yanase A. The governance of water: An institutional approach to water resource management, Economics, General [J]. *Political Science*, *Public Administration.* Baltimore (USA) The Johns Hopkins University, 2002.

[98] Yang C, Li S M. Transformation of cross-boundary governance in the Greater Pearl River Delta, China: Contested geopolitics and emerging conflicts [J]. *Habitat International*, 2013, (40) .

[99] Ye L. Regional Government and Governance in China and the United States [J] . *Public Administration Review*, 2009, 11.

[100] Yin X P. Regional economic integration in China: Incentive, pattern, and growth effect [J]. *for Hong Kong meeting in Economic Demography*, 2003, 12.

[101] Mengmeng Yin, Erika J. Techera. A critical analysis of marine protected area legislation across state and territory jurisdictions in Australia [J]. *Marine Policy*, 2020, 118.

[102] Ivica Ančić, Nikola Vladimir, Dae-Seung Cho. Determining environmental pollution from ships using Index of Energy

Efficiency and Environmental Eligibility (I4E) [J]. *Marine Policy*, 2018, 95.

[103] Daniel O. B. Jones, Jeff A. Ardron, Ana Colaço, Jennifer M. Durden. Environmental considerations for impact and preservation referencezones for deep-sea polymetallic nodule mining [J]. *Marine Policy*, 2020, 118.

[104] Jinkai Yu, Wang Yin, Dahai Liu. Evolution of mariculture policies in China: Experience and challenge [J]. *Marine Policy*, 2020, 119.

[105] Kristen Ounanian, Eira Carballo-Cárdenas, Jan P. M. van Tatenhove, Alyne Delaney, K. Nadia Papadopoulou, Christopher J. Smith. Governing marine ecosystem restoration: the role of discourses and uncertainties [J]. *Marine Policy*, 2018, 96.

[106] P. Gorris. Mind the gap between aspiration and practice in co-managing marine protected areas: A case study from Negros Occidental, Philippines [J]. *Marine Policy*, 2019, 105.

[107] Yen-Chiang Chang, Xinxiang Shi. Rule of law and the marine environmental networks: Conference report [J]. *Marine Policy*, 2020, 113.

[108] Chao Zhang, Yongbo Quan, Haiyue Zhong. The Building of Marine Ecological Civilization and Sustainable Development: Conference report [J]. *Marine Policy*, 2019, 110.

[109] Jiang Daokui, Chen Zhuo, McNeil Levi, Dai Guilin. The game mechanism of stakeholders in comprehensive marine environmental governance [J]. *Marine Policy*, 2019, 112.

[110] Luke M. Brander, Pieter van Beukering, Lynn Nijsten, Alistair

McVittie, Corinne Baulcomb, Florian V. Eppink, Jorge Amrit Cado van der Lelij. The global costs and benefits of expanding Marine Protected Areas [J]. *Marine Policy*, 2020, 116.

[111] Ateret Shabtay, Michelle E. Portman, Eyal Ofir, Yohay Carmel, Gideon Gal. Using ecological modelling in marine spatial planning to enhance ecosystem-based management [J]. *Marine Policy*, 2018, 95.

[112] Nengye Liu, Cassandra M. Brooks. China's changing position towards marine protected areas in the Southern Ocean: Implications for future Antarctic governance [J]. *Marine Policy*, 2018, 94.

[113] Sarah E. Lester, Elizabeth O. Ruff, Kevin Mayall, Jennifer McHenry. Exploring stakeholder perceptions of marine management in Bermuda [J]. *Marine Policy*, 2017, 84.

[114] Maricela de la Torre-Castro, Sara Fröcklin, Sanna Börjesson, Janine Okupnik, Narriman S. Jiddawi. Gender analysis for better coastal management - Increasing our understanding of social-ecological seascapes [J]. *Marine Policy*, 2017, 83.

[115] Giovanni D'Anna, Tomás Vega Fernández, Carlo Pipitone, Germana Garofalo, Fabio Badalamenti. Governance analysis in the Egadi Islands Marine Protected Area: A Mediterranean case study [J]. *Marine Policy*, 2016, 71.

[116] Aldo Chircop, David Dzidzornu, Chidi Oguamanam. Ocean law reform: A multi-level comparative law analysis of Nigerian maritime zone legislation [J]. *Marine Policy*, 2016, 67.

[117] Nina Tynkkynen. The Baltic Sea environment and the European Union: Analysis of governance barriers [J]. *Marine Policy*,

2017, 81.

[118] Christopher Pater, Ian Oxley. Developing marine historic environment management policy: The English Heritage experience [J]. *Marine Policy*, 2014, 45.

[119] Suzanne J. Boyes, Michael Elliott. The excessive complexity of national marine governance systems - Has this decreased in England since the introduction of the Marine and Coastal Access Act 2009? [J]. *Marine Policy*, 2015, 51.

[120] Eduard Inglés Yuba, Núria Puig Barata. Sports management in coastal protected areas. A case study on collaborative network governance towards sustainable development [J]. *Ocean and Coastal Management*, 2015, 118.

[121] Robert L. France. From land to sea: Governance-management lessons from terrestrial restoration research useful for developing and expanding social-ecological marine restoration [J]. *Ocean and Coastal Management*, 2016, 133.

[122] Kahlil Hassanali. Improving ocean and coastal governance in Trinidad and Tobago - Moving towards ICZM [J]. *Ocean and Coastal Management*, 2015, 106.

[123] Mikael Karlsson. Closing marine governance gaps? Sweden's marine spatial planning, the ecosystem approach to management and stakeholders′ views [J]. *Ocean and Coastal Management*, 2019, 179.

[124] Luisa F. Ramirez. Marine protected areas in Colombia: Advances in conservation and barriers for effective governance [J]. *Ocean and Coastal Management*, 2016, 125.

[125] Tiffany C. Smythe. Marine spatial planning as a tool for regional

ocean governance?: An analysis of the New England ocean planning network [J]. *Ocean and Coastal Management*, 2017, 135.

[126] Tiffany C. Smythe, Jennifer McCann. Achieving integration in marine governance through marine spatial planning: Findings from practice in the United States [J]. *Ocean and Coastal Management*, 2019, 167.

[127] Katrine Soma, Claire Haggett. Enhancing social acceptance in marine governance in Europe [J]. *Ocean and Coastal Management*, 2015, 117.

[128] Katrine Soma, Jan van Tatenhove, Judith van Leeuwen. Marine Governance in a European context: Regionalization, integration and cooperation for ecosystem-based management [J]. *Ocean and Coastal Management*, 2015, 117.

[129] Richard Stafford. Lack of evidence that governance structures provide real ecological benefits in marine protected areas [J]. *Ocean and Coastal Management*, 2018, 152.

[130] Franke van der Molen, Daniel Puente-Rodríguez, Jac. A. A. Swart, Henny J. van der Windt. The coproduction of knowledge and policy in coastal governance: Integrating mussel fisheries and nature restoration [J]. *Ocean and Coastal Management*, 2015, 106.

[131] Judith van Leeuwen. The regionalization of maritime governance: Towards a polycentric governance system for sustainable shipping in the European Union [J]. *Ocean and Coastal Management*, 2015, 117.

[132] Bin Xu, Yen-Chiang Chang. The new development of the ocean

governance mechanism in Taiwan and its reference for China [J]. *Ocean and Coastal Management*, 2017, 136.

[133] Eduard Ariza, Kenyon C. Lindeman, Pallab Mozumder, Daniel O. Suman. Beach management in Florida: Assessing stakeholder perceptions on governance [J]. *Ocean and Coastal Management*, 2014, 96.

[134] Brian C. Chaffin, Lance H. Gunderson. Emergence, institutionalization and renewal: Rhythms of adaptive governance in complex social-ecological systems [J]. *Journal of Environmental Management*, 2016, 165.

[135] Javad Jozaei, Michael Mitchell, Sarah Clement. Using a resilience thinking approach to improve coastal governance responses to complexity and uncertainty: a Tasmanian case study, Australia [J]. *Journal of Environmental Management*, 2020, 253.

[136] José Guerreiro, Aldo Chircop, Catarina Grilo, Ana Viras, Raquel Ribeiro, Rudyvan der Elst. Establishing a transboundary network of marine protected areas: Diplomatic and management options for the east African context [J]. *Marine Policy*, 2010, 34 (5) .

[137] Catarina Grilo, Aldo Chircop &José Guerreiro. Prospects for Transboundary Marine Protected Areas in East Africa [J]. *Ocean Development & International Law*, 2012, 43 (3) .

[138] Westing, A. Establishment and management of transfrontier reserves for conflict prevention and confidence building [J]. *Environ Conserv*, 1998, 25.

[139] Peter Mackelworth. Peace parks and transboundary initiatives:

implications for marine conservation and spatial planning [J]. *Conservation Letters*, 2012, 5 (2).

[140] José Guerreiro, Aldo Chircop, David Dzidzornu, Catarina Grilo, Raquel Ribeiro, Rudy van der Elst, Ana Viras. The role of international environmental instruments in enhancing transboundary marine protected areas: An approach in East Africa [J]. *Marine Policy*, 2011, 35 (2).

[141] Hongtao Yi, Liming Suo, Ruowen She, Jiasheng Zhang, Anu Ramaswami&Richard C. Feiock. Regional Governance and Institutional Collective Action for Environmental Sustainability [J]. *Public Administration Review*, 2018, 78 (4).

[142] Jörg Balsiger&Miriam Prys. Regional agreements in international *environmental politics*, *International Environmental Agreements*: *Politics* [J]. Law and Economics volume, 2016, 16.

[143] Marloesvan Amerom. *National sovereignty & transboundary protected areas in Southern Africa* [J]. GeoJournal, 2002, 58.

[144] Sue Wells, Neil Burgess, Amani Ngusaru. Towards the 2012 marine protected area targets in Eastern Africa [J]. *Ocean & Coastal Management*, 2007, 50 (1).

[145] Julius Francis, Agneta Nilsson, and Dixon Waruinge "Marine Protected Areas in the Eastern African Region: How Successful Are They?" [J]. *AMBIO*: *A Journal of the Human Environment*, 2002, 31 (7).

[146] Sue Wells, Neil Burgess, Amani Ngusaru. Towards the 2012 marine protected area targets in Eastern Africa [J]. *Ocean & Coastal Management*, 2007, 50 (1).

[147] Aldo Chircop, Julius Francis, Rudy Van Der Elst, Hermes

Pacule, José Guerreiro, Catarina Grilo & Gonçalo Carneiro. Governance of Marine Protected Areas in East Africa: A Comparative Study of Mozambique, South Africa, and Tanzania [J]. *Ocean Development & International Law*, 2010, 41 (1) .

[148] Sandwith, T. Shine, C. Hamilton, L. & Sheppard, D. Transboundary Protected Areas for Peace and Co-operation. Best Practice Protected Area Guideline Series No. 7 [M]. Gland: IUCN, 2001.

[149] Peter Mackelworth. *Marine Transboundary Conservation and Protected Areas* [M]. Routledge, 2018.

中文文献

[150] 蔡守秋:《环境权实践与理论的新发展》,《学术月刊》2018年第11期。

[151] 蔡守秋:《善用环境法学实现善治—治理理论的主要概念及其含义》,《人民论坛》2011年第5期。

[152] 曹树青:《区域环境治理理念下的环境法制度变迁》,《安徽大学学报》(哲学社会科学版)2013年第6期。

[153] 陈华文、刘康兵:《经济增长与环境质量:关于环境库兹涅茨曲线的经验分析》,《复旦学报》(社会科学版)2004年第2期。

[154] 陈莉莉、王怀汉:《美国超级基金制度对我国海洋污染治理的启示》,《中国海洋大学学报》(社会科学版)2017年第1期。

[155] 陈明宝:《泛珠三角区域海洋经济合作发展路径选择》,《海洋经济》2013年第2期。

[156] 陈瑞莲、刘亚平：《区域治理研究：国际比较的视角》，中央编译出版社 2013 年版。

[157] 陈瑞莲：《区域公共管理导论》，中国社会科学出版社 2006 年版。

[158] 陈瑞莲、杨爱平：《从区域公共管理到区域治理研究：历史的转型》，《南开学报》（哲学社会科学版）2012 年第 2 期。

[159] 陈瑞莲、杨爱平：《区域治理研究：国际比较的视野》，中央编译出版社 2013 年版。

[160] 陈剩勇、马斌：《区域间政府合作：区域经济一体化的路径选择》，《政治学研究》2004 年第 1 期。

[161] 陈婴虹：《我国跨行政区域海洋污染治理行政协作的规范化》，《海洋开发与管理》2012 年第 1 期。

[162] 陈振明：《公共管理学（第 2 版）》，中国人民大学出版社 2003 年版。

[163] 谌杨：《论中国环境多元共治体系中的制衡逻辑》，《中国人口·资源与环境》2020 年第 6 期。

[164] 崔野、王琪：《关于中国参与全球海洋治理若干问题的思考》，《中国海洋大学学报》（社会科学版）2018 年第 1 期。

[165] 丁娟、朱贤姬、王泉斌、张志卫：《中韩海洋资源开发利用政策比较及启示研究》，《国际海洋合作》2015 年第 4 期。

[166] 董亮、张海滨：《2030 年可持续发展议程对全球及中国环境治理的影响》，《中国人口·资源与环境》2016 年第 1 期。

[167] 钭晓东：《区域海洋环境的法律问题研究》，《太平洋学报》2011 年第 1 期。

[168] 杜辉：《论制度逻辑框架下环境治理模式之转换》，《法商研究》2013 年第 1 期。

[169] 杜健勋：《论环境风险治理转型》，《中国人口·资源与环

境》2019 年第 10 期。

[170] 方雷:《地方政府间跨区域合作治理的行政制度供给》,《理论探讨》2014 年第 1 期。

[171] 傅崐成:《海洋管理的法律问题》,台北文笙书局 2003 年版。

[172] 高锋:《我国东海区域的公共问题治理研究》,同济大学,2007 年。

[173] 高明、郭施宏:《环境治理模式研究综述》,《北京工业大学学报》(社会科学版)2015 年第 6 期。

[174] 高映南:《海洋生态系统管理的国际义务与中国应对》,浙江大学博士生论文,2016 年。

[175] 高之国:《The Making of a Maritime Power——China's Challenges and Policy Responses》,德国施普林格出版集团,2016 年。

[176] 戈华清、宋晓丹、史军:《东亚海陆源污染防治区域合作机制探讨及启示》,《中国软科学》2016 年第 8 期。

[177] 龚虹波:《海洋政策与海洋管理概论》,海洋出版社 2015 年版。

[178] 龚洪波:《海洋环境治理研究综述》,《浙江社会科学》2018 年第 1 期。

[179] 顾湘:《海洋环境污染治理府际协调研究:困境、逻辑、出路》,《上海行政学院学报》2014 年第 2 期。

[180] 关道明、梁斌、张志锋:《我国海洋生态环境保护:历史、现状与未来》《环境保护》2019 第 17 期。

[181] 管华诗、王曙光:《海洋管理概论》,中国海洋大学出版社 2003 年版。

[182] 管松、刘大海:《美国海岸带管理项目制度及对我国的启示》,《环境保护》2019 第 13 期。

[183] 郭少青:《智慧化环境治理体系的内涵与构建路径探析》,

《山东大学学报（哲学社会科学版）》2020 年第 1 期。
[184] 何卫东：《跨界海洋环境损害国家责任资金机制探讨》，《政治与法律》2002 年第 6 期。
[185] 胡彪、李健毅：《海洋集约利用与海洋环境协调发展的时空差异评价》，《海洋环境科学》2014 年第 6 期。
[186] 胡佳：《区域环境治理重的地方政府协作研究》，人民出版社 2015 年版。
[187] 胡求光、沈伟腾、陈琦：《中国海洋生态损害的制度根源及治理对策分析》，《农业经济问题》2019 年第 7 期。
[188] 胡志勇：《积极构建中国的国家海洋治理体系》，《太平洋学报》2018 年第 4 期。
[189] 黄爱宝：《论走向后工业社会的环境合作治理》，《社会科学》2009 年第 3 期。
[190] 黄策、王雯、刘蓉：《中国地区间跨界污染治理的两阶段多边补偿机制研究》，《中国人口·资源与环境》2017 第 3 期。
[191] 黄锡生、陈宝山：《生态保护补偿激励约束的结构优化与机制完善——基于模式差异与功能障碍的分析》，《中国人口·资源与环境》2020 年第 6 期。
[192] 黄宇、刘晓凤、葛岳静：《中美两国海洋依赖性和海洋综合实力的耦合分析》，《太平洋学报》2018 第 6 期。
[193] 黄玉成：《跨界污染对贸易结构及福利的影响研究》，华中科技大学，2011 年。
[194] 纪俊臣：《都市及区域治理》，台北五南图书出版股份有限公司 2006 年版。
[195]（加）马克·撒迦利亚：《海洋政策——海洋治理和国际海洋法导论》，海洋出版社 2019 年版。
[196] 江河、胡梦达：《全球海洋治理与 BBNJ 协定：现实困境、

法理建构与中国路径》，《中国地质大学学报（社会科学版）》2020 年第 3 期。

[197] 蒋俊杰：《跨界治理视角下社会冲突的形成机理与对策研究》，《政治学研究》2015 年第 3 期。

[198] 蒋满元：《博弈论与越界污染治理》，《环境技术》2003 年第 5 期。

[199] 金太军：《从行政区行政到区域公共管理——政府治理形态嬗变的博弈分析》，《中国社会科学》2007 年第 6 期。

[200] 金太军：《论区域生态治理的中国挑战与西方经验》，《国外社会科学》2015 年第 5 期。

[201] 金太军、沈承诚：《区域公共管理趋势的制度供求分析》，《江海学刊》2006 年第 5 期。

[202] 金太军、沈承诚：《区域公共管理制度创新困境的内在机理探究——基于新制度经济学视角的考量》，《中国行政管理》2007 年第 3 期。

[203] 金永明：《新时代中国海洋强国战略治理体系论纲》，《中国海洋大学学报（社会科学版）》2019 年第 5 期。

[204] 蕾切尔·卡逊：《寂静的春天》，吕瑞兰、李长生译，吉林人民出版社 1997 年版。

[205] 李丹、李凌羽：《“一带一路”生态共同体建设的理论与实践》，《厦门大学学报（哲学社会科学版）》2020 第 3 期。

[206] 李建勋：《区域海洋环境保护法律制度的特点及启示》，《湖南师范大学社会科学学报》2011 年第 2 期。

[207] 李健、赵世卓、史浩：《考虑海洋环境突发事件的大数据海陆协同治理体系研究》，《科技管理研究》2015 年第 17 期。

[208] 李良才：《气候变化条件下海洋环境治理的跨制度合作机制可能性研究》，《太平洋学报》2012 年第 6 期。

[209] 李晴、张安国、齐玥、袁蕾、付元宾：《中国全面建立实施湾长制的对策建议》，《世界环境》2019 年第 3 期。
[210] 李荣娟：《当代中国跨省区域联合与公共治理研究》，中国社会科学出版社 2014 年版。
[211] 李文超：《公众参与海洋环境治理的能力建设研究》，中国海洋大学，2010 年。
[212] 李雪松：《东北亚区域环境跨界污染的合作治理研究》，吉林大学，2014 年。
[213] 梁亮：《海洋环境协同治理的路径构建》，《中国环境监察》2017 年第 10 期。
[214] 梁上上：《利益的层次结构与利益衡量的展开——兼评加藤一郎的利益衡量论》，《法学研究》2002 年第 1 期。
[215] 林民书、刘名远：《区域经济合作中的利益分享与补偿机制》，《区域经济》2012 年第 5 期。
[216] 林尚立：《国内政府间关系》，浙江人民出版社 1998 年版。
[217] 林锡铨：《跨界永续治理：生活政治取向之永续体制演化研究》，台北韦伯文化国际出版有限公司 2007 年版。
[218] 林宗浩：《韩国的海洋环境影响评价制度及启示》，《河北法学》2011 年第 2 期。
[219] 刘大海、丁德文、邢文秀、刘芳明等：《关于国家海洋治理体系建设的探讨》，《海洋开发与管理》2014 年第 12 期。
[220] 刘道远、王洁玉：《南海地区海洋生态损害法律治理机制研究》，《海南大学学报（人文社会科学版）》2018 年第 2 期。
[221] 刘惠荣、胡小明：《主权要素在 BBNJ 环境影响评价制度形成中的作用》，《太平洋学报》2017 第 10 期。
[222] 刘建伟：《国家生态环境治理现代化的概念、必要性及对策研究》，《中共福建省委党校学报》2014 年第 9 期。

[223] 刘莲莲:《论国家海外利益保护机制的国际合法性:意义与路径》,《太平洋学报》2018 第 6 期。

[224] 刘鹏飞:《我国海洋区域管理的现状及完善对策研究》,中国海洋大学,2010 年。

[225] 刘强、徐旭丹、黄伟、徐晓群、寿鹿、曾江宁:《海洋微塑料污染的生态效应研究进展》,《生态学报》2017 年第 22 期。

[226] 刘爽、徐艳晴:《海洋环境协同治理的需求分析:基于政府部门职责分工的视角》,《领导科学论坛》2017 第 11 期。

[227] 刘贞晔:《全球治理与国家治理的互动:思想渊源与现实反思》,《中国社会科学》2016 年第 6 期。

[228] 刘中民等:《国际海洋环境制度导论》,海洋出版社 2007 年版。

[229] 楼苏萍:《西方国家公众参与环境治理的途径与机制》,《学术论坛》2012 年第 3 期。

[230] 鹿守本:《海洋管理通论》,海洋出版社 1997 年版。

[231] 吕永龙、苑晶晶、李奇锋、张悦清、吕笑天、苏超:《陆源人类活动对近海生态系统的影响》,《生态学报》2016 年第 5 期。

[232] 吕忠梅、窦海阳:《以"生态恢复论"重构环境侵权救济体系》,《中国社会科学》2020 年第 2 期。

[233] [德] 马克斯·韦伯:《经济与历史支配的类型》,康乐等译,广西师范大学出版社 2004 年版。

[234] 梅宏:《海洋环境司法保护的多元主体及其联动机制》,《浙江海洋大学学报(人文科学版)》2020 年第 1 期。

[235] 宁凌、毛海玲:《海洋环境治理中政府、企业与公众定位分析》,《海洋开发与管理》2017 第 4 期。

[236] 欧阳帆：《中国环境跨域治理研究》，首都师范大学出版社 2014 年版。
[237] 庞中英：《在全球层次治理海洋问题——关于全球海洋治理的理论与实践》，《社会科学》2018 年第 9 期。
[238] 齐亚伟：《区域经济合作中的跨界环境污染治理分析——基于合作博弈模型》，《管理现代化》2013 年第 4 期。
[239] 秦鹏、唐道鸿、田亦尧：《环境治理公众参与的主体困境与制度回应》，《重庆大学学报》（社会科学版）2016 年第 4 期。
[240] 曲亚囡、段穷、李佳：《环渤海海洋生态环境治理法律问题研究》，《环渤海经济瞭望》2019 年第 11 期。
[241] 全超、金珊：《环渤海区域环境治理的启示——比较研究国外环境保护区治理立法经验》，《学理论》2013 年第 27 期。
[242] 全永波：《公共政策的利益层次考——以利益衡量为视角》，《中国行政管理》2009 年第 10 期。
[243] 全永波、顾军正：《“滩长制”与海洋环境“小微单元”治理探究》，《中国行政管理》2018 年第 11 期。
[244] 全永波：《海洋管理学》，光明日报出版社 2011 年版。
[245] 全永波：《海洋法》，海洋出版社 2016 年版。
[246] 全永波：《海洋跨区域治理与“区域海”制度构建》，《中共浙江省委党校学报》2017 年第 1 期。
[247] 全永波：《海洋污染跨区域治理的逻辑基础与制度供给》，《中国行政管理》2017 年第 1 期。
[248] 全永波：《全球海洋生态环境多层级治理：现实困境与未来走向》，《政法论丛》2019 年第 3 期。
[249] 全永波：《全球海洋生态环境治理的区域化演进与对策》，《太平洋学报》2020 第 5 期。

[250] 全永波、盛慧娟：《海洋命运共同体视野下海洋生态环境法治体系的构建》，《环境与可持续发展》2020 年第 2 期。
[251] 全永波、石鹰婷、郁志荣：《中国参与全球海洋生态环境治理体系的机遇与挑战》，《南海学刊》2019 第 3 期。
[252] 全永波、尹李梅、王天鸽：《海洋环境治理中的利益逻辑与解决机制》，《浙江海洋学院学报》（人文科学版）2017 年第 1 期。
[253] 沈满洪：《海洋环境保护的公共治理创新》，《中国地质大学学报》（社会科学版）2018 年第 2 期。
[254] 沈满洪、毛狄：《习近平海洋生态文明建设重要论述及实践研究》，《社会科学辑刊》2020 第 2 期。
[255] 石玉林、于贵瑞、王浩、刘兴土、谢冰玉、王立新、张红旗、唐克旺：《中国生态环境安全态势分析与战略思考》，《资源科学》2015 年第 7 期。
[256] 史春林、马文婷：《1978 年以来中国海洋管理体制改革：回顾与展望》，《中国软科学》2019 第 6 期。
[257] 宋宁而、姜春洁：《日本海洋环境问题的社会学研究动向》，《广东海洋大报》2010 年第 5 期。
[258] 唐任伍、李澄：《元治理视阈下中国环境治理的策略选择》，《中国人口·资源与环境》2014 年第 2 期。
[259] 陶希东：《跨界治理：中国社会公共治理的战略选择》，《学术月刊》2011 年第 8 期。
[260] 汪劲：《环境法学》，北京大学出版社 2014 年版。
[261] 王彬彬、李晓燕：《生态补偿的制度建构：政府和市场有效融合》，《政治学研究》2015 年第 5 期。
[262] 王彬辉：《论环境法的逻辑嬗变——从“义务本位”到“权利本位”》，科学出版社 2006 年版。

[263] 王斌、杨振姣：《基于生态系统的海洋管理理论与实践分析》，《太平洋学报》2018 年第 6 期。

[264] 王灿发、黄婧：《康菲溢油事故：反思海洋环境保护法律机制》，《行政管理改革》2011 年第 12 期。

[265] 王芳、黄军：《政府生态治理能力现代化的结构体系及多维转型》，《广西社会科学》2017 年第 12 期。

[266] 王刚、毛杨：《海洋环境治理的注意力变迁：基于政策内容与社会网络的分析》，《中国海洋大学学报（社会科学版）》2019 年第 1 期。

[267] 王印红、刘旭：《我国海洋治理范式转变：特征及动因》，《中国海洋大学学报（社会科学版）》2017 第 6 期。

[268] 王印红、渠蒙蒙：《海洋治理中的“强政府”模式探析》，《中国软科学》2015 年第 10 期。

[269] 王慧、陈刚：《跨国海域海洋环境陆源污染的求解与法律应对》，《西部法学论》2012 年第 3 期。

[270] 王菊英、林新珍：《应对塑料及微塑料污染的海洋治理体系浅析》，《太平洋学报》2018 第 4 期。

[271] 王俊敏、沈菊琴：《跨域水环境流域政府协同治理：理论框架与实现机制》，《江海学刊》2016 年第 5 期。

[272] 王琪、曹树青：《区域环境治理理念下的环境法制度变迁》，《安徽大学学报》（哲学社会科学版）2013 年第 6 期。

[273] 王琪、崔野：《将全球治理引入海洋领域——论全球海洋治理的基本问题与我国的应对策略》，《太平洋学报》2015 年第 6 期。

[274] 王琪等：《公共治理视野下海洋环境管理研究》，人民出版社 2015 年版。

[275] 王琪：《公共治理视域下海洋环境管理研究》，海洋出版社

2015 年版。

[276] 王琪：《海洋管理从理念到制度》，海洋出版社 2007 年版。

[277] 王琪、何广顺：《海洋环境治理的政策选择》，《海洋通报》2004 年第 3 期。

[278] 王诗宗：《治理理论的内在矛盾及其出路》，《哲学研究》2008 年第 2 期。

[279] 王树义：《环境治理是国家治理的重要内容》，《法制与社会发展》2014 年第 5 期。

[280] 王喆、唐嫱婧：《首都经济圈大气污染治理：府际协作与多元参与》，《改革》2014 年第 4 期。

[281] 邬晓燕：《德国生态环境治理的经验与启示》，《当代世界与社会主义》2014 年第 4 期。

[282] 吴光芸、李建华：《跨区域公共事务治理中的地方政府合作研究》，《云南行政学院学报》2011 年第 5 期。

[283] 吴金群等：《省管县体制改革：现状评估及推进策略》，江苏人民出版社 2013 年版。

[284] 吴舜泽、郭红燕：《环境治理体系的现代性特征内涵分析》，《中国生态文明》2020 年第 2 期。

[285] 夏章英：《海洋环境管理》，海洋出版社 2014 年版。

[286] 向俊杰：《我国生态文明建设的协同治理体系研究》，中国社会科学出版社 2016 年版。

[287] 向友权、胡仙芝、王敏：《论公共政策工具在海洋环境保护中的有限性及其补救》，《海洋开发与管理》2014 年第 3 期。

[288] 肖爱、李峻：《协同法治：区域环境治理的法理依归》，《吉首大学学报》（社会科学版）2014 年第 3 期。

[289] 谢来辉：《全球环境治理“领导者”的蜕变：加拿大的案例》，《当代亚太》2012 年第 1 期。

[290] 谢庆奎：《中国地方政府体制概论》，中国广播电视出版社1998年版。

[291] 徐祥民、刘旭：《从海洋整体性出发优化海洋管理》，《中国行政管理》2016年第6期。

[292] 徐祥民、于铭：《区域海洋管理：美国海洋管理的新篇章》，《中州学刊》2009年第1期。

[293] 徐艳晴、周志忍：《水环境治理中的跨部门协同机制探析——分析框架与未来研究方向》，《江苏行政学院学报》2014年第6期。

[294] 许阳：《中国海洋环境治理政策的概览、变迁及演进趋势——基于1982—2015年161项政策文本的实证研究》，《浙江社会科学》2018年第1期。

[295] 闫枫：《国外海洋环境保护战略对我国的启示》，《海洋开发与管理》2015年第7期。

[296] 阎铁毅、付梦华：《海洋执法协调机制研究》，《中国软科学》2016年第7期。

[297] 杨华：《海洋法权论》，《中国社会科学》2017年第9期。

[298] 杨洁、黄硕琳：《日本海洋立法新发展及其对我国的影响》，《上海海洋大学学报》2012年第2期。

[299] 杨美勤、唐鸣：《治理行动体系：生态治理现代化的困境及应对》，《学术论坛》2016第10期。

[300] 杨美勤：《新时代我国生态治理体系创新研究》，武汉大学出版社2019年版。

[301] 杨泽伟：《新时代中国深度参与全球海洋治理体系的变革：理念与路径》，《法律科学（西北政法大学学报）》2019年第6期。

[302] 杨振姣、孙雪敏、罗玲云：《环保NGO在我国海洋环境治理

中的政策参与研究》，《海洋环境科学》2016 年第 3 期。

[303] 杨振姣、闫海楠：《中国海洋生态安全治理现代化存在的问题及对策研究》，《环境保护》2017 第 7 期。

[304] 杨振姣：《中国海洋生态安全治理的理论与实践》，海洋出版社 2016 年版。

[305] 姚泊：《海洋环境概论》，化学工业出版社 2007 年版。

[306] 姚瑞华、王金南、王东：《国家海洋生态环境保护“十四五”战略路线图分析》，《中国环境管理》2020 第 3 期。

[307] 姚瑞华、张晓丽、刘静、严冬：《陆海统筹推动海洋生态环境保护的几点思考》，《环境保护》2020 年第 7 期。

[308] 姚莹：《东北亚区域海洋环境合作路径选择——“地中海模式”之证成》，《当代法学》2010 年第 5 期。

[309] 于婷、王海波：《欧洲海洋数据管理网络与服务》，《海洋开发与管理》2013 年第 6 期。

[310] 余敏江：《论区域生态环境协同治理的制度基础——基于社会学制度主义的分析视角》，《理论探讨》2013 年第 2 期。

[311] 俞可平：《治理与善治》，社会科学文献出版社 2000 年版。

[312] 郁建兴、王诗宗：《当代中国治理研究的新议程》，《中共浙江省委党校学报》2017 年第 1 期。

[313] 郁建兴：《治理与国家建构的张力》，《马克思主义与现实》2008 年第 1 期。

[314] 袁沙、郭芳翠：《全球海洋治理：主体合作的进化》，《世界经济与政治论坛》2018 年第 1 期。

[315] 詹国彬、陈健鹏：《走向环境治理的多元共治模式：现实挑战与路径选择》，《政治学研究》2020 第 2 期。

[316] 张彩玲、裴秋月：《英国环境治理的经验及其借鉴》，《沈阳师范大学学报》（社会科学版）2015 年第 3 期。

[317] 张福德：《环境治理的社会规范路径》，《中国人口·资源与环境》2016 第 11 期。

[318] 张继平、黄嘉星、郑建明：《基于利益视角下东北亚海洋环境区域合作治理问题研究》，《上海行政学院学报》2018 年第 5 期。

[319] 张江海：《整体性治理理论视域下海洋生态环境治理体制优化研究》，《中共福建省委党校学报》2016 年第 2 期。

[320] 张茗：《全球公域：从“部分”治理到“全球”治理》，《世界经济与政治》2013 年第 11 期。

[321] 张硕、姚子伟：《海洋突发环境事件应急响应体系：现状及建议》，《环境保护》2019 年第 11 期。

[322] 张卫彬、朱永倩：《海洋命运共同体视域下全球海洋生态环境治理体系建构》，《太平洋学报》2020 第 5 期。

[323] 张文江：《府际关系的理顺与跨域治理的实现》，《云南社会科学》2011 年第 3 期。

[324] 张相君：《区域海洋污染应急合作制度的利益层次化分析》，厦门大学，2007 年。

[325] 张晏瑲、石彩阳：《中国参与全球海洋生态环境治理的路径——以系统论为视角》，《南海学刊》2019 年第 3 期。

[326] 张永明：《环境污染防治与环境公益诉讼在台湾的实践——以台湾地区废弃物清理法的规定与司法实务为例》，《治理研究》2019 年第 3 期。

[327] 赵隆：《海洋治理中的制度设计：反向建构的过程》，《国际关系学院学报》2012 年第 3 期。

[328] 赵淑江、吕宝强、王萍、刘健：《海洋环境学》，海洋出版社 2011 年版。

[329] 郑建明、刘天佐：《多中心理论视域下渤海海洋环境污染治

理模式研究》《中国海洋大学学报（社会科学版）》2019 年第 1 期。

[330] 郑敬高：《海洋行政管理》，青岛海洋大学出版社 2002 年版。

[331] 郑苗壮、刘岩、裘婉飞：《论我国海洋生态环境治理体系现代化》，《环境与可持续发展》2017 年第 1 期。

[332] 周光辉：《当代中国决策体制的形成与变革》，《中社会科学当代史研究》2012 年第 1 期。

[333] 周习芳：《环境权论》，法律出版社 2003 年版。

[334] 朱光磊：《当代中国政府过程（第 3 版）》，天津人民出版社 2008 年版。

[335] 朱红钧、赵志红：《海洋环境保护》，中国石油大学出版社 2015 年版。

[336] 朱炜、王乐锦、王斌、谈立群：《海洋生态补偿的制度建设与治理实践——基于国际比较视角》，《管理世界》2017 第 12 期。

[337] 竺乾威：《从新公共管理到整体性治理》，《中国行政管理》2008 年第 10 期。

[338] J. N. 阿姆斯特朗、P. C. 赖纳：《美国海洋管理》，海洋出版社 1986 年版。

[339] [美] 埃莉诺 · 奥斯特罗姆：《公共事物的治理之道：集体行动制度的演进》，余逊达、陈旭东译，上海译文出版社 2012 年版。

[340] [美] 曼瑟尔 · 奥尔森：《集体行动的逻辑》，上海人民出版社 1995 年版。

[341] [美] 曼瑟尔 · 奥尔森：《权力与繁荣》，苏长和、嵇飞译，上海世纪出版集团 2005 年版。